Frank Arnold

Management

Frank Arnold

Management

Die Top-Tools der Besten

REDLINE | VERLAG

Bibliografische Information der Deutschen Nationalbibliothek
Die Deutsche Nationalbibliothek verzeichnet diese Publikation in der Deutschen Nationalbibliografie;
detaillierte bibliografische Daten sind im Internet über **http://dnb.d-nb.de** abrufbar.

Für Fragen und Anregungen:
lektorat@redline-verlag.de

1. Auflage 2018

Die vorherigen Ausgaben erschienen unter dem Titel *Management – Von den Besten lernen* bei HANSER.

© 2018 by Redline Verlag, ein Imprint der Münchner Verlagsgruppe GmbH,
Nymphenburger Straße 86
D-80636 München
Tel.: 089 651285-0
Fax: 089 652096

Lektorat der Erstausgabe: Martin Janik, München
Korrektorat: Susanne Schneider, München
Umschlaggestaltung: Laura Osswald, München unter Verwendung von Illustrationen © Silke Bachmann
Illustrationen: illustratoren.de/ Silke Bachmann
Satz: inpunkt[w]o, Haiger (www.inpunktwo.de)
Druck: GGP Media GmbH, Pößneck
Printed in Germany

ISBN Print 978-3-86881-729-4
ISBN E-Book (PDF) 978-3-96267-068-9
ISBN E-Book (EPUB, Mobi) 978-3-96267-069-6

Weitere Informationen zum Verlag finden Sie unter
www.redline-verlag.de
Beachten Sie auch unsere weiteren Imprints unter www.m-vg.de

Inhalt

KAPITEL 1
Die Kraft einer Business Mission nutzen

KAPITEL 2
Dem Kunden nutzen

KAPITEL 3
Wirksame Entscheidungen treffen

KAPITEL 4
Das Problem erkennen

KAPITEL 5
Sich für den richtigen Kompromiss entscheiden

KAPITEL 6
Just do it ! – An der richtigen Strategie immer weiterarbeiten

KAPITEL 7
Sich im Dienste der Kunden organisieren

KAPITEL 62

Sich über dauerhafte Leistungsfähigkeit Gedanken machen

Eine Stunde mit Jamie Oliver

KAPITEL 63

Sich für mehr als sich selbst engagieren

Eine Stunde mit Muhammad Yunus

In Erinnerung an
Peter F. Drucker
(1909–2005)

Vorwort zur Neuausgabe

Am Anfang dieses Buches stand die Idee, *profundes Managementwissen unterhaltsam zu vermitteln* – und zwar so, dass es *für Praktiker aller Ebenen in Unternehmen* nützlich und anwendbar ist.

Bei all den Managementmoden, die in regelmäßigen Abständen kommen und gehen, braucht man heute mehr als je zuvor eine klare Orientierung, worauf es bei guter Führung wirklich ankommt. Vor allem brauchen immer mehr Menschen dieses Wissen. Damit es aber nicht nur graue Theorie bleibt, muss man es in der Praxis anwenden. Wirksame Führung ist – entgegen vieler Erfolgsratgeber – eben nicht in fünf oder sieben Schritten zu erreichen. Im Gegenteil: Wirksame Führung ist ein komplexes, vielschichtiges Themengebiet, das man sich in vielen kleinen Schritten aneignet und ein Leben lang weiterentwickelt. So machen es die Besten ihres Fachs. Sie verlangen von sich und anderen wirkliche Professionalität und stellen höchste Ansprüche, um die hochgesteckten Ziele zu erreichen. Für viele große Persönlichkeiten sind Leben und Lernen dabei untrennbar miteinander verbunden, und an den wahren Meistern kann man bis in deren hohes Alter bewundern, wie sie sich und ihr Werk ständig weiterentwickeln.

Wer Interesse an beruflichem Erfolg hat, kommt um Managementwissen nicht herum. *Managementwissen ist Erfolgswissen.* Die Chancen, es zum Nutzen von Organisationen und Gesellschaften anzuwenden, aber auch zu individuellem Nutzen, waren nie größer.

Management wird in allen gesellschaftlichen Bereichen angewandt: Kunst, Musik, Kultur, Sport, Medizin, Militär, Wissenschaft, Politik und natürlich in der Wirtschaft. Überall dort, wo Leistung erbracht wird und Ergebnisse erreicht werden, ist Managementwissen von Nutzen. Das Sachwissen der Disziplinen unterscheidet sich, das Managementwissen bleibt immer dasselbe. Wie Sie aus den vielen unterschiedlichen Beispielen auf den folgenden Seiten erkennen können, ist Managementwissen eben gerade nicht nur in der Wirtschaft vorhanden und erforderlich. Menschen, die auf den unterschiedlichsten Gebieten erfolgreich sind, haben sich dieses Wissens bedient, oft ohne es selbst zu wissen.

Dieses Buch hat in seiner ursprünglichen Ausgabe *Management – Von den Besten lernen (What Makes Great Leaders Great)* weltweit einen überwältigenden Zuspruch gefunden. Das Buch erhielt den Buchpreis »Beste Bücher des Jahres«, avancierte zum internationalen Bestseller und wird von renommierten Verlagen publiziert, unter anderem von McGraw-Hill in den USA, Kanada, Großbritannien, Australien und Asien, von Phoenix in Russland, von Wolters Kluwer in Tschechien, von Laguna in Serbien, Nepko Books in der Mongolei, The Soup Publications in Korea, Hankyu in Japan und Grand China Publishing House in China.

Ich hoffe, die überarbeitete Neuausgabe *Management – Die Top-Tools der Besten* bringt Ihnen die faszinierende Welt des Managements näher. Das Buch liefert Ihnen nützliches Wissen und spannende und zum Nachdenken anregende Fragen. *Denn Managementwissen ist der Schlüssel zum Erfolg von Individuen, Organisationen und Gesellschaften.* Ich wünsche Ihnen viel Freude bei der Lektüre. Vor allem aber wünsche ich Ihnen, dass auch Sie aus der Anwendung dieses Wissens großen Nutzen ziehen werden.

Ich danke all jenen, die direkt oder indirekt zu diesem Buch beigetragen haben. Besonders danke ich sehr den vielen Führungskräften, mit denen ich diskutieren und arbeiten konnte und von denen ich gelernt habe.

Ich danke Herrn Professor Dr. Hermann Simon, der an der Universität lehrte, an der ich studierte, Herrn Professor Dr. Fredmund Malik, für den ich mehrere Jahre arbeitete, davon zwei Jahre als Geschäftsführer eines Unternehmensbereichs, und Herrn Professor Dr. Peter F. Drucker, dessen Gedanken und Werk mir das Thema Management umfassend erschlossen. Meine Auffassungen von effektivem Management beruhen zentral auf ihren Arbeiten sowie auf den Arbeiten jener Managementdenker, die Sie im Literaturverzeichnis finden.

Für ihre gelungenen Illustrationen danke ich Silke Bachmann. Katharina Maier, Michael Wurster und Christian Jund vom Redline Verlag, Münchner Verlagsgruppe, danke ich für die gute Zusammenarbeit.

Besonders danke ich Evelyn Boos-Körner. Mit ihren wertvollen Impulsen, ihrem großen Engagement und ihrer langjährigen Erfahrung im Verlegen von Büchern hat sie Großartiges zu diesem Buch beigetragen.

Meinen Eltern, Klaus und Gunhild, danke ich für ihre große Unterstützung.

Ganz besonders danke ich meiner Frau Isabel und meinen zwei Kindern, Julius und Valérie, die unsere Familie zu einer Quelle von Kraft und Freude machen.

Frank Arnold
Zürich, 10. Juni 2018

Einführung

Managementwissen ist der Schlüssel zum Erfolg von *Individuen, Organisationen* und *Gesellschaften*. *Jeder, der in einer Organisation arbeitet, benötigt Grundkenntnisse darüber, wovon Effektivität und Effizienz von Menschen und Organisationen abhängen. Wer dieses Wissen hat, kann seinen Erfolg selbst gestalten. *Im Kern heißt Erfolg: Ziele setzen und diese erreichen.* Und genau das ist durch Managementwissen möglich – und zwar in allen Disziplinen. Es ist das Wissen, aufgrund dessen Sie zu Leistung und Ergebnissen gelangen. *Managementwissen ist Erfolgswissen.* Dieses Wissen ist fundiert, seriös, praxiserprobt und vor allem wirksam.

Wer dieses Wissen hat, kann aber nicht nur seine eigenen Ziele verwirklichen, sondern er leistet auch seine Beiträge in der Organisation wirkungsvoller und effizienter. In den Leistungen großer Persönlichkeiten kann man dies besonders deutlich erkennen, da sie ihr Tätigkeitsgebiet, ihre Projekte oder ihre Unternehmen besonders stark mit der Anwendung ihres Wissens geprägt haben. *Organisationen*, die darauf achten, dass bei allen Mitarbeitern Managementwissen vorhanden ist, haben einen ganz klaren Wettbewerbsvorteil im Vergleich zu anderen, die dieses Wissen nicht nutzen. Sie steigern nicht nur ihre Leistungskraft, sondern minimieren gleichzeitig auch Risiken. Beide Vorteile kann man in Zeiten ständigen Wandels nicht hoch genug einstufen.

Managementwissen führt nicht nur dazu, dass Individuen und Organisationen wirksamer und effizienter sind, sondern es trägt auch zu einer stabilen *Gesellschaft* bei. In einer modernen Gesellschaft werden praktisch alle gesellschaftlichen Aufgaben innerhalb und von Organisationen erfüllt, damit ist die moderne Gesellschaft *eine Gesellschaft von Organisationen*. Organisationen bestehen nicht aus Selbstzweck, sondern sie erfüllen bestimmte gesellschaftliche Aufgaben mit dem Ziel, einen konkreten Beitrag für den Einzelnen und die Gesellschaft zu leisten. Wirksame, effiziente und verantwortungsvolle Führung führt zu starken und gesunden Organisationen, die durch ihre Leistungen zu einer stabilen Gesellschaft beitragen. Eine moderne Gesellschaft muss deshalb allergrößtes Interesse an kompetentem Management haben.

Erfolg zu haben kann man lernen. Man kann dies lernen, weil man lernen kann, wie man Ziele erreicht. Das erforderliche Wissen dafür ist Managementwissen. Es ermöglicht Ihnen, Ihre *Fähigkeiten* und Ihr *Sachwissen* zu nutzen und so zu Ergebnissen zu gelangen. Allein oder im Team, in der kleinen Organisation oder im großen Konzern, überall kann es Sie unterstützen. Die Wirkung von Management ist wesentlich weitreichender, als es den meisten Menschen bewusst ist. Wie eingangs geschrieben: *Es ist der Schlüssel zu Erfolg für Individuen, Organisationen und Gesellschaften.*

Management – Die Top-Tools der Besten
Berühmte Persönlichkeiten aus allen gesellschaftlichen Bereichen veranschaulichen, wie vielseitig anwendbar und wie groß die Wirkung von Managementwissen ist, wenn man es für das Erreichen von Zielen einsetzt. Wie Sie an den unterschiedlichen Beispielen auf den folgenden Seiten sehen werden, ist Managementwissen eben nicht nur in der Wirtschaft vorhanden und erforderlich. Menschen, die auf den unterschiedlichsten Gebieten erfolgreich sind, haben sich dieses Wissens bedient, oft ohne es selbst zu wissen. Von diesen Menschen kann man sehr viel für die eigene Umsetzung von wirksamem Management lernen – auch wenn viele dieser Personen sich selbst niemals als Manager bezeichnen würden.

Es war mir ein wichtiges Anliegen, ein Managementbuch so zu schreiben, dass sich viele Menschen für das Thema interessieren, eben auch Menschen, die sonst eigentlich kein derartiges Werk zur Hand nehmen würden. Fängt man erst einmal an, sich ernsthaft mit der Materie zu beschäftigen, ist Management eines der interessantesten Themen überhaupt. Die vielen nützlichen und unmittelbar umsetzbaren Impulse machen es Ihnen leicht, in der Praxis schnell zu Erfolgen zu gelangen. Wenn diese Erfolge Ihr Interesse am Thema »wirksames Management« dann vertiefen, ist ein wesentliches Ziel dieses Buches erreicht.

Biografien haben mich schon in meiner frühen Jugend interessiert. Es faszinierte mich zu sehen, wie Menschen zu ihren Leistungen und ihrem Erfolg gekommen sind, welche Lehren man daraus ziehen und wie man das eine oder andere vielleicht selbst anwenden könnte. Irgendwann wurde mir klar, dass mein Interesse für Management und jenes für Biografien eng miteinander verbunden sind: Was man in den Biografien zur Erbringung von Leistung finden konnte, war an vielen Punkten die Anwendung wirksamen Managements.

Damit schließt sich der Kreis: Managementwissen kommt am deutlichsten sichtbar in der Führung von Organisationen zur Geltung. Das Wissen selbst ist aber jenes Wissen, das immer und überall zur Anwendung kommt, wo Leistung erbracht wird, wo Ergebnisse erlangt und Ziele erreicht werden. *Managementwissen* ist eben *Erfolgswissen*, und das gilt für alle gesellschaftlichen Bereiche.

Jeder, der sich mit wirksamem Management beschäftigt, hat deshalb bessere Chancen auf Erfolg – beruflich, aber eben auch weit darüber hinaus.

Managementwissen versus Sach- und Fachwissen
Eine ganz wesentliche Unterscheidung ist viel zu wenigen Menschen bewusst: der Unterschied zwischen *Managementwissen* einerseits und *Sach- und Fachwissen* andererseits.

Jede Disziplin hat ihr spezifisches Fach- und Sachwissen. Egal ob Kunst, Musik, Kultur, Sport, Medizin, Militär, Wissenschaft, Verwaltung, Bildung, Politik oder natürlich die Wirtschaft – sie alle erfordern jeweils völlig unterschiedliche Kenntnisse und Fähigkeiten, um sich auf dem jeweiligen Gebiet *fach- und sachkompetent* zu bewegen. Und selbst innerhalb einer Disziplin unterscheidet sich das jeweils erforderliche Sach- und Fachwissen mitunter stark. Das ist so offensichtlich, dass man es eigentlich nicht erwähnen müsste, wäre da nicht noch das Managementwissen, das in seiner Bedeutung für Leistung und Ergebnisse stark unterschätzt wird.

Was nämlich vielen Menschen nicht bewusst ist, ist die Tatsache, dass sich zwar das *Sach- und Fachwissen* der Disziplinen deutlich unterscheidet, das *Managementwissen* hingegen, das benötigt wird, um zu Leistung und Ergebnissen zu gelangen, immer gleich bleibt. Diese Erkenntnis ist von ganz entscheidender Bedeutung, weil sie bewusst macht, dass der Erfolg von Menschen niemals alleine durch exzellente Sach- und Fachkenntnisse zu erlangen ist. Man muss eben auch unbedingt wissen, wie man dieses Sach- und Fachwissen in *Leistung* und konkrete *Ergebnisse* umsetzt, wie man also *Ziele* erreicht. Das geht nicht ohne Managementwissen. Umgekehrt klappt es übrigens ebenso wenig. Es ist nicht ausreichend, über exzellente *Managementkenntnisse* zu verfügen, ohne Sach- und Fachkenntnisse in dem entsprechenden Anwendungsgebiet zu haben. Kompetente und wirksame Führungskräfte verfügen daher sowohl über solide und profunde Managementkenntnisse als auch über umfassendes Sach- und Fachwissen. Die beiden Wissensgebiete gehören für *Leistung* und *Ergebnisse* untrennbar zusammen wie die zwei Seiten einer Medaille.

Das Wissensgebiet wirksames Management umfasst drei wesentliche Bereiche:

- *Management von Organisationen,*
- *Management von Innovationen und*
- *Management von Personen.*

Selbstverständlich benötigt nicht jeder, der in einer Organisation arbeitet und wirksam sein will, Managementkenntnisse in gleichem Umfang und in gleicher Tiefe. Hier ist eben Augenmaß gefordert. Je nach Aufgaben, Kompetenzen und Verantwortlichkeiten wird *Managementwissen* in unterschiedlichem Ausmaß für die Person erforderlich sein, ebenso wie *Sach- und Fachwissen der Disziplinen.* Man benötigt für Erfolg aber eben beides. Die folgende Abbildung veranschaulicht diesen Zusammenhang.

		Sach- und Fachwissen der Disziplinen										
		Kunst	Musik	Kultur	Sport	Medizin	Militär	Wissenschaft	Verwaltung	Bildung	Politik	Wirtschaft
Managementwissen	**Management von Organisationen**											
	Management von Innovationen											
	Management von Personen											

Abbildung: Matrix des Zusammenhangs von Managementwissen und Sach- und Fachwissen der Disziplinen

Zur Lektüre dieses Buches

Nutzen Sie das Buch so, wie es Ihr Interesse weckt und wie es Ihnen Freude macht. Sie können das Werk vorne beginnen oder an jeder beliebigen Stelle einsteigen, an der Sie eine Person oder ein Thema besonders interessiert. Jedes Kapitel ist in sich geschlossen und vermittelt Ihnen wesentliche Aspekte und Impulse. Wenn Sie mit den Fragen am Ende der Kapitel konsequent arbeiten, werden Sie sehr schnell zu sichtbaren Ergebnissen in Ihrer Wirksamkeit und Effizienz gelangen.

Das Buch ist in die drei wesentlichen Bereiche gegliedert, die man zur Führung von Organisationen beherrschen muss:

Erstens, das *Management von Organisationen* selbst. Hier sind jene Aspekte zusammengetragen, die für das Funktionieren der Organisation zentrale Beiträge leisten.

Zweitens, das *Management von Innovationen*. Dieser Bereich durchzieht gewissermaßen die beiden anderen, Management der Organisation und Management von Personen. Innovation steht also nicht für sich allein, sondern kommt sowohl bei der Führung der Organisation als auch bei der Führung von Personen zur Anwendung. Jede Organisation braucht Innovationsfähigkeit als zentrale Kompetenz.

Drittens, das *Management von Personen*. Hier geht es um *Führung von Personen* einerseits und um *Führung der eigenen Person* andererseits.

Maßnahmen zur Steigerung der Wirksamkeit von Personen strahlen auch auf die zwei anderen Bereiche aus und entfalten dort ebenfalls Wirkung, genauso wie die Führung der Organisation auf das Management von Innovationen und Personen abstrahlt. Das ist nur logisch, geht es doch nie um das Führen einer Organisation, sondern um das *Führen einer Organisation mit Menschen* und umgekehrt.

Der Vorteil daran ist: Wenn Sie wirksames Management konsequent in einem Bereich etablieren, strahlt das positiv auf die zwei anderen Bereiche aus. Der Nachteil ist, dass Nachlässigkeit in einem Bereich sich immer auch mit Konsequenzen in anderen Bereichen bemerkbar macht.

Wirksames Management zu vernachlässigen, ist eine große Gefahr; wirksames Management kompetent auszuführen, ist eine riesige Chance.

Abschließend noch einige Bemerkungen zu den dargestellten Personen:

Die Personen in diesem Buch sind bewusst so gewählt, dass sie bekannt sind und aus den unterschiedlichsten gesellschaftlichen Bereichen stammen. Gab es Alternativen, habe ich immer die Person ausgewählt, deren Beispiel mir am einprägsamsten und deutlichsten erschien.

Auch steht eine Person nie ausschließlich für ein Thema. Ich stelle Situationen dar, in denen ein bestimmter Managementaspekt besonders deutlich zum Ausdruck kommt, oft hat genau dieser Aspekt auch das Leben dieser jeweiligen Person besonders deutlich geprägt. Das heißt aber nicht, dass diese Person sich *immer* so verhalten hätte. Viele der großen Persönlichkeiten hatten große Schwächen – wo die Berge hoch sind, sind die Täler tief. Aber ich habe bewusst darauf verzichtet, diese darzustellen. Es ist sehr leicht zu sagen, was eine Person alles *nicht* kann. Viel wichtiger ist es aber, die Stärken zu *erkennen* und diese dann richtig zu *nutzen*. Dieses Buch rückt die Stärken von Menschen in den Mittelpunkt und zeigt, was es aus diesen zu *lernen* gilt. Das macht es nicht nur zu einem positiven Buch, sondern es lenkt den Blick auf das Wesentliche: auf *Chancen* und *Wirksamkeit* – ist die Person richtig eingesetzt, fallen die Schwächen ohnehin nicht ins Gewicht.

Ich hoffe, der Inhalt und die vielen Beispiele machen Ihre Reise in die faszinierende Welt des Managements interessant, unterhaltsam – und vor allem *wirksam* für Ihre praktische Umsetzung.

TEIL 1

MANAGEMENT VON ORGANISATIONEN

DIE KRAFT EINER BUSINESS MISSION NUTZEN

Eine Stunde mit Bill Gates

»Unser Unternehmensauftrag [Business Mission] ist: Jeden Menschen und jede Organisation auf der Welt zu befähigen, mehr zu erreichen.« [1]

So lautet die Business Mission von *Microsoft* heute. Bei der Gründung von Microsoft im Jahr 1975 stand ebenfalls eine Business Mission, die das Unternehmen sehr weit gebracht hat: *»A computer on every desk and in every home [...].«* Der Grundstein für Microsofts steilen Aufstieg wurde im Jahr 1981 gelegt, als Bill Gates (*1955) IBM die Lizenz für die Nutzung des Betriebssystems MS-DOS erteilte. Entscheidend für den späteren Erfolg von Microsoft war dabei eine Vertragsbedingung, nach der einzig Microsoft dazu berechtigt war, Lizenzen für die Verwendung des Betriebssystems an Dritte auszugeben. Diese Entscheidung von Gates darf guten Gewissens als eine der besten der Managementgeschichte gewertet werden. Ein wahrlich brillanter, mutiger Schachzug, allein dies nur zu versuchen. Microsoft war zu jenem Zeitpunkt ein relativ kleines, unbekanntes Softwareunternehmen aus Seattle, der ihm gegenüberstehende Partner IBM hingegen der damals mächtigste Gigant der Computerbranche. Die Courage, sich das Exklusivrecht für die Weitervergabe von Lizenzen zu sichern, zeugt vom Weitblick, den Bill Gates und sein Partner Paul Allen besaßen. Sie erkannten deutlich, was IBM offensichtlich übersah: Die Computerbranche stand vor einem grundlegenden Wandel, der dadurch gekennzeichnet war, dass zukünftig nicht mehr die Hardware, sondern die Software der für den *Kunden* entscheidende Faktor sein würde. Indem er IBM als Partner gewann, gelang es Gates, einen allgemeingültigen Standard für Softwareanwendungen durchzusetzen. Auf jedem von IBM gelieferten PC war MS-DOS installiert, was dazu führte, dass Microsoft innerhalb kürzester Zeit große Marktanteile errang; mit der Einführung von Windows 3 beschleunigte sich der Prozess nochmals. Als immer mehr Anbieter von Hardware auf den PC-Markt drängten, verwendeten diese dann ebenfalls das Betriebssystem von Microsoft. Mittels der Macht von IBM hatte Gates faktisch den direktesten Zugang gewählt, um seinen Traum und die Business Mission von Microsoft zu verwirklichen.

Eine wirksame *Business Mission*[2] vermag es widerzuspiegeln, dass die Organisation zweifelsfrei verstanden hat, in welchem Geschäft sie tätig ist. Hierfür muss die Organisation in drei Bereichen ein tiefes Verständnis aufbauen und bestimmte Annahmen zugrunde legen. Diese Bereiche sind: der *Bedarf*, die *Stärken* und die *Überzeugungen*.

Um den *Bedarf* und das *Umfeld* zu *verstehen*, sollte man sich die folgenden Fragen stellen: *Wer ist unser Kunde? Wer sollte unser Kunde sein? Wofür bezahlt uns der Kunde? Welchen Nutzen stiften wir ihm?* Aber auch: *Wer ist nicht unser Kunde und warum ist er es nicht?* Die Antworten darauf sind alles andere als leicht zu finden und vor allem sind sie nicht selbstverständlich. Nur indem der Dissens über die Antworten ausdiskutiert wird, kann man zu einem Verständnis gelangen, das von den Menschen der Organisation geteilt und getragen wird.

Das Verstehen der eigenen Stärken und der Kernkompetenzen bildet den zweiten wesentlichen Baustein der Business Mission. Fragen, die man hier beantworten muss, sind: *Was können wir besser als andere? Worin sind wir anderen zumindest ein bisschen überlegen? Wo haben wir vielleicht sogar eine führende Position im Markt?* Die Antworten zeigen, auf welchen Stärken das Unternehmen aufbauen kann und wo gute Resultate erzielt werden können. Sie zeigen aber auch, welche Stärken auszubauen sind, damit eine Führungsposition erhalten oder erlangt werden kann. Zudem geben sie Hinweise auf einen etwaigen Verbesserungsbedarf. Die Antworten zeigen aber auch, wo die Organisation keine Stärken hat und wo sie deshalb nicht tätig werden sollte. Letztlich geben die Antworten auch darüber Auskunft, welche Schwächen die Organisation aktuell daran hindern, ihre Stärken und ihr volles Potenzial zu entfalten.

Das dritte Element der Business Mission ist das *Verstehen der Überzeugungen* und dessen, was die Organisation für sinnvoll hält. Die in diesem Bereich zu klärenden Fragen: *Warum ist es für den Markt wichtig, dass wir diesen Beitrag leisten? Für welche Sache oder Aufgabe wollen wir uns einsetzen? Warum ist das, was wir tun, sinnvoll? Wofür lohnt es sich, diesen Einsatz zu bringen? Für welche Werte wollen wir uns engagieren?*

Das systematische Durchdenken und Erarbeiten dieser drei Elemente kann verhindern, dass die Business Mission, die ja den Kern der Organisation prägen soll, zu oberflächlich oder gar falsch definiert wird. Ob sich das Ergebnis der Diskussionen dann in einen elegant formulierten Slogan fassen lässt, ist zweitrangig. Wenn solch ein guter Slogan gelingt, ist das großartig, notwendig ist es aber keineswegs, notwendig ist vielmehr Klarheit darüber, worum es der Organisation geht. Deshalb wird es besser sein, einige klare Sätze sorgfältig auszufeilen, die dann in der Tat Nutzen und Wirksamkeit stiften, anstatt sich eines beeindruckenden Slogans zu bedienen, der aber wirkungslos bleibt. »Craftsmanship«, nicht »Showmanship« ist es, was zählt.

Die alte Business Mission von Microsoft von 1975 ist eigentlich noch gar nicht vollständig, denn im Ganzen lautete sie: »*A computer on every desk and in every home, running Microsoft software.*« Dieser kurze Zusatz macht einen großen Unterschied, und selbst Bill Gates konnte nicht ahnen, dass dieser Traum eines Tages in Erfüllung gehen und sein Unternehmen zum Erfolg führen sollte.

Bei seinem seit Jahren umfangreichen Engagement in der *Bill & Melinda Gates Foundation*, die er gemeinsam mit seiner Frau führt, legt Gates ebenfalls sehr klare Kriterien an. Auch hier gibt es eine klar formulierte Mission, die lautet: »*Sichergehen, dass mehr Kinder und junge Menschen überleben und Erfolg haben.*«[3] Dazu investiert die Organisation jährlich rund vier Milliarden Dollar (Stand: 2017) in Bildung und Gesundheitsvorsorge in Entwicklungsländern. Konkret werden neben Schulen vor allem Malariamedikamente und Impfstoffe finanziert, um die ausgegebene Mission zu erfüllen.

Aufgaben und Denkanstöße:

· Haben Sie in Ihrer Organisation eine klare Business Mission? Ist sie allen bekannt und wird sie gelebt? Falls nicht: Was können Sie dazu beitragen, damit die drei Elemente einer wirksamen Business Mission ernsthaft und ausführlich diskutiert werden?

· Was können Sie tun, damit die Business Mission Ihrer Organisation konkret umgesetzt wird? Welche Ergebnisse wollen Sie binnen der nächsten sechs Monate erreichen und wer kann Ihnen dabei helfen?

DEM KUNDEN NUTZEN

Eine Stunde mit Lou Gerstner

Lou Gerstner (*1942), ehemaliger CEO von IBM, gilt als einer der besten Manager seiner Generation. Viele stellen ihn in eine Reihe mit Jack Welch, Bill Gates oder Andy Grove. Besieht man sich seine Leistungen bei IBM, wo er einen der meisterhaftesten Turnarounds der Wirtschaftsgeschichte vollbrachte, kann man mit Fug und Recht behaupten, dass er einen Platz in dieser Reihe wirklich verdient hat. Von ihm kann man lernen, welche Bedeutung es hat, wenn man sich komplett am *Kundennutzen* orientiert.

Etwas mehr von dieser konsequenten Kundenorientierung wie unter CEO Gerstner würde man IBM auch heute wünschen. Das Unternehmen befindet sich aktuell wieder in einer Turnaround-Situation, die allerdings weit weniger dramatisch ist als die Unternehmenskrise Anfang der 1990er-Jahre.

1993 befand sich IBM in einem schlechten Zustand, so schlecht, dass Andy Grove, CEO von Intel, kaum die richtigen Worte fand: »*Es ist schwer zu beschreiben, wie angeschlagen das Unternehmen war.*«[4] Das Unternehmen, ehemals das führende der Computerindustrie, hatte zuvor den bis zum damaligen Zeitpunkt größten Jahresverlust der Wirtschaftsgeschichte vermeldet: 8,1 Milliarden Dollar. Im April 1993 wurde dann Lou Gerstner zum CEO von IBM berufen. Eine seiner ersten und wichtigsten Entscheidungen war es, den Plan seines Vorgängers John Akers, wonach IBM in kleinere Einheiten zerschlagen werden sollte, nicht umzusetzen. Er setzte stattdessen auf die Alternative, IBM als Ganzes zu erhalten und gerade die breite Palette an Produkten, Dienstleistungen und Fähigkeiten zum schlagkräftigsten Wettbewerbsvorteil zu machen. Zu den weitreichendsten Umorientierungen von IBM zählte, dass Gerstner das Unternehmen kompromisslos auf den Kunden und dessen Nutzen ausrichtete: »*Im Frühling 1993 war es meine Hauptaufgabe, das Unternehmen wieder auf den Markt – den einzigen echten Erfolgsmaßstab – auszurichten. Ich begann praktisch jedem zu erzählen, dass der Kunde IBM führt und dass wir das Unternehmen am Kunden orientiert wieder aufbauen werden.*«[5]

In dieser von Lou Gerstner wieder eingeführten *kompromisslosen Kundenorientierung* und *Orientierung am Nutzen für den Kunden* liegt ein ganz wesentlicher Schlüssel für das erfolgreiche Comeback von IBM. Sein umfassendes Sanierungsprogramm, das zunächst von Kostensenkungen geprägt war, setzte auf eine grundlegende strategische Neuorientierung, in deren Zentrum vor allem die Dienstleistungsorientierung und die Konzentration auf das Internet standen. Seine massiven *Investitionen in Forschung und Entwicklung* waren ein ausgesprochen deutliches Zeichen dafür, dass IBM es mit der Kundenorientierung wirklich ernst meinte. Sein Weg, den *Kundennutzen* und die *Orientierung an den Wünschen und Bedürfnissen des Kunden* wieder ins Zentrum der Aufmerksamkeit zu rücken, war eine Leitlinie, auf die *Thomas Watson sen.*, der IBM jahrzehntelang prägend leitete, stolz gewesen wäre. Ihm war dies immer das wichtigste Anliegen. So besteht die größte Leistung von Lou Gerstner vielleicht tatsächlich darin, dass er IBM daran erinnerte, dass es IBM ist. Er erinnerte daran, was das Wesen von IBM eigentlich ausmacht. *Who Says Elephants Can't Dance?* ist der Titel seines sehr lesenswerten Buches, in dem er auf wundervolle Weise zeigt, dass Elefanten sehr wohl tanzen können.

Die einzig gültige Definition für den Zweck eines Unternehmens lautet, zufriedene Kunden zu schaffen. Peter F. Drucker formulierte dies bereits 1954 in seinem Buch *The Practice of Management*.[6] Seitdem stünde dieses Wissen jedem zur Verfügung – und doch wissen es die meisten nicht oder vergessen es immer wieder. Der Kunde ist die Basis, auf der alles aufbauen muss. Er sichert nicht nur die Existenz des Unternehmens, sondern auch Arbeitsplätze. Perfekt bringt diesen Zusammenhang der deutsche Unternehmer Reinhold Würth zum Ausdruck:

»Meine Leute sind nicht bei mir angestellt, sondern beim Kunden.«[7] Man würde sich wünschen, mehr Unternehmensführer hätten diese Einstellung zu ihren Kunden. Er spricht aus Erfahrung, schließlich hat er die Würth-Gruppe zum Weltmarktführer bei Montagetechnik gemacht und rund 75 000 Menschen stehen bei ihm in Lohn und Brot.

Die Frage, mit der Sie beginnen müssen, lautet also: *»Worin sieht Ihr Kunde einen Nutzen?«* Die Frage wird viel zu selten gestellt, oft weil Führungskräfte glauben, die Antwort sei klar. Die Antwort, die im Unternehmen gegeben wird, ist aber zumeist eher falsch als richtig. Führungskräfte sollten gar nicht erst versuchen, die richtige Antwort zu erraten, sondern sich eine tragfähige Antwort erarbeiten, indem sie systematisch mit dem Kunden reden und gleichzeitig beobachten, was der Kunde wirklich kauft, denn häufig sagt der Kunde etwas, tut hinterher aber etwas ganz anderes. Lou Gerstner und andere Top-CEOs verbrachten regelmäßig Großteile ihrer Zeit direkt mit ihren Kunden. Gerstner führte durch sein Vorbild, deshalb delegierte er diese Aufgabe auch nicht.

Sein Ziel, ein Unternehmen zu schaffen, das wie besessen davon ist, Kundennutzen zu stiften, konnte er nur erreichen, indem er *»die Technologie mit den Augen des Kunden sah«*[8], wie er sagte. Das erfordert intensivste Beschäftigung mit dem Kunden und seinen Problemen und Wünschen. Deswegen arbeitete Alfred P. Sloan, der legendäre CEO und Chairman of the Board von General Motors, mehrmals im Jahr selbst als ganz gewöhnlicher Autoverkäufer. Auch das bereits angesprochene Unternehmen Würth ist weltweit Vorbild für seinen intensiven Kontakt zum Kunden und den systematischen Dialog mit der Zielgruppe. Im Grunde kaufen Kunden nie ein Produkt, sie kaufen immer den Nutzen, den sie aus einem Produkt oder einer Dienstleistung erhalten. Es ist notwendig, diesen Nutzen zu verstehen, und zwar nicht nur für gezieltes Marketing und systematische Innovationen, sondern auch für Entscheidungen darüber, welche Aktivitäten und Produktmerkmale eingespart werden können. *Es ist kein Verlust für den Kunden, etwas einzusparen, das für ihn keinen Nutzen stiftet.* Diese Einsicht liegt nahe, denn die eingesparten Kosten schaffen Freiräume, die dort genutzt werden können, wo sie dem Kunden wirklich einen Nutzen bringen. Darüber hinaus wird es immer wichtiger zu verstehen, was *Nicht-Kunden* als Nutzen erachten. Selbst wenn ein Unternehmen eine so dominante Marktposition innehat, wie es bei IBM in den Bereichen Mainframe und Personal Computer der Fall war, gibt es immer noch einen riesigen Teil des Marktes, den es nicht beherrscht – dabei war die überragende Dominanz von IBM ja schon eine Ausnahmesituation. Ein Unternehmen mit 30 Prozent Marktanteil vollbringt eine unternehmerische Glanzleistung, aber 70 Prozent der Kunden kaufen trotzdem anderswo. Warum? *Was betrachten die Nicht-Kunden als Nutzen?* Sie müssen diese Nicht-Kunden verstehen, da Veränderungen, die Ihre Branche nachhaltig beeinflussen, immer bei den Nicht-Kunden beginnen.

Lou Gerstner brachte es dereinst auf den Punkt: *»IBM ist ein Unternehmen der Lösungen. Wir beginnen mit dem Kundenproblem und arbeiten von dort zurück zur richtigen Kombination von Technologien und Sachverstand.«*[9] Gibt es einen besseren Weg, um Peter F. Druckers bereits zitierter Definition des Zwecks eines Unternehmens gerecht zu werden?

Aufgaben und Denkanstöße:

- Worin sieht Ihr Kunde einen Nutzen? Was können Sie tun, um Ihre Kunden und deren Nutzenannahme besser zu verstehen?

- Was erachten die Nicht-Kunden als Nutzen? Was werden Sie tun, um die Nicht-Kunden besser zu verstehen?

- Was werden Sie tun, um eine intensive Diskussion über diese Fragen in Ihrer Organisation anzustoßen? Und welche Resultate sollen in drei Monaten vorliegen?

WIRKSAME ENTSCHEIDUNGEN TREFFEN

Eine Stunde mit Alfred P. Sloan jr.

Alfred P. Sloan jr. (1875–1966) gehört zu jenen Managern, von denen man mit Gewissheit sagen kann, dass sie die Welt des Managements verändert haben. Sloan war von 1923 bis 1946 CEO und von 1937 bis 1956 Vorsitzender des Aufsichtsrats von General Motors. In diesen 33 Jahren seiner Führung gelang GM eine enorme Expansion und ein kontinuierlicher Ausbau von Marktanteilen. Seine Analysen und sein Verständnis für Probleme der Unternehmensführung, sein Weitblick und sein außergewöhnliches Urteilsvermögen galten und gelten als maßgeblich für den Erfolg, das Wachstum und den Fortschritt von GM in jener Zeit.

Von ihm kann man lernen, wie man wirksame Entscheidungen trifft. Normalerweise riefen Grundsatzentscheidungen in Sitzungen des Topmanagements von General Motors stets große Diskussionen hervor. In einem konkreten Fall aber war ein Vorschlag so gut vorbereitet, dass jeder im Raum ihn unterstützte. Man ging auch davon aus, dass Sloan ihn stark befürworten würde. Sloan aber sagte: *»Meine Herren, ich sehe, dass wir uns bei dieser Entscheidung alle einig sind.«* Jeder um den Tisch nickte zustimmend. *»Dann schlage ich vor«*, setzte Sloan fort, *»dass wir die weitere Diskussion über dieses Thema auf unsere nächste Sitzung vertagen, um uns Zeit zu geben, zu unterschiedlichen Auffassungen zu gelangen und vielleicht etwas Verständnis zu entwickeln, worum es bei dieser Entscheidung wirklich geht.«*[10]

Zu richtigen Entscheidungen gelangen Sie nicht, indem Sie möglichst schnell einen *Konsens* herbeiführen. Sie gelangen zu richtigen und wirksamen Entscheidungen, indem Sie einen *Dissens* herbeiführen und nutzen. Genau das tat Alfred P. Sloan – und zwar systematisch. Durch einen *ausgetragenen Dissens zu einem Konsens zu gelangen* ist eine Grundregel für richtige und wirksame Entscheidungen. Sie brauchen unterschiedliche Sichtweisen, verschiedene Einschätzungen und den damit einhergehenden intensiven Dialog. Das alles bildet die Grundlage für bessere Alternativen und für einen Konsens, der tragfähig genug ist, um Probleme während der Umsetzung aufzufangen.

Zu wirksamen Entscheidungen gibt es noch wesentlich mehr zu wissen. Wirksame Entscheidungen zu treffen ist eine der zentralen Aufgaben von Führungskräften. Es ist nicht die einzige Aufgabe, sondern es ist eine spezifische Aufgabe, die *nur* Führungskräfte erfüllen. Oder anders formuliert: Wer Entscheidungen trifft, *ist* eine Führungskraft.

Wirksame Führungskräfte verlangen von sich, wirksame und gute Entscheidungen zu treffen. Dazu disziplinieren sie sich, konsequent einem Prozess mit klar definierten Schritten zu folgen:[11]

1. Erkennen und Definieren des Problems.
2. Festlegen der Anforderungen, die die Entscheidung erfüllen muss.
3. Definieren, was richtig ist.
4. Alternativen herausarbeiten und Dissens nutzen.
5. Entscheiden – und die konkrete Umsetzung in die Entscheidung einbauen.
6. Feedback und systematisches Follow-up.

1. Erkennen und Definieren des Problems
Dieser erste Schritt verlangt das konsequente Durchdenken der Frage »*Worum geht es hier wirklich?*« Geht man über diesen Schritt zu schnell hinweg, sind Fehler vorprogrammiert. Es gibt nur einen einzigen Weg, um sicherzustellen, dass man das Problem korrekt definiert hat: *Testen Sie die Problemdefinition immer wieder gegen alle verfügbaren Fakten.* (In der Stunde mit M. C. Escher kommen wir auf das Thema zurück.)

In der Definition des Problems ist vor allem auch zu klären, um welchen Typ von Problem es sich handelt: Liegt ein *Grundsatzproblem* vor oder handelt es sich um einen Einzelfall? Für ein Grundsatzproblem benötigt man eine *Grundsatzentscheidung*. Es muss eine Regel, ein Prinzip oder eine unternehmenspolitische Leitlinie definiert werden, wie mit diesem Grundsatzproblem künftig verfahren werden soll. *Einzelfälle* hingegen verlangen *einzelne, einmalige Lösungen*, eben weil das Problem so vermutlich nie wieder auftreten wird. Da die Tragweite von Grundsatzentscheidungen größer ist als die von Einzelfallproblemen, sind sie entsprechend mit größerer Sorgfalt und höherem Zeiteinsatz zu lösen. Ausnahmeprobleme hingegen kann man pragmatisch und nicht selten improvisiert lösen, wenn sie auftreten. Trifft man diese Unterscheidung zwischen Grundsatzproblem und Einzelfall nicht, wird der Lösungsansatz falsch gewählt – mit entsprechenden Folgen.

2. Festlegen der Anforderungen, die die Entscheidung erfüllen muss

Bei diesem zweiten Schritt müssen Sie sich fragen:

* Welche Ziele sollen durch die Entscheidung erreicht werden?
* Welche Minimalziele müssen mindestens erlangt werden?
* Welche Anforderungen müssen erfüllt werden?
* Was ist mindestens erforderlich, um dieses Problem zu lösen?

Es geht also bei der Festlegung der Anforderungen nicht um ein wünschenswertes *Maximum*, sondern um das *erforderliche Minimum*. Damit eine Entscheidung wirksam ist, muss dieses Minimum erfüllt werden, anderenfalls erfüllt die Entscheidung nicht ihren Zweck.

3. Definieren, was richtig ist

Ausgangspunkt für jede Entscheidung muss die Frage sein: *Was wäre richtig?* Solange das nicht geklärt ist, können Sie nicht zwischen einem *richtigen* und einem *falschen* Kompromiss unterscheiden. Dass Sie mit dieser Frage beginnen, garantiert zwar keine richtigen Entscheidungen, wenn Sie aber *nicht* mit dieser Frage beginnen, können Sie sich fast schon sicher sein, dass Ihre Entscheidung falsch sein wird. Dass es bei der Frage, was richtig ist, nicht darum geht, wer recht hat, sollte sich von selbst verstehen.

4. Alternativen herausarbeiten und Dissens nutzen

Nur wenn Ihnen Alternativen vorliegen, können Sie eine Entscheidung treffen. Solange nur eine Lösung vorliegt, treffen Sie keine Entscheidung – Sie bestätigen lediglich etwas Gegebenes, Sie haben aber keine Wahl getroffen. Verlangen Sie, dass zu jeder Entscheidungsvorlage Alternativen erarbeitet werden, egal, wie plausibel, förderungswürdig und Erfolg versprechend sie auch klingen mag. Zwingen Sie sich selbst und Ihre Mitarbeiter beständig, gute Alternativen zu erarbeiten, denn es gibt immer mehr Alternativen, als es zunächst scheint. Auch etwas zu belassen ist eine Alternative, lassen Sie sich nicht zwingen, etwas zu verändern, wenn die Beibehaltung des Status quo nach sorgfältiger Prüfung momentan die beste Entscheidung ist.

Dieser Schritt verlangt auch, dass Sie gründlich die *Folgen und Risiken* jeder Alternative durchdenken. Dies ist arbeitsaufwendig, aber unverzichtbar. Fragen Sie:

* Wie lange legt uns diese Alternative zeitlich fest?

- Bis zu welchem Punkt können wir sie rückgängig machen? Wie leicht können wir sie korrigieren?
- Welches Risiko ist damit verbunden?
- In welcher Situation werden wir uns befinden, falls das Risiko eintritt?
- Können wir uns dieses Risiko leisten, falls es eintritt, obwohl wir dies für sehr unwahrscheinlich halten?
- Welche Annahmen und Prämissen haben wir bei unseren Überlegungen zugrunde gelegt?
- Beim Eintreten welcher Bedingungen werden wir akzeptieren, dass wir uns geirrt haben, um dann die Entscheidung grundsätzlich neu zu durchdenken?

Halten Sie die Annahmen und Prämissen – man spricht auch von Grenzkonditionen – schriftlich fest, damit Sie erkennen, wann diese übertreten sind und man die Entscheidung aufgrund neuer Rahmenbedingungen revidieren muss.

5. Entscheiden – und die konkrete Umsetzung in die Entscheidung einbauen

Wer macht *was* bis *wann?* Eine Entscheidung wurde so lange nicht getroffen, wie nicht definiert ist, welche wesentlichen Maßnahmen zu realisieren sind, wer die Verantwortung für die Realisierung dieser Maßnahmen trägt und bis zu welchem Termin die Maßnahmen zu realisieren sind. Ohne *Aktionsplan* bleibt eine Entscheidung nur Hoffnung. Bevor die Umsetzung nicht durch den schriftlichen Aktionsplan in die Entscheidung eingebaut wurde, wird die Entscheidung keine Wirkung entfalten. Meist werden im Aktionsplan nur wenige Maßnahmen festgelegt sein, die dafür aber umso wesentlicher sind. Sie betreffen das Grundsätzliche, den Kern der Entscheidung. Und dieser muss durch die Entscheider festgelegt werden.

Die Detaillierung wird dann vom jeweils Verantwortlichen und dessen Mitarbeitern vorgenommen. Beachten Sie, dass diejenigen, die die Entscheidung treffen, meistens nicht diejenigen sind, die für die Umsetzung im Detail verantwortlich sind. Wenn Sie als Entscheider an der Umsetzung interessiert sind, müssen Sie daher die wesentlichen Maßnahmen definieren, sonst gelangen Sie nicht zu den gewünschten Ergebnissen. Des Weiteren muss geklärt werden, was der Verantwortliche können und wissen und über welche Befugnisse er verfügen muss, um die Entscheidung realisieren zu können.

Bezüglich der Umsetzung muss außerdem gefragt werden: *Wen müssen wir in die Umsetzung einbeziehen? Wer muss über die Entscheidung informiert werden? Was ist erforderlich, damit die Realisierung der Entscheidung unterstützt und verstanden werden kann?* Und abschließend: *Wie kontrollieren und steuern wir die Umsetzung der Entscheidung?*

6. Feedback und systematisches Follow-up

Der sechste Schritt besteht darin, die Umsetzung der Entscheidung so lange zu begleiten, bis das Ergebnis vorliegt. Lassen Sie sich als Entscheider den aktuellen Stand konsequent und regelmäßig berichten; am besten gehen Sie hin und schauen sich selbst an, wie die Umsetzung vorankommt und wie die Ergebnisse und Schwierigkeiten beschaffen sind.

Der Aktionsplan kommt mit einem *konkreten Termin* so lange auf Wiedervorlage, bis der Entschluss realisiert ist. Fassen Sie also bei den Maßnahmen regelmäßig nach, und zwar so rechtzeitig, dass die Umsetzung sichergestellt werden kann. Wirksame Führungskräfte halten zudem alle Beteiligten und Betroffenen regelmäßig über den Stand der Umsetzung auf dem Laufenden. Erfolge schaffen Motivation, aber auch Vertrauen in die Professionalität des Managements.

Wenn Sie nach diesen Ausführungen mehr von Alfred P. Sloan erfahren möchten, interessiert es Sie vielleicht, was Bill Gates über Sloans Buch schreibt: »*Meiner Ansicht nach ist Alfred Sloans Buch* Meine Jahre mit General Motors *wahrscheinlich das beste Buch, welches Sie lesen können, wenn Sie nur ein Buch über Führung lesen wollen. Es ist inspirierend, wie rational und positiv sich Sloan mit all den verschiedenen Themen beschäftigte: dem Organisieren und Beurteilen, dem Zufriedenstellen von Führungskräften, dem Umgang mit Risiko, dem Verständnis von Modellreihen und dem Effekt von gebrauchten Fahrzeugen sowie dem Lernen von Wettbewerbern.*«[12]

Aufgaben und Denkanstöße:

- Folgen Sie den genannten sechs Schritten, wenn Sie wesentliche Entscheidungen treffen.
- Nutzen Sie Dissens, um zu einem tragfähigen Konsens zu gelangen.

DAS PROBLEM ERKENNEN
Eine Stunde mit M. C. Escher

M. C. Escher (1898–1972) fasziniert Kunstinteressierte auf der ganzen Welt: Bilder, die auf den ersten Blick natürlich scheinen, sind auf den zweiten Blick vollkommen widersprüchlich. Wasser fließt bergauf und bergab zugleich, Treppen führen gleichzeitig nach oben und nach unten, ohne dass man vorankäme, Räume haben Strukturen, die in der Realität unmöglich sind. Andere Bilder wiederum bleiben vom Bezug des Betrachters abhängig: Innen und außen, konkav und konvex, oben und unten sind nicht *objektiv* zu definieren. Sie irritieren. Und oft gibt es keine *richtige* Antwort, vor allem sind die verschiedenen Antworten nicht alle gleich ersichtlich. Ganz ähnlicher Natur sind die Einsichten, die wir aus einer Stunde mit M. C. Escher mitnehmen können.

Einer der häufigsten Fehler im Management ist die vorschnelle Annahme, das Problem sei klar, wenn es darum geht, wesentliche Entscheidungen zu treffen. Gehen Sie als Grundregel davon aus, dass ein Problem vorab *nicht* klar ist. Die Definition des Problems ist wahrscheinlich der wichtigste Schritt, um wirksame Entscheidungen treffen zu können. Aus einem ganz einfachen Grund: Die *falsche* Antwort auf die *richtige* Fragestellung kann, generell gesprochen, einfach in Ordnung gebracht werden. Die *richtige* Antwort auf die *falsche* Frage ist hingegen meist schwierig zu beheben, und sei es nur deshalb, weil man nicht erkennt, dass die Frage falsch ist. In der Definition des Problems stellen wirksame Führungskräfte eine grundlegende Frage: *Worum geht es hier wirklich?* Für die Beantwortung nehmen sie sich, sofern irgendwie möglich, ausreichend Zeit.

Erst wenn man das Problem aus allen Richtungen betrachtet hat, hat man eine Chance, die Situation mit einiger Sicherheit wirklich zu verstehen und das richtige Problem zu benennen. Deshalb muss man die Problemdefinition wieder und wieder gegen alle zur Verfügung stehenden Fakten testen. Solange die Definition des Problems nicht alle beobachtbaren Tatsachen umfasst und erklären kann, ist die Definition noch unvollständig und nicht selten falsch. Seien Sie sich bewusst, dass Sie häufig nur vordergründig mit echten *Tatsachen* konfrontiert sind, weil es sich zumeist bestenfalls um *Meinungen* über Tatsachen handelt. Nehmen Sie sich also Zeit und seien Sie gründlich bei der Definition des Problems, Versäumnisse und Ungenauigkeiten rächen sich sonst früher oder später.

Erkennen Sie jetzt die Parallelen zwischen Eschers schwer oder gar nicht zu durchschauenden Zeichnungen und Lithografien? Lernen Sie daraus, indem Sie es sich zur Gewohnheit machen, das, was Sie sehen, zu hinterfragen, bevor Sie eine Entscheidung treffen. Gehen Sie von der Annahme aus, dass das scheinbar klare Problem wahrscheinlich so offensichtlich gar nicht ist, wenn es überhaupt das eigentliche Problem ist.

Aufgaben und Denkanstöße:

- Bevor Sie eine Entscheidung fällen, versuchen Sie so gründlich und hartnäckig wie möglich, das Problem zu verstehen. Hinterfragen Sie grundsätzlich alles.

- Nehmen Sie sich ein zentrales Problem Ihrer Organisation vor: Worum geht es dabei wirklich?

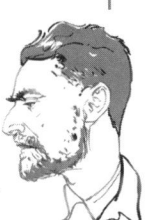

SICH FÜR DEN RICHTIGEN KOMPROMISS ENTSCHEIDEN

Eine Stunde mit König Salomo

Damit Sie das Beispiel, um das es uns in diesem Kapitel geht, deutlich vor Augen haben, lesen Sie sich zunächst die Geschichte von König Salomos Urteil aus dem *Alten Testament* durch:[13]

»*Damals kamen zwei Dirnen und traten vor den König. Die eine sagte:* ›*Bitte, Herr, ich und diese Frau wohnen im gleichen Haus, und ich habe dort in ihrem Beisein geboren. Am dritten Tag nach meiner Niederkunft gebar auch diese Frau. Wir waren beisammen; kein Fremder war bei uns im Haus, nur wir beide waren dort. Nun starb der Sohn dieser Frau während der Nacht; denn sie hatte ihn im Schlaf erdrückt. Sie stand mitten in der Nacht auf, nahm mir mein Kind weg, während deine Magd schlief, und legte es an ihre Seite. Ihr totes Kind aber legte sie an meine Seite. Als ich am Morgen aufstand, um mein Kind zu stillen, war es tot. Als ich es aber am Morgen genau ansah, war es nicht mein Kind, das ich geboren hatte.‹ Da rief die andere Frau:* ›*Nein, mein Kind lebt, und dein Kind ist tot.‹ Doch die erste entgegnete:* ›*Nein, dein Kind ist tot, und mein Kind lebt.‹ So stritten sie vor dem König. Da begann der König:* ›*Diese sagt: Mein Kind lebt, und dein Kind ist tot! Und jene sagt:* ›*Nein, dein Kind ist tot, und mein Kind lebt.‹ Und der König fuhr fort:* ›*Holt mir ein Schwert!‹ Man brachte es vor den König. Nun entschied er:* ›*Schneidet das lebende Kind entzwei, und gebt eine Hälfte der einen und eine Hälfte der an deren!‹ Doch nun bat die Mutter des lebenden Kindes den König – es regte sich nämlich in ihr die mütterliche Liebe zu ihrem Kind:* ›*Bitte, Herr, gebt ihr das lebende Kind, und tötet es nicht!‹ Doch die andere rief:* ›*Es soll weder mir noch dir gehören. Zerteilt es!‹ Da befahl der König:* ›*Gebt jener das lebende Kind, und tötet es nicht; denn sie ist seine Mutter.‹ Ganz Israel hörte von dem Urteil, das der König gefällt hatte, und sie schauten mit Ehrfurcht zu ihm auf; denn sie erkannten, dass die Weisheit Gottes in ihm war, wenn er Recht sprach.*«

Es wird (fast) keine Entscheidung geben, bei der Sie am Ende nicht Kompromisse machen müssen. Jede Führungskraft weiß das. Beginnen Sie aber dennoch immer mit der Frage »*Was wäre richtig?*« anstatt mit »*Was ist akzeptabel?*« Solange Sie nicht wissen, was richtig wäre, können Sie auch nicht zwischen einem richtigen und einem falschen Kompromiss unterscheiden. Und viele falsche Kompromisse führen zu dem, was man dann gerne unter dem Begriff *Sachzwänge* versteckt. Das alte Sprichwort »*Ein halbes Brot ist besser als kein Brot*« ist richtig, weil ein halbes Brot immer noch Nahrung ist – es ist der richtige Kompromiss. Anders beim Urteil von König Salomo: Der Kompromiss, das Baby zu teilen, ist klar der *falsche* Kompromiss, da hierbei nicht mehr das *Minimum* erfüllt wird, nämlich ein lebendes Kind.

Kommen wir noch mal auf Alfred P. Sloan jr. zurück: Kurz nachdem Peter F. Drucker seinen ersten großen Consultingauftrag für General Motors erhalten hatte, bei dem er eine Studie über Managementstruktur und Führungsregeln anfertigen sollte, betrat er Sloans Büro. Sloan sagte ihm: »*Ich werde Ihnen nicht sagen, was Sie untersuchen, was Sie schreiben oder welche Schlussfolgerungen Sie ziehen sollen. Das ist Ihre Aufgabe. Meine einzige Anweisung an Sie ist festzuhalten, was Sie für richtig halten, so wie Sie es sehen. Kümmern Sie sich nicht um unsere Reaktion. Kümmern Sie sich nicht darum, ob wir dieses mögen oder jenes ablehnen. Und vor allem, kümmern Sie sich nicht um die Kompromisse, die nötig wären, um Ihre Empfehlungen akzeptabel zu machen. Es gibt keine einzige Führungskraft in diesem Unternehmen, die nicht wüsste, wie sie je den nur denkbaren Kompromiss ohne Ihre Hilfe eingehen könnte. Aber keine Führungskraft kann den <u>richtigen</u> Kompromiss eingehen, bis Sie ihr nicht gesagt haben, was ›richtig‹ ist.*«[14]

Die Kompetenz von Managern zeigt sich in der Fähigkeit, richtige von falschen Kompromissen zu unterscheiden. Damit Sie richtig von falsch unterscheiden können, müssen Sie die Mindestanforderungen sorgfältig und eindeutig definieren.

Aufgaben und Denkanstöße:

·   Denken Sie an eine Entscheidung, die Sie aktuell treffen müssen: Was wäre richtig?

·   Definieren Sie für Ihre nächste wesentliche Entscheidung gewissenhaft den erforderlichen Minimalzustand.

JUST DO IT ! – AN DER RICHTIGEN STRATEGIE IMMER WEITERARBEITEN

Eine Stunde mit Phil Knight

Grundlegende Veränderungen beginnen immer *außerhalb* der eigenen Organisation. Wenn Sie beim Sammeln, Organisieren und Verwerten von relevanten Informationen über Ihr Umfeld nicht systematisch vorgehen, stehen Ihre Chancen auf Erfolg schlecht. Denn die Strategie einer Organisation muss auf Informationen über ihr Umfeld basieren: *Nur danach* können Sie sich ausrichten und das spezielle *Können* der Organisation mit einem Bedarf zur Deckung bringen.

Dass man über Kunden, Märkte und Technologien der eigenen Branche informiert ist, ist dabei für die meisten selbstverständlich. Sie sollten aber nicht übersehen, dass in der Vergangenheit die meisten neuen Technologien, die eine ganze Branche grundlegend verändert haben, nicht aus dieser Branche selbst, sondern aus einer anderen kamen. Die intensive Beobachtung anderer Industriezweige ist daher unabdingbar. Da viele Organisationen dies nicht systematisch machen, liegt hierin zusätzlich ein erheblicher Konkurrenzvorteil, den man leicht heben kann.

Das Gleiche gilt für die Kunden. Dass man seine *eigenen* Kunden verstehen muss, werden Ihnen die meisten Führungskräfte sofort sagen, wenn es um das Thema Strategie geht. Dass man sich aber auch in die *Nicht*-Kunden hineindenken können sollte, ist weit weniger selbstverständlich. Ein Unternehmen, das 30 Prozent Marktanteil erreicht hat, hat eine großartige Leistung vollbracht. Es bleiben aber immer noch 70 Prozent des Marktes übrig. Bis auf wenige Ausnahmen haben praktisch alle Organisationen – egal wie erfolgreich – weit mehr Nicht-Kunden als Kunden. Grundlegende Veränderungen beginnen deshalb fast immer bei den *Nicht*-Kunden, von dort ausgehend erlangen sie Bedeutung für die gesamte Branche.

Reflektieren Sie das gerade Gelesene nun vor dem Hintergrund des gigantischen Erfolgs des Sportartikelherstellers Nike: *Phil Knight* (*1938), Mitgründer und langjähriger Vorstandschef des Unternehmens, der heute den Aufsichtsrat führt, verwandelte einen einfachen Zubehörartikel in ein Hightech-Produkt und ein kleines Unternehmen in einen dominierenden Konzern. Niemand hat das Sportmarketing stärker revolutioniert als Phil Knight, nur wenige schafften es in den vergangenen fast 50 Jahren, die Welt des Sports so nachhaltig zu prägen wie er. Er wurde für seine Geschäftspraktiken gelobt und zugleich kritisiert wie kein anderer. So oder so, man kann nicht übersehen, dass er maßgeblich an der Schaffung einer völlig neuen Lifestyle-Industrie beteiligt war, und das alles ausgehend von einem einfachen Sportschuh. Von ihm können Sie also etwas zum Thema Strategie lernen. Denn ganz offensichtlich hat Knight seinen Markt, seine Kunden, seine Nicht-Kunden, die Möglichkeiten der Technologie, die Entwicklung seiner und anderer Branchen, die Veränderungen von Weltwirtschaft und Gesellschaft *anders* und *besser* verstanden und interpretiert als jeder andere in seiner Branche zu jener Zeit.

Die Liste mit Dingen, die er aufgrund seiner *anderen* Sichtweise *anders machte*, ist lang und reicht von der Nutzung neuer Materialien über effizientere Herstellungsprozesse bis zu einem grundlegend anderen Marketing. So hatte er lange bevor Sportschuhe zu Modeartikeln wurden, die Idee, die Marke Nike an bekannte Sportstars zu binden. Der größte Erfolg wurde in den 1980er-Jahren zweifellos die Zusammenarbeit mit Michael Jordan, dem Superstar der Basketballmannschaft Chicago Bulls. Der nach ihm benannte Sportschuh *Air Jordan* wurde zu einem phänomenalen Verkaufserfolg für Nike. Als das Wachstum von Nike Anfang der 1990er nachließ, das zuvor stark von der Beliebtheit des Basketballs in den USA und dem aufkommenden Boom des Joggings profitiert hatte, zeigte Phil Knight erneut, dass er aufkommende Trends richtig erkannte und das Unternehmen mithilfe einer entsprechenden Strategie auszurichten wusste. So wandelte sich Nike und stellte neben Sportschuhen nun auch Sportbekleidung und Sportartikel her. Aber auch an Bewährtem hielt man fest, und man verpflichtete Superstars wie Tiger Woods, Andre Agassi und Roger Federer.

Das Erkennen der verschiedenen Trends war sicher kein Zufall – kein Mensch und kein Unternehmen hat über einen so langen Zeitraum wie Nike Erfolg durch Zufall oder Glück. Zentral ist, dass man Strategie als einen kontinuierlichen, adaptiven Prozess versteht. Hierbei muss die Unternehmensleitung Ziele in acht Bereichen definieren, dies sind: *Marktstellung; Innovation; Produktivität; physische und finanzielle Ressourcen; Profitabilität; Leistung, Entwicklung und Einstellung von Führungskräften; Leistung, Entwicklung und Einstellung von Mitarbeitern sowie gesellschaftliche Verantwortung.* Dies sind die zentralen Steuerungsgrößen, an denen sich die Strategie orientieren muss.

(Im Kapitel mit Andy Grove gehen wir auf diese Steuerungsgrößen vertieft ein.) Wichtig ist, dass Strategie als ein *evolutionärer Prozess* begriffen wird. Viele Unternehmen arbeiten aber nicht kontinuierlich evolutionär an ihrer Strategie, sondern stellen sie in großen Zeitabständen auf den Prüfstand. Indem man aber die sich ändern könnenden *Inhalte* und die *Grenzwerte* der acht genannten Bereiche an sich ändernde Umstände kontinuierlich anpasst, ist die Strategie und damit die Ausrichtung des Unternehmens viel wirkungsvoller. Dabei ist ergänzend darauf zu achten, dass diese acht Größen immer im *Zusammenhang* gesehen werden, da sich die Größen beeinflussen und voneinander abhängen. Isolierte Analysen oder Eingriffe würden genau das Gegenteil einer ausgewogenen, gesamthaft verstandenen Strategie bewirken.

Nike hat durch Anpassungsfähigkeit und Treffsicherheit in vielen strategischen Entscheidungen immer wieder bewiesen, dass sich das Unternehmen eines ganzheitlichen und evolutionären Strategieverständnisses bedienen muss. Immer sehr nah am Zeitgeist, wandelte sich Nike von Sportschuhen zu Sportbekleidung und Sportartikeln sowie Lifestyle-Produkten.

Noch etwas können Sie von Phil Knight zum Thema Strategie lernen: *Just do it!* Die besten Strategien und Pläne sind nichts wert, wenn Sie diese nicht in die Realität umsetzen. Ein entscheidendes Merkmal einer Strategie, mit der man überhaupt greifbare Ergebnisse erhält, besteht darin, die besten Leute der Organisation zur Bewältigung der Schlüsselaufgaben zu verpflichten. Solange nicht geklärt ist, *was von wem* bis *wann* zu leisten ist, bleiben die Strategien wirkungslos – de facto haben Sie dann eigentlich gar keine Strategie. Bestenfalls sind es gute Absichten. Gute Strategien sind umsetzungsorientiert und führen dazu, dass die richtigen Leute die richtige Arbeit tun, um damit die richtigen Ergebnisse zu erzielen.

Der heilige Augustinus (354–430 n. Chr.), Bischof von Hippo, sagte einmal: »*Man betet für Wunder, aber arbeitet für Ergebnisse.*«[15] Fast dasselbe, nur etwas pragmatischer formuliert, können Sie von Herb Kelleher hören, dem unkonventionellen ehemaligen CEO und Gründer von Southwest Airlines, der – ähnlich wie Phil Knight – auch eine ganze Branche auf den Kopf stellte und gesagt haben soll:

»*We have got a strategic plan! It is called ›Doing things‹!*«

Bis hierhin wurde viel Positives über Nike gesagt. Das darf jedoch nicht darüber hinwegtäuschen, dass auch große Fehler gemacht wurden. Ende der 1990er-Jahre geriet das Unternehmen in eine ernsthafte Krise aufgrund der anhaltenden Vorwürfe, Nike beute die Arbeiter in Niedriglohnländern aus, in denen die Produkte des Unternehmens hergestellt wurden, und man bediene sich noch dazu der Kinderarbeit. Erst nachdem der Druck der Öffentlichkeit immer größer geworden und ein erheblicher Imageschaden angerichtet worden war, versprach Phil Knight öffentlich, die Arbeitsbedingungen in den Fabriken, die für Nike arbeiteten, zu verbessern. Was in den zehn folgenden Jahren geleistet wurde, ist beispielgebend und erlangte viel Anerkennung: Im Jahr 2008 kletterte Nike auf Platz drei der Liste der »100 Best Corporate Citizens«, die jährlich vom *Corporate Responsibility Officer Magazine* erstellt wird und das gesellschaftliche Engagement von Unternehmen bewertet.

Das Beispiel zeigt aber auch, wie wichtig es ist, *keinen* der acht Bereiche außer Acht zu lassen. Sich nicht mit dem Thema *gesellschaftliche Verantwortung* auseinanderzusetzen hatte das Unternehmen zeitweilig schwer beschädigt und in eine sehr ernste Krise gebracht. Da diese Schlüsselbereiche, wie oben gesagt, ein vernetztes Ganzes bilden, haben Entscheidungen und Ereignisse in einem Bereich immer Auswirkungen auf einen oder mehrere der anderen Bereiche. Wo das nicht beachtet wird, greifen Entscheidungen zu kurz.

Aufgaben und Denkanstöße:

- Was können Sie morgen tun, um Ihr Verständnis und das Ihrer Organisation für das Umfeld zu verbessern? Beziehen Sie Kunden, Nicht-Kunden, Märkte, Technologien Ihrer und anderer Branchen sowie gesellschaftliche und gesamtwirtschaftliche Veränderungen in Ihre Betrachtungen ein und erweitern Sie die Liste ganz nach Bedarf.

- Prüfen Sie Ihre Strategie. Wo stehen Sie im Verhältnis zu Ihren Zielen in den acht Bereichen?

SICH IM DIENSTE DER KUNDEN ORGANISIEREN

Eine Stunde mit Michael Dell

»Von *Anfang an orientierte sich unser gesamtes Geschäft am Endanwender – von Design über Fertigung bis hin zum Verkauf. Auf ihn hörten wir, wir gingen auf seine Wünsche ein und lieferten ihm seine Produkte. Der direkte Kundenkontakt – zuerst über Telefon, dann persönlich und jetzt über das Internet – ermöglicht uns – heute wie gestern –, umgehend vom Input durch reale Kunden zu profitieren. Das betrifft die Anforderungen an bereits vorhandene, aber auch zukünftige Produkte.«*[16] – Michael Dell (*1965), Gründer und CEO der Dell Computer Corporation, heute Dell Technologies.

Wie kaum ein anderer hat Michael Dell bestehende Modelle zur Unternehmensorganisation infrage gestellt. Indem er seine Vorstellung von einem Direktvertrieb und einer kundennahen Fertigung in die Realität umsetzte, revolutionierte er die Computerbranche. Die Interaktion mit Kunden und Lieferanten veränderte er, wenn es erforderlich war, genauso radikal wie die Organisation innerhalb des Unternehmens. Dabei hatte er einen ganz eindeutigen Maßstab: Nutzen für den Kunden schaffen.

Bereits im Alter von zwölf Jahren organisierte Michael Dell einen Briefmarkenhandel und brachte mit *Dell's stamps* seinen ersten Produktkatalog heraus. Den Gewinn von 2000 Dollar, den er in vier Jahren erwirtschaftete, bezeichnet er noch heute als seinen schönsten. Den direkten Kontakt mit den Kunden lernte er schon früh schätzen. Mit 16 Jahren begann er, mit Direktwerbekampagnen Abonnements für Zeitungen an Menschen zu verkaufen, die gerade erst zugezogen waren; ein sehr einträgliches Geschäft, mit dem er 18000 Dollar Prämie verdiente. Spätestens mit 19 Jahren endete aber das, was man noch als gewöhnlichen Werdegang gelten lassen könnte, weil er dann die unglaublich schnell wachsende *Dell Computer Corporation* gründete. Nur vier Jahre später wurde das Unternehmen bereits an der Börse notiert, und einige Jahre danach, im Alter von 27, war Michael Dell der jüngste Vorstandsvorsitzende eines Unternehmens auf der amerikanischen *Fortune-500-Liste*.

Mit einem Aspekt von Michael Dells Erfolg wollen wir uns genauer auseinandersetzen. Wenn man schon nicht mit 100-prozentiger Sicherheit lernen kann, wie man ein Unternehmen aufbaut, das zeitweise auf Platz 33 der *Fortune-500-Liste* vorrückt und eine der weltweit wertvollsten Marken darstellte, so lassen sich doch einige Schlüsse in Bezug auf die wirksame Organisation eines Unternehmens ziehen, die Sie auf Ihre Umstände übertragen anwenden können.

Der grundlegende Zweck einer jeden Organisation besteht darin, Stärken produktiv und Schwächen irrelevant zu machen. Ganz normale Menschen müssen auf diese Weise in die Lage versetzt werden, Außergewöhnliches zu leisten. Auch die beste Struktur kann weder Ergebnisse noch Leistung garantieren, aber eine falsche Struktur führt garantiert zum Scheitern einer Organisation, denn falsche Strukturen verstärken die Spannungen, die ohnehin immer dort auftreten, wo Menschen zusammenarbeiten. Eine falsche Struktur lenkt die Aufmerksamkeit auf die falschen Dinge und verstärkt die Schwächen von Menschen, anstatt ihre Stärken zum Tragen zu bringen. Die richtige Organisationsstruktur ist somit eine Voraussetzung für den Erfolg.

Die Entwicklung der richtigen Organisationsstruktur erfordert umfassende Überlegungen und ein gründliches Durchdenken des Geschäfts – und das erfordert eine genaue Analyse und systematisches Vorgehen. Die Struktur einer Organisation wird durch die Strategie bestimmt, weil die Struktur das Unternehmen überhaupt erst in die Lage versetzt, die Strategie auch wirksam umzusetzen. Die bekannte Aussage »*structure follows strategy*« ist zwar richtig, sie ist aber viel zu schwach. Viel treffender ist die Formulierung »*structure enables strategy*«, worin auch eine gleichberechtigte Wertigkeit beider Themenbereiche, also Strategie und Struktur, zum Ausdruck kommt. Man muss beim Unternehmenszweck, der Strategie und den damit verbundenen Zielen beginnen, aber ohne ähnlich große Aufmerksamkeit auf das Thema Struktur zu legen, wird auch die beste Strategie nicht ihre Kraft entfalten. Viele Organisationen lassen auf dem Gebiet *Struktur* große Chancen ungenutzt. Es ist für den Unternehmenserfolg ganz wesentlich, dass die Organisation zu der zu bewältigenden Aufgabe passt. Für das Management heißt das in der Konsequenz, dass es immer wieder hinzulernen, anpassen und Neues testen muss.

Ganz konkret muss jedes Unternehmen die drei Grundfragen des Organisierens beantworten, und zwar unabhängig von der Unternehmensgröße:[17]

1. Wie müssen wir uns organisieren, damit das, wofür der Kunde uns bezahlt, im Zentrum der Aufmerksamkeit steht und von dort nicht wieder verschwinden kann?
2. Wie müssen wir uns organisieren, damit das, wofür wir unsere Mitarbeiter bezahlen, von diesen auch wirklich getan werden kann?
3. Wie müssen wir uns organisieren, damit das, wofür die Firmenspitze, das Topmanagement, bezahlt wird, von dieser wirklich getan werden kann?

1. Wie müssen wir uns organisieren, damit das, wofür der Kunde uns bezahlt, im Zentrum der Aufmerksamkeit steht und von dort nicht wieder verschwinden kann?

Michael Dell entwickelte sein Unternehmen in sehr engem Dialog mit seinen Kunden. Das tat er zu Beginn noch nicht einmal deswegen, weil er etwa einen Zukunftstrend darin gesehen hätte, möglichst exakt nach Kundenwünschen in kleineren Serien zu fertigen, sondern weil ihm, wie er selbst sagte, für eine Massenproduktion schlicht und ergreifend das nötige Kapital fehlte. Durch den Erfolg erkannte er aber schnell, dass der von ihm eingeschlagene Weg das Unternehmen lernen ließ, was der Kunde wirklich wollte und wofür er zu zahlen bereit war. Es ist alles andere als leicht herauszufinden, wofür der Kunde *wirklich* bezahlt. Stellen Sie die in Ihrem Haus gängigen Antworten dazu auf den Prüfstand.

Selbst wenn die Antwort stimmt, ist trotzdem noch nicht sichergestellt, dass das, wofür der Kunde tatsächlich bezahlt, nicht auch wieder aus dem Zentrum der Aufmerksamkeit verschwindet. Ausgerechnet Dell selbst liefert mehrere Beispiele dafür, dass man den Fokus auch verlieren kann: Mit größtem Aufwand führte man im Jahr 1989 die neue Produktfamilie *Olympic* ein. Es wurde einer der größten Flops der Unternehmensgeschichte. Obwohl das Produkt technisch beeindruckte, gab es ein Problem: Der Kunde brauchte und wollte ein solch komplexes Produkt nicht. Michael Dells Kommentar: »*Wir waren nach vorne geprescht und hatten ein Produkt mit einer Technik um ihrer selbst willen entwickelt, und nicht mit einer Technik, die auf die Kundenbedürfnisse ausgerichtet war. Hätten wir unsere Kunden vorher gefragt, was sie aktuell benötigten – und so hatten wir es in der Vergangenheit immer gehalten –, hätten wir uns sehr viel Zeit und Ärger erspart.*«[18] In den 1990er-Jahren verpasste Dell überdies den Trend zu Laptops und den preiswerteren Chips von AMD, nach der Jahrtausendwende den Trend zu preiswerten Netbooks. Diese Fehler sind zwar behoben, aber auch sie haben viel Zeit und Geld gekostet. Selbst wenn man also weiß, wofür der Kunde bezahlt, erfordert es einiges an

Anstrengung, sich so zu organisieren, dass der Kunde im Zentrum der Aufmerksamkeit bleibt.

2. **Wie müssen wir uns organisieren, damit das, wofür wir unsere Mitarbeiter bezahlen, von diesen auch wirklich getan werden kann?**

Das Unternehmen muss so organisiert sein, dass Mitarbeiter ihre Beiträge wirksam und effizient erbringen können. Es muss ihnen durch die Organisation leicht gemacht werden, zu Ergebnissen zu gelangen. Kommen wir auch hier wieder auf Michael Dell zurück: Nach dem Fiasko mit Olympic begann er über »*relevante Technologie*« zu sprechen, also Technologie, die einen Nutzen für die Kunden stiftet. Er kam zu dem Schluss, dass nicht den Technikern die Schuld zu geben sei, sondern dass es organisatorische Gründe gab, die zum Hindernis geworden waren: Die Techniker wussten einfach nicht, was der Kunde als Nutzen empfand. Sie bemühten sich um den Einsatz neuester technischer Errungenschaften, anstatt die Bedürfnisse des Kunden zu befriedigen. Als Konsequenz wurde die *bereichsübergreifende Zusammenarbeit* intensiviert, um für ein umfassenderes Verständnis des Kundennutzens zu sorgen. So wurden beispielsweise Techniker intensiver mit den Abteilungen Verkauf und Produktentwicklung zusammengebracht. Stellen Sie in regelmäßigen Abständen sicher, dass Ihre Mitarbeiter wirklich wissen, welche Leistungen von ihnen zu erbringen sind, und gehen Sie nicht davon aus, dass dies immer allen klar ist.

Neben der Frage nach der inhaltlichen Befähigung der Mitarbeiter durch Wissen und Verstehen ist auch ganz pragmatisch zu prüfen, ob die Prozesse so organisiert sind, dass die Mitarbeiter ihre Beiträge leisten *können*. Wenn beispielsweise Krankenschwestern oder Außendienstmitarbeiter einen Großteil ihrer Zeit für administrative Belange aufwenden müssen, anstatt sich um Patienten oder Kunden zu kümmern, so beschäftigen sie sich *nicht* mit den Dingen, für die sie eigentlich bezahlt werden.

3. **Wie müssen wir uns organisieren, damit das, wofür die Firmenspitze, das Topmanagement, bezahlt wird, von dieser wirklich getan werden kann?**

Die Unternehmensleitung muss die Zeit haben, sich um jene Themen zu kümmern, die nur aus der Sicht des Ganzen zu beantworten und wahrzunehmen sind:[19]

1. Definition von Unternehmenszweck und Unternehmensauftrag, Entwicklung der Strategie;
2. Setzen von Werten, Standards und Maßstäben;

3. Aufbau und Entwicklung der Struktur des Unternehmens;
4. Aufbau und Erhaltung von Humanressourcen;
5. Aufbau und Pflege von Schlüsselbeziehungen des Unternehmens;
6. Wahrnehmung der Repräsentation des Unternehmens;
7. Bereitschaft zum umgehenden Einsatz bei Chancen und Krisen.

Prüfen Sie, ob Ihre Organisation tatsächlich in diesem Sinne organisiert ist, und wenn es in Ihrem Einflussbereich liegt, unternehmen Sie große Anstrengungen, dass die Unternehmensspitze dafür die Zeit hat. Es sind mit die wichtigsten Aufgaben, und wenn die Unternehmensspitze sich dieser nicht annimmt, ist die Wahrscheinlichkeit hoch, dass sie gar nicht oder nicht im Sinne des Ganzen ausgeführt werden.

Dell beweist, dass Michael Dell organisatorische Weiterentwicklung wie in besten Gründerzeiten offensichtlich nach wie vor sehr ernst nimmt, wenn er mit dem Unternehmen gänzlich neue Wege geht: Wie auch zum Beispiel *Hewlett-Packard* favorisiert er seit einiger Zeit ein engmaschiges Händlernetz, zieht jetzt auch die Produktion von Fließbandware analog zur Situation bei Acer in Betracht und bemüht sich, nun intensiv Kleinkunden in aller Welt zu erreichen, was beispielsweise auch *Lenovo* anstrebt.

Aufgaben und Denkanstöße:

- Diskutieren Sie mit Ihren Kollegen die drei Grundfragen des Organisierens.

- Wenn Sie Verantwortung in der Unternehmensspitze tragen, diskutieren Sie mit Ihren Kollegen, wo Sie konkrete Ansätze zur Verbesserung in den sieben Schlüsselaufgaben des Topmanagements sehen und wie Sie diese umsetzen wollen.

PRODUKTIV SEIN

Eine Stunde mit Frederick Winslow Taylor

Es gab Zeiten, da erhitzten sich die Gemüter in allen Ländern der industriellen Welt über die Erkenntnisse und Schlussfolgerungen des »*Vaters der Wissenschaftlichen Betriebsführung*« *Frederick Winslow Taylor* (1856–1915). Seine Auffassungen legte er in seinem 1911 erschienenen Buch *The Principles of Scientific Management* nieder. Sie trugen nicht nur zur Herausbildung der Massenproduktion bei, sondern prägten auch lange Zeit die Arbeitswelt des 20. Jahrhunderts ganz entscheidend mit. Sein Hauptanliegen bestand dabei stets in der Steigerung der Arbeitsproduktivität. Mittels Zeit und Bewegungsstudien ermittelte er den effektivsten Einsatz eines Arbeiters, gleichzeitig stellte er aber auch die verwendeten Werkzeuge auf den Prüfstand, die daraufhin teils neu entworfen wurden, um ihrerseits die Effizienz zu unterstützen. Sein Vorschlag, den Arbeitsprozess in kleine Schritte von vorab bestimmter Dauer und mit genau festgelegten Handgriffen zu zerlegen, schuf die Voraussetzungen für Rationalisierung und Fließbandarbeit.

Die Erfolge der Umsetzung seiner Erkenntnisse und deren Weiterentwicklung bis zum sogenannten *Fordismus* durch Henry Ford in der Automobilproduktion verschafften ihm bei vielen Praktikern große Beachtung. Er war ein Pionier auf dem Gebiet der Arbeitsorganisation und zugleich ein radikaler Vertreter eines auf Befehl und Kontrolle beruhenden Führungsansatzes. Gemäß seiner wissenschaftlichen Betriebsführung (auch: *Taylorismus*) erforderte ein Produktionsprozess keinerlei Initiative vonseiten der Arbeiter. Die Vorgaben der Führung waren peinlichst genau ohne jede Abweichung zu befolgen, die Menschen hatten ihre Arbeit wie eine Maschine auszuführen – ohne nachzudenken.

Die weltweite Diskussion des *Taylorismus* reichte von kritikloser Nachahmung und großer Bewunderung bis zu empörter Ablehnung. Viele Unternehmer, aber auch Lenin oder Mussolini glaubten, im Taylorismus den idealen Weg zur Steigerung der Produktivität gefunden zu haben. Für andere diente diese in ihren Augen unmenschliche Methode lediglich zur rücksichtslosen Ausbeutung der Arbeitskraft. Charlie Chaplin vertrat offensichtlich eine ähnliche Auffassung, als er sich später in seinem Film *Moderne Zeiten* über die Fließbandarbeit lustig machte. Als Taylor im Jahre 1915 starb, waren seine Forderungen dennoch in zahlreichen Unternehmen bereits in der Umsetzung begriffen.

Taylors Überzeugungen sind nur aus den Umständen seiner Zeit heraus zu verstehen, aus unserer heutigen Perspektive werden seine radikalen Ansichten zur Arbeitsproduktivität aus offensichtlichen Gründen eher negativ beurteilt. Nichtsdestotrotz bleibt es sein Verdienst, dass er sich früher als die meisten anderen darüber Gedanken machte, wie man Arbeit *produktiv* organisieren könne. Die Antworten mögen heute anders ausfallen, die Frage nach möglichst hoher Produktivität ist jedoch wichtiger als je zuvor. *Jede Organisation und jeder Mensch kann die bestehende Produktivität ständig verbessern.* Welche Punkte muss man nun zu diesem Zweck im 21. Jahrhundert beachten?

Heute muss man den Schwerpunkt auf die Steigerung der *Produktivität des Wissensarbeiters* und der *Produktivität des Wissens* legen. Hier verstecken sich große Potenziale, die es zu nutzen gilt. Im Folgenden konzentrieren wir uns auf genau diese Aspekte, wohl wissend, dass die *Produktivität* immer als *Total Factor Productivity* zu verstehen ist, zu deren Einzelbestandteilen neben besagter Produktivität des Wissens auch die Produktivität der *Arbeit*, der *Zeit* und des *Kapitals* gehören. Folgende Punkte können Ihnen den Einstieg in eine Diskussion über das Thema in Ihrer Organisation erleichtern:

1. Produktivitätsgewinne durch erhöhte Produktivität des Wissens
Große Produktivitätsgewinne sind heute überwiegend bei der Produktivität der Wissensarbeiter zu suchen, nicht bei der manuellen Arbeit und auch weniger bei den anderen Faktoren der Produktivität. Die erste Konsequenz daraus ist, dass man vorhandenes Wissen darauf verwenden muss, die *Produktivität des Wissens* zu steigern. Zur Umsetzung dieser Forderung muss man sich in der Organisation systematisch fragen, *wie man die Produktivität des Wissens er höhen kann und welches neue Wissen auf welche Weise aufzubauen ist*. Beachten Sie: Mit einer Entscheidung darüber, wo Wissen aufgebaut werden soll, entscheiden Sie letztlich auch, wo Innovationen erlangt werden. Verwenden Sie für einen solchen Entschluss also hinreichend Zeit. Verlieren Sie dabei nie die Produktivität der Wissensarbeiter aus dem Auge. Schließlich sind sie es, die das Wissen in die Organisation bringen und es dort anwenden.

2. Produktivität des Einzelnen

Jeder Wissensarbeiter verfügt über spezialisiertes Wissen. Hierbei unterscheidet sich die spezifische Kombination von Wissen und Fähigkeiten der einzelnen Menschen, selbst wenn sie auf dem gleichen Gebiet tätig sind. Auf dem individuellen Spezialgebiet sollte ein Mitarbeiter mehr wissen als andere in der Organisation. Unter anderem gerade dafür wird ein Wissensarbeiter ja auch bezahlt. Das verlangt vom Wissensarbeiter an erster Stelle die *Verantwortung für den Stand seines Wissens*. Wissensarbeit erfordert vom Einzelnen mithin kontinuierliches Lernen. Zudem muss er *Verantwortung* für seine *Produktivität* übernehmen.

War es zu Zeiten der Industriegesellschaft noch so, dass der jeweilige Arbeitsplatz durch die mit ihm verbundenen Technologien und Produkte vorgab, *was* der Mensch zu tun hatte und *wie* er es ausführen musste, so ist dies in der heutigen Wissensgesellschaft genau umgekehrt: Der Mensch muss seine Arbeit in großen Teilen *selbst* organisieren. Er muss bestimmen, *was* zu tun ist und *wie* es zu tun ist. Er führt sich großteils selbst. Auch wenn sich so viele Arbeitsweisen ausmachen lassen, wie es Menschen gibt, gibt es dennoch ein allgemeingültiges »Geheimnis« produktiven, wirksamen Arbeitens: *Konzentration auf eine Aufgabe.* Wer an Produktivität interessiert ist, muss sich so organisieren, dass er an wenigen Schlüsselaufgaben arbeitet und für diese möglichst große, zusammenhängende Zeitblöcke ungestörten Arbeitens frei halten kann. Übersehen Sie dabei nicht, dass auch Wissensarbeit mit manuellen Tätigkeiten verbunden ist, wenn es nämlich um den Umgang mit Werkzeugen und Hilfsmitteln geht. Die wirklichen Professionals trainieren die Handhabung solcher Arbeitsmittel, damit sie diese im Ernstfall auch unter Stress und Zeitdruck souverän beherrschen. Für Ärzte, Piloten, Soldaten, Sportler und Musiker ist das eine Selbstverständlichkeit; es lohnt sich immer zu überdenken, an welchen Stellen *manuelle Arbeit* in der Organisation erforderlich ist und welche *Fähigkeiten, Werkzeuge, Arbeits- und Hilfsmittel* einen Beitrag zur Steigerung der Produktivität leisten können.

3. Produktivität der Organisation

Wir hatten weiter oben gesagt, dass das große Potenzial von Produktivitätssteigerungen bei der Wissensarbeit liegt. Wir hatten auch festgehalten, dass sich Wissensarbeiter im Grunde genommen selbst führen. Deshalb lautet die Kompetenz, die ein Wissensarbeiter zur Steigerung seiner eigenen Produktivität benötigt, *Managementwissen* – und zwar an erster Stelle *Selbstmanagementwissen*. Organisationen, die Wert auf gute *Kenntnisse und Fähigkeiten im Selbstmanagement* legen, haben einen ganz klaren Produktivitätsvorteil. Gehen wir noch einen Schritt weiter: Wenn eine Organisation über alle Hierarchieebenen hinweg und für jede Ebene in jeweils angepasstem Maße Managementwissen aufbaut, und zwar in den Bereichen *Führen der Organisation, Führen von Innovationen* und *Führen von Personen*, dann leisten alle Mitglieder produktivere und gleichzeitig wirksamere Beiträge im Sinne des Ganzen.

Die Kosten, die durch systematische Ausbildung im Managementwissen entstehen, haben sich durch den Produktivitätsvorteil und die gesteigerte Wirksamkeit der Mitarbeiter und der gesamten Organisation sehr schnell amortisiert. Als Folge entsteht hierdurch quasi nebenbei eine *Unternehmenskultur der Wirksamkeit und Professionalität*, die das Arbeiten nicht nur wirksamer und funktionssicherer macht, sondern auch angenehmer. Jeder, der schon einmal mit echten Profis innerhalb oder außerhalb der Organisation zusammengearbeitet hat, weiß, wie viel Freude durch wirkliche Professionalität entstehen kann.

Sie werden die gestiegene Produktivität nicht immer im strengen Sinne messen können, es dürfte aber ein Leichtes sein, sie zu beurteilen. Wenn Sie jedoch die Produktivität tatsächlich messen können, tun Sie das anhand der *Wertschöpfung*: Die Arbeitsproduktivität messen Sie in Wertschöpfung pro Mitarbeiter, die Kapitalproduktivität in Wertschöpfung pro investierte Geldeinheit, die Produktivität der Zeit in Wertschöpfung pro Zeiteinheit.

Suchen Sie beständig nach Wegen, die Produktivität des Wissens zu steigern, auch wenn die Ergebnisse weniger direkt sichtbar sind. Schaffen Sie Möglichkeiten, wie alle Mitarbeiter zur Wissensbasis der Organisation beitragen können. Nutzen Sie die Möglichkeiten der modernen Technik, aber schaffen Sie auch Gelegenheiten zum direkten Gespräch, insbesondere bei bereichsübergreifenden Angelegenheiten. Interdisziplinäre Klausurtagungen, bei denen ihre größten Herausforderungen im Mittelpunkt stehen, können ein ausgesprochen wirksamer Weg sein, Wissen zu nutzen.

Alle Welt redet zwar über »*Wissensorganisationen*«, aber nur die wenigsten setzen die gewonnenen Erkenntnisse wirklich konsequent um. Jemand, der ausgesprochen viel darüber nachgedacht hat, wie man Wissen in der eigenen Organisation nutzen und produktiv machen kann, ist Bill Gates. Er und seine Kollegen in der Unternehmensleitung verwendeten viel Zeit und Energie darauf, eine Organisation zu schaffen, in der *alle* Mitarbeiter einen Beitrag zur Wissensbasis des Unternehmens leisten können. Viele Unternehmen sagen selbstverständlich, dass dies ihr Ziel sei; bei Microsoft hingegen wird dieses Ziel auch tatsächlich gelebt. Gates vertritt schon lange die Ansicht: »*Smart people anywhere in the company should have the power to drive an initiative.*«[20]

Anfang der 1990er-Jahre stand das Internet noch nicht ganz oben auf der Prioritätenliste von Microsoft. Als ein Mitarbeiter von Microsoft bei einem Besuch der Cornell University jedoch bemerkte, dass das Internet für weit mehr als nur für Computeranwendungen genutzt wurde, verfasste er unmittelbar nach seiner Rückkehr eine dramatische E-Mail, in der er sagte, das Unternehmen würde direkt in die Pleite treiben, wenn man nicht auf ihn höre und nicht sofort die Strategie im Umgang mit dem Internet ändere. Diese E-Mail gelangte schließlich auch zu Gates, wodurch es zu einer vollständigen Kehrtwende im Umgang mit dem Thema kam. Das Verdienst für das rechtzeitige Erkennen des drastischen Wandels schrieb Gates voll und ganz diesem besagten und weiteren seiner Mitarbeiter zu. Wie nachhaltig und tief greifend die ausgelöste Kehrtwende war, geht aus einem Satz hervor, den Gates nur wenige Jahre später sprach: »*If we go out of business, it won't be because we're not focused on the Internet. It'll be because we're too focused on the Internet.*«[21]

Es lohnt sich also, nach Möglichkeiten zu suchen, das Wissen seiner Mitarbeiter zu nutzen. Machen Sie das vorhandene Wissen produktiv, es ist einer der entscheidenden Faktoren für den Unternehmenserfolg und für den Erfolg von Führungskräften.

Aufgaben und Denkanstöße:

- Was müssen Sie persönlich tun, um Ihre Produktivität zu verbessern? Bis wann wollen Sie was erreicht haben?
- Was können Sie in Ihrer Organisation konkret tun, um die Produktivität des Wissens zu steigern?
- Diskutieren Sie mit Ihren Kollegen, wo Sie Ansatzpunkte zur Steigerung der Produktivität in Ihrer Organisation sehen.

WIRKSAMES MANAGEMENT VERLANGEN

Eine Stunde mit Warren Buffett

Was ist wirksames Management? Auf jeden Fall mehr als nur eine Sammlung von Techniken und Werkzeugen – so notwendig und nützlich diese auch sein mögen. Aus dem Rückblick auf vergangene Erfolge und Schwierigkeiten im Management können wir lernen, dass es vor allem auf einige wenige unverzichtbare Prinzipien ankommt. Wer diese versteht und sich an ihnen orientiert, wird leistungsfähiger sein und bessere Ergebnisse erzielen:[22]

1. Im Management geht es um Menschen. Die Aufgabe des Managements ist es, Menschen in die Lage zu versetzen, gemeinsam Leistungen zu erbringen. In diesem Prozess werden vorhandene Ressourcen (insbesondere Wissen) in Nutzen für den Kunden verwandelt. Eines der zentralen Ziele dabei ist, die Menschen so an diesem Prozess zu beteiligen, dass ihre Stärken voll zum Tragen kommen, ihre Schwächen hingegen irrelevant werden.

2. Jede Organisation braucht die Verpflichtung auf gemeinsame Ziele und Werte. Die Business Mission der Organisation muss ein klares Bild von dem vermitteln, wofür das Unternehmen steht. Die Ziele, die zur Erfüllung der Business Mission gesetzt werden, müssen klar, einfach und verbindlich sein. Das Management muss diese Werte und Ziele nicht nur sorgfältig erarbeiten und festsetzen, sondern sie auch selbst vorleben.

3. Wo wirksames Management umgesetzt wird, tun Manager auf der ganzen Welt so ziemlich genau das Gleiche. Genauer gesagt: Was sie tun, ist das Gleiche, die Art und Weise, *wie* sie es tun, kann jedoch sehr unterschiedlich ausfallen. Dementsprechend lautet daher die Aufgabe des Managements, sich die spezifische Kultur des jeweiligen Landes nutzbar zu machen, wenn Menschen wirksam in eine gemeinsame Organisation integriert werden sollen; es wäre aber falsch, in jedem Land Management neu zu erfinden.

4. Das Management muss es sowohl dem Unternehmen als Ganzes als auch jedem einzelnen Mitarbeiter im Unternehmen ermöglichen, kontinuierlich zu lernen und sich weiterzuentwickeln. Lernen und Weiterentwick-

lung müssen *immer* und auf allen Ebenen stattfinden – dieser Prozess ist nie abgeschlossen.

5. Das Wissen und die Fähigkeiten der Menschen, die in einer Organisation arbeiten, sind genauso unterschiedlich und vielfältig wie die Tätigkeiten, die sie ausführen. *Kommunikation und individuelle Verantwortung* sind deshalb tragende Elemente, die das Funktionieren der Organisation sicherstellen. Jeder Mitarbeiter muss seine Beiträge und Ziele durchdenken und dafür sorgen, dass seine Kollegen diese Ziele kennen und wissen, was zu ihrer Erreichung von ihnen benötigt wird. Umgekehrt muss auch der Mitarbeiter sich seinerseits überlegen, was er zur Erreichung der Ziele seiner Kollegen beitragen muss.

6. Das Management muss auf weit mehr als nur auf die Bilanz schauen. Ganz wesentlich sind die Position auf dem Markt, die Innovationsfähigkeit, die Produktivität, die Mitarbeiterqualität und natürlich auch finanzielle Kennzahlen, wobei finanzielle Größen aber eher an letzter Stelle stehen als an erster. Viele dieser Faktoren können nicht gemessen und in absoluten Zahlen angegeben werden, dennoch muss man lernen, sie richtig einzuschätzen.

7. Das Wichtigste kommt zum Schluss: Oberstes Ziel ist und bleibt ein zufriedener Kunde. Ein wenig zugespitzt könnte man sagen, dass Ergebnisse nur *außerhalb* des Unternehmens existieren, *innerhalb* des Unternehmens existieren nur Kosten.

Ein Mann, der eindrucksvoll demonstriert hat, dass er die Bedeutung des Managements umfassend verstanden hat, ist *Warren Buffett* (*1930), einer der erfolgreichsten Investoren unserer Zeit. Bei seinen Investitionsentscheidungen legte er stets großen Wert auf die Qualität des Managements des infrage kommenden Unternehmens. Diese fiel ihm beispielsweise besonders positiv auf, als es um den Kauf größerer Anteile von McDonald's, den Erwerb von GEICO (einer der größten Autoversicherer in den USA), den Einstieg bei Coca-Cola, American Express, Gillette oder NetJets ging. Die Qualität seiner Manager und deren Arbeit lobt er immer wieder öffentlich und er hält sie dazu an, so zu denken und zu handeln, als seien sie die *Besitzer* des Unternehmens. In einem früheren Jahresbericht seiner Beteiligungsgesellschaft Berkshire Hathaway schreibt er, dass er und sein Partner Charlie Munger tatsächlich so viel delegieren, dass man fast annehmen könnte, sie hätten eigentlich schon abgedankt. Obwohl Berkshire insgesamt rund 377 000 Mitarbeiter beschäftigt, arbeiten in der Unternehmenszentrale aktuell tatsächlich nur 26 Menschen.[23] Und so überrascht es auch wenig, dass Buffett seine eigene Aufgabe und die seines Partners vor allem in zwei Bereichen sieht: zum einen in der Kapitalallokation und zum anderen in der Fürsorge für seine Schlüsselmanager sowie in der intensiven Kommunikation mit ihnen.

Das beeindruckendste Beispiel für seine konsequente Ausrichtung an der Qualität von Managern lieferte Warren Buffett jedoch, als er im Frühjahr 2006 ankündigte, er werde sukzessive den Großteil seines Vermögens der *Bill & Melinda Gates Foundation* spenden: rund 30 Milliarden Dollar. In einem Interview der Zeitschrift *Fortune* antwortete Buffett auf die Frage, warum der zu der Zeit zweitreichste Mann der Welt unzählige Milliarden an den reichsten Mann der Welt verschenke:

> *»Wenn Sie es so formulieren, klingt es ziemlich lustig. Aber in Wahrheit gebe ich es ihm und Melinda ja nur zu treuen Händen und schenke es ihm nicht einfach.«*[24]

Dadurch, dass er sein Vermögen einem der erfolgreichsten Männer unseres Jahrhunderts anvertraute, wollte Buffett das wirkungsvollste Ergebnis erzielen, das möglich war. Erkennen Sie, wie Buffett stets versucht, gute Manager auszuwählen und auf wirksames Management zu achten?

Aufgaben und Denkanstöße:

- Was können Sie morgen umsetzen, um bei einem der genannten Prinzipien zu besseren Ergebnissen zu gelangen?

- Welche konkreten Schritte würden in Ihrer Organisation dazu führen, dass die Qualität des Managements eine höhere Priorität erhält?

- Nutzen Sie Ihre Position, um Managementwissen und -fähigkeiten bei jenen Personen zu stärken, für die Sie verantwortlich sind.

GEMEINSAM MEHR ERREICHEN
Eine Stunde mit Klaus Schwab

»*Committed to improving the state of the world*«, so lautet die bewundernswerte Mission des World Economic Forums (WEF).
Nur wenige können von sich behaupten, einem derart hohen Anspruch so systematisch, konsequent und vor allem auch so erfolgreich gerecht geworden zu sein wie *Klaus Schwab* (*1938). Angesichts der großen Aufgaben, derer sich das Forum annimmt, kann man ihm und seinen Mitstreitern nur wünschen, dass ihre Anstrengungen auch weiterhin von Erfolg gekrönt sein mögen. Klaus Schwabs Einsatz zeigt beispielhaft, welche Chancen darin liegen, die Tatkraft der Besten zu bündeln. Das ist etwas, das jeder Manager in seinem Verantwortungsbereich praktisch umsetzen kann und sollte.

Klaus Schwab, Gründer des World Economic Forums, hatte sich Anfang der 1970er-Jahre beim Fachpublikum mit Managementkonferenzen in Davos einen Namen gemacht. Eines Tages bat der noch junge Wirtschaftsprofessor Schwab seine Sekretärin, ihn mit Herrn Giscard d'Estaing zu verbinden. Er meinte Olivier Giscard d'Estaing, Vice Chairman of the Board der renommierten INSEAD Business School. Als die Verbindung stand, hörte Klaus Schwab eine tiefe, sonore Stimme am anderen Ende der Leitung – und blitzartig wurde ihm klar, dass er nicht mit Olivier Giscard d'Estaing sprach, sondern mit dessen Bruder, dem damaligen französischen Staatspräsidenten Valéry Giscard d'Estaing! »*Da hab ich vor lauter Schreck einfach den Hörer aufgeknallt!*«[25], bekannte er später freimütig. Seine Sekretärin hatte irrtümlich im Élysée-Palast angerufen und war tatsächlich direkt durchgestellt worden. Schwab hatte es offenbar geschafft. Die Mächtigen der Welt hatten sein Bestreben mit dem World Economic Forum nicht nur anerkannt, sondern waren auch für ihn zu sprechen. Und mehr noch: Sie wollten ihn unterstützen. Welch ein Erfolg! Welch eine großartige Chance zur Erfüllung seiner Mission, die Lage der Welt etwas zu verbessern!
Ebenso wie vielen anderen Menschen, die Großes geleistet haben, war ihm natürlich bewusst, dass mit solch großer Anerkennung auch immer eine große Verantwortung einhergeht: Man muss dem gewährten Vertrauensvorschuss

durch das Erreichen der hochgesteckten Ziele gerecht werden. Nicht gerade eine leichte Aufgabe.

Heute, fast 50 Jahre nach der Gründung des WEF, beherrscht Schwab es wie kein anderer, die Intelligenz und Schaffenskraft der Besten der Welt zu vereinen. Die Zeitschrift *Forbes* bezeichnete ihn bewundernd nicht nur als den unbestreitbar Mächtigsten der Welt im Zusammenführen der Mächtigen, sondern führte ihn im Jahr 2009 sogar selbst auf Platz 66 der jährlich publizierten Liste »The World's Most Powerful People«. Und in der Tat sind praktisch alle anderen Personen auf der Liste der Mächtigen mehr oder weniger regelmäßig zu Gast beim World Economic Forum. Neben dem weltbekannten Jahrestreffen in Davos gibt es inzwischen rund ein Dutzend Regionalforen, deren Treffen über das ganze Jahr hinweg weltweit abgehalten werden. Sie alle leisten ihren Beitrag im Sinne der Mission »*Committed to improving the state of the world*«.

Erfolgreiche Veränderung im Sinne dieser gewaltigen Aufgabe des World Economic Forums benötigt die Kraft von vielen einflussreichen Mitstreitern aus den unterschiedlichsten Disziplinen. Bereichsübergreifender Gedankenaustausch und die Vernetzung der Besten, das ist ein Ansatz, der seine Wirksamkeit nicht nur im World Economic Forum bewiesen hat, sondern der in Analogie in jeder Organisation von unschätzbarem Wert ist, gerade in Zeiten großer Herausforderungen und Veränderungen.

Führungskräfte und Organisationen, die die bereichsübergreifende Zusammenarbeit und Vernetzung ausbauen und nutzen, werden in Zukunft den Wettbewerbsvorteil auf ihrer Seite haben. Denn notwendige Veränderungen in Unternehmen müssen heute zunehmend in sehr kurzer Zeit realisiert werden. Einerseits lässt der Wettbewerbsdruck im Markt Organisationen keine andere Wahl, als neuen Anforderungen reaktiv gerecht zu werden, andererseits legt die Organisation selbst die Messlatte für die zu erreichenden Ziele sehr hoch, was meist nur ein kleines Zeitfenster für ihre Umsetzung lässt. Allerdings sind viele Schlüsselthemen in Organisationen heutzutage so komplex, dass sie in kleinen Teams immer schlechter in vertretbarer Frist im Alleingang gelöst werden können. Wer an ergebnisorientierten Veränderungsprozessen interessiert ist, benötigt daher für eine gelungene Umsetzung erstens zügig *Konsens und Commitment aller Beteiligten* und muss zweitens *das Wissen und die eigene Kraft des Unternehmens optimal nutzen*. Beides klingt sofort einleuchtend, keine Frage. Dennoch ist jedem Beteiligten mit einigen Jahren Berufserfahrung klar, dass die Umsetzung dieser zwei simplen Prämissen weit weniger selbstverständlich ist, als man meinen möchte.

Exzellente Führungskräfte investieren viel Energie, um die *bereichsübergreifende Vernetzung* zu nutzen. Klaus Schwab ist mit den Anliegen des World Economic Forums ein herausragendes Beispiel dafür, welche Kraft in diesem Ideen- und Wissensaustausch liegt. Die Vorteile für Organisationen liegen ganz klar auf der Hand:

1. *Qualitativ hochwertige Lösungen* können in kürzerer Zeit entstehen, weil die *Erfahrung und das Wissen der besten Leute* der Organisation zusammengeführt und genutzt werden.
2. Durch mehr bereichsübergreifenden Dialog entsteht ein *besseres Verständnis der Probleme und Chancen sowie der Ansichten und Meinungen* der einzelnen Schlüsselpersonen in den jeweiligen Bereichen, was die zu bewältigenden Herausforderungen angeht. (Dieser Punkt alleine wäre es schon wert, große Anstrengungen zu unternehmen, bereichsübergreifende Vernetzung zu fördern!)
3. Wirksame *Willensbildung und Entscheidungsfindung* werden durch bereichsübergreifende Vernetzung ermöglicht, da die besten Köpfe der Organisation die anstehende Herausforderung aus unterschiedlichen Blickwinkeln betrachten und somit alle relevanten Aspekte berücksichtigt werden.
4. Das in der Organisation *vorhandene Detailwissen der Entscheider und Wissensträger* wird umfassend genutzt und es wird gleichzeitig offensichtlich, woran es genau mangelt.
5. Und letztlich – für *Praktiker* wahrscheinlich das Wichtigste – gelingt die *Umsetzung anspruchsvoller Vorhaben* wesentlich leichter, eben weil die Schlüsselpersonen einbezogen wurden und sie die Umsetzung in der Folge tatsächlich wollen.

Es gibt noch viele weitere Vorteile in den Bereichen *Führen der Organisation, Einführung von Innovationen* und im *Führen von Personen*, die aus bereichsübergreifendem Arbeiten resultieren. Praktisch jedes Unternehmen kann eine intensivere Nutzung dieser Vorteile jederzeit in Angriff nehmen. Viele der bestgeführten Organisationen machen genau das: Sie streben danach, sich hinsichtlich der bereichsübergreifenden Vernetzung immer weiter zu verbessern. Auch in diesem Punkt kann jeder Führungskraft das World Economic Forum ein leuchtendes Vorbild sein: Es entwickelt sich jedes Jahr weiter und die Ideenvielfalt zur Erfüllung seiner Mission scheint keine Grenzen zu kennen. Warum sollte man diese Vorgehensweisen im Kleinen, in der eigenen Organisation, nicht auch systematisch weiterentwickeln?

Klaus Schwab persönlich zeigt darüber hinaus: *Schaffenskraft ist eine persönliche Entscheidung, die einem Menschen viel Kraft geben kann.* Auch in fortgeschrittenem Alter war er öfter unterwegs als viele deutlich jüngere Topmanager, und sein Ideenreichtum wird weltweit bewundert. So bezeichnete ihn das *Wall Street Journal* einmal als »*human tornado of ideas*«. Könnte es nicht lohnend sein, sich selbst das Ziel zu setzen, die eigene Schaffenskraft möglichst umfassend in eine sinnvolle Arbeit einzubringen? Könnte es nicht sein, dass gerade darin eine zentrale Kraftquelle liegt? Viele Künstler und Menschen, die Großes auf ihren Gebieten geleistet haben, sahen das jedenfalls so, zum Beispiel Peter F. Drucker, Viktor Frankl, Giuseppe Verdi und Pablo Picasso. Keiner von ihnen hätte ans Aufhören gedacht – warum auch? Kein Wunder also, dass Klaus Schwab auf Spekulationen um seine Nachfolge regelmäßig entgegnete: »*Ich sehe mich als intellektuellen Künstler. Ich kenne keinen Künstler, der sich zur Ruhe setzt.*«[26]

Aufgaben und Denkanstöße:

· Kennen Sie einen Künstler, der sich zur Ruhe setzt? Wie müssten Sie sich oder Ihren Verantwortungsbereich weiterentwickeln, damit Ihre Schaffenskraft Ihnen noch mehr Energie gibt?

· Was müssten Sie tun, um die bereichsübergreifende Vernetzung zu stärken? Zur Bewältigung welcher Herausforderung werden Sie die gebündelte Kraft Ihrer Organisation nutzen?

GEWINN VERSTEHEN, UNABHÄNGIGKEIT ANSTREBEN

Eine Stunde mit Coco Chanel

»*Mode muss bequem und schick sein*« war einer der Leitsätze von *Coco Chanel* (1883–1971). Sie vertrat dies zu einer Zeit, in der dieser Gedanke der Modewelt völlig fremd war. So schuf sie im Jahr 1916 erstmals Kleider aus Jersey, ein Stoff, der bis dahin gerade gut genug für Herrenunterwäsche war, 1918 kreierte sie den ersten Damenpyjama, für Frauen zuvor undenkbar. Noch zu Beginn des 20. Jahrhunderts galt es als Selbstverständlichkeit, dass sich Damen- und Herrenmode unterschieden wie Tag und Nacht. Coco Chanel hingegen übertrug sogar Elemente der Herrenkleidung auf ihre Damenmode und verschaffte Frauen dadurch eine bis dato ungekannte Bewegungsfreiheit in deswegen nicht minder eleganter Kleidung. Die Gesellschaft befand sich gleichsam im Schockzustand, als sie sogar Hosen in ihre Kollektion aufnahm, aber die Frauen liebten ihre Mode.

Die Entwürfe von Coco Chanel waren in den 1920er-Jahren die treibende Kraft der französischen Mode. Die einfache, schlichte Eleganz stand für einen Bruch mit dem Althergebrachten, ihre klare Linie war zur damaligen Zeit nicht nur innovativ, sie war nachgerade revolutionär und passte ideal zum Zeitgeist, denn zu Beginn des 20. Jahrhunderts war die Rolle der Frau im Umbruch begriffen. Ihre Kollektionen prägten den Stil der modernen, emanzipierten Frauen. Aus unternehmerischer Sicht ist aber nicht nur ihr innovativer, an den Bedürfnissen der Kundinnen orientierter Stil bemerkenswert, sondern besonders auch ihr starkes Bedürfnis nach finanzieller Unabhängigkeit.

Um diesen Wunsch besser verstehen zu können, müssen wir einen Blick auf Coco Chanels Kindheit werfen. Die Geschichten, die sie darüber verbreitete, widersprachen sich so häufig, dass Mythos, Dichtung und Wahrheit schwer auseinanderzuhalten sind. Sicher ist, dass sie die uneheliche Tochter zweier Markthändler war; ihre Mutter starb, als sie selbst gerade mal zwölf Jahre alt war. Da sich ihr Vater nicht um sie kümmerte, wuchs sie in einem von Ordensschwestern geleiteten Waisenhaus auf. Drei ihrer fünf Geschwister starben früh; ihre zwei Brüder unterstützte sie später finanziell, verlangte dafür aber von ihnen, dass sie über ihre Kindheit schwiegen und sich aus ihrem Leben in den höheren und wohlsituierten Kreisen der feinen Pariser Gesellschaft fernhielten. Es wird vermutet, dass sie sich für ihre Familie schämte und eben aufgrund ihrer Erfahrungen sehr früh den Entschluss fasste, niemals finanziell abhängig zu sein. Als Unternehmerin legte sie deshalb großen Wert darauf, Geschäftsschulden umgehend zurückzuzahlen. Und obwohl sie mit sehr wohlhabenden Männern liiert war, die ihr in der Startphase mit Geld unter die Arme griffen, zahlte sie auch diesen alles zurück. Sie wollte von Männern unabhängig bleiben und finanzierte nicht nur ihr eigenes Leben, sondern auch den Aufstieg ihres Unternehmens aus eigener Kraft – für die damalige Zeit beides einigermaßen ungewöhnlich.

Ihren ersten Laden eröffnete Chanel im Alter von 27 Jahren in der Rue Cambon nahe der vornehmen Place Vendôme in Paris, wo noch heute Frauen aus aller Welt Mode aus dem Hause Chanel kaufen. Die von ihr selbst entworfenen Hüte, die sie dort ab 1910 verkaufte, kamen bei der gehobenen Pariser Gesellschaft so gut an, dass sie schon bald ihre Kollektion erweiterte. Bereits 1916 hatte sie Boutiquen in Paris, Deauville und Biarritz und beschäftigte rund 300 Mitarbeiter. Im Jahr 1920 kreierte sie ihr schon bald legendäres Parfüm *Chanel N° 5*, noch im gleichen Jahr versteuerte sie über zehn Millionen Franc. Bis Ende der 1920er-Jahre wuchs ihr Unternehmen auf über 3 000 Mitarbeiter an.

Die Welt der Mode prägte sie in dieser Zeit durch innovative Akzente, zum Beispiel durch das sprichwörtlich gewordene »kleine Schwarze«, das auf ihren Entwurf eines schlichten schwarzen Kleides von 1926 zurückgeht, eine Reaktion auf einen Opernbesuch, bei dem sie angesichts der farbenfrohen Abendgarderobe der anwesenden Zuschauer das blanke Entsetzen ergriffen hatte. Neben ihrem eleganten Schwarzen wirkte jedes andere Kleid überladen. Doch nicht nur durch dieses geniale Understatement veränderte sie das Bild der emanzipierten Frau. Ständig schnitt sie alte Zöpfe ab, was sie auch im wörtlichen Sinne tat: Als sie einmal ihre langen Haare angesengt hatte, ging sie zu einem Kurzhaarschnitt über, der für viele emanzipierte junge Frauen das Markenzeichen der 1920er-Jahre wurde. Als eine weitere Innovation führte sie 1924 den Modeschmuck ein, den sie nicht als billige Imitation echten Schmucks konzipiert hatte, sondern als Schmuckstücke, die selbstbewusst zu ihrer Künstlichkeit standen. War Schmuck zuvor nicht zuletzt auch ein Indikator für die gesellschaftliche und berufliche Stellung des Mannes gewesen, konnte die selbstbewusste Frau ganz im Sinne von Coco Chanel nunmehr das tragen, was ihr Spaß machte. Zu ihren Neuerungen gehörte daneben auch die raffinierte Kombination von echtem und falschem Schmuck sowie von edlen und billigen Materialien. Die langen Perlenketten sind genauso zum Klassiker geworden wie *das* Chanel-Kostüm aus weichem Tweed, welches sie erstmals 1954 vorstellte.

Noch wichtiger als ihre innovativen Entwürfe eleganter Mode waren allerdings der moderne Stil und die Lebensweise, die Coco Chanel den Frauen ihrer Zeit vermittelte und selbst als berufstätige, unabhängige Frau vorlebte. Welche Willenskraft und innere Stärke dies damals verlangt haben mag, als Männer die Gesellschaft und insbesondere die Geschäftswelt nicht nur dominierten, sondern auch allen ihren Vorurteilen und frauenfeindlichen Gedanken freien Lauf ließen, kann man sich heute wohl kaum mehr vorstellen. Wie viele große Persönlichkeiten arbeitete sie bis zum letzten Tag an ihrem Werk; sie starb 1971 reich und berühmt im hohen Alter von 87 Jahren während der Arbeiten an einer neuen Kollektion in Paris.

In Werdegang und Schaffen von Chanel finden sich viele Beispiele für innovatives Unternehmertum, die an sich schon ein eigenes Kapitel wert wären, um an ihnen einzelne Aspekte der professionellen Führung von Innovationen zu veranschaulichen. An dieser Stelle möchte ich den Blick aber auf einen anderen Managementaspekt lenken: auf den Gewinn und das Streben nach finanzieller Unabhängigkeit.

Zu Beginn ein grundlegender Gedanke: Chanels *finanzieller Erfolg* war die *Folge* davon, dass sie die *Bedürfnisse der Kundinnen* besser verstand und bediente als jeder andere zu ihrer Zeit. Sie bot also allem voran zunächst einen *Kundennutzen*. Das mag trivial klingen, ist aber aus damaliger Perspektive gar nicht so selbstverständlich, denn kein Modehersteller stellte dereinst so radikal alles infrage wie Coco Chanel. »*Ein Kleid muss so geschnitten sein, dass die Trägerin sich auch aufs Pferd setzen kann*«[27] – und das, obwohl es für viele ihrer Zeitgenossinnen zum eng geschnürten Korsett keine Alternative zu geben schien. Seit jeher lagen und liegen in dem Ansatz, *alles radikal infrage zu stellen* und den *Kunden besser verstehen* zu wollen als jeder andere Anbieter, riesige Chancen für praktisch alle Organisationen.

Besonders eindrücklich kann man das profunde Verständnis der Kundenbedürfnisse bei den unbekannten Weltmarktführern, den *Hidden Champions*, beobachten. Diese Unternehmen an der Weltspitze zeichnen sich unter anderem durch eine ausgeprägte *Kundennähe* aus, die fast automatisch Wettbewerbsvorteile erzeugt. Daneben haben sie aber noch weitere Gemeinsamkeiten mit Coco Chanel, so etwa die Betonung von Innovationen, die gezielte *Fokussierung der Ressourcen*, die Nutzung der positiven Aspekte der *Globalisierung*, den Einsatz von überdurchschnittlich leistungsfähigen Mitarbeitern und den ausgeprägten *Willen zum Erfolg*.

Von diesen Faktoren räumen diese Weltmarktführer charakteristischerweise den *Innovationen* einen besonders hohen Stellenwert ein. Für sie ist dies das wirksamste Mittel, um sich erfolgreich im Wettbewerb zu behaupten – Chanel hätte dies genauso gesehen. Die Hidden Champions fokussieren *ihre Ressourcen* und konzentrieren sich auf klar begrenzte Märkte und Zielgruppen, sie definieren aber auch eindeutig, was sie eben nicht wollen. Gleichzeitig nutzen sie die Chancen, die sich ihnen dadurch bieten, dass sie ihre Leistungen weltweit anbieten können – beides hatte Chanel ebenfalls verfolgt. So trug beispielsweise auch Jacqueline Kennedy ihre Kostüme, womit Coco Chanel die perfekte Repräsentantin für ihre Mode in Amerika für sich gewinnen konnte.

Chanel verpflichtete stets *herausragende Leute*, eine Tradition, die die Unternehmensführung auch nach ihrem Tod fortsetzte, indem sie unter anderem Karl Lagerfeld ins Unternehmen holte. Ihr bereits erwähnter eiserner *Wille zum Erfolg* erweckte bei ihren Zeitgenossen teilweise den Eindruck, sie sei unerbittlich hart, nicht nur beim Verfolgen ihrer Interessen, sondern vor allem auch gegen sich selbst, was sie wiederum mit vielen großen Persönlichkeiten gemein hatte.

Und hier kommen wir auch wieder auf Chanels eingangs erwähnten Wunsch nach finanzieller Unabhängigkeit zurück, denn auch hier besteht eine Parallele zu den Hidden Champions, wenngleich weniger offensichtlich. Besieht man sich nämlich die Finanzierung der heimlichen Weltmarktführer, sticht ihre weit überdurchschnittlich *hohe Eigenkapitalquote* ins Auge. Je nach Erhebung liegt diese etwa zwischen 36 und 42 Prozent, mehr als ein Drittel der Hidden Champions weist sogar Eigenkapitalquoten von über 50 Prozent auf! Diese Werte sind ein Vielfaches von dem, was als Durchschnitt für den deutschen Mittelstand gilt. Entweder genießt der Wunsch nach *finanzieller Unabhängigkeit* also bei diesen Unternehmern tatsächlich einen sehr hohen Stellenwert, oder diese Konstellation ist rein zufällig – das wäre dann allerdings schon sehr außergewöhnlich.

Wie dem auch sei, in jedem Fall bringt das Streben nach Unabhängigkeit in monetären Angelegenheiten fast zwangsläufig eine andere Denkweise beim Thema Gewinn mit sich. Denn es stellt sich dann nicht die Frage nach dem wünschenswerten *Gewinnmaximum*, sondern vielmehr stellt sich die Frage nach dem erforderlichen *Gewinnminimum*, dem Betrag also, der nach Abzug aller Kosten, Steuern und Dividendenzahlungen *mindestens* erreicht werden muss, um dauerhaft *finanziell unabhängig* zu bleiben.

In fast allen Fällen wird das so verstandene *Gewinnminimum* deutlich höher liegen als jenes *Gewinnmaximum*, was die meisten vorher zu akzeptieren bereit gewesen wären. Unter anderem deshalb sind Diskussionen über zu hohe Gewinne der Unternehmen auch sehr kritisch zu betrachten, denn entscheidend ist nämlich weniger, wie *hoch* die Gewinne sind, als vielmehr, wie *nachhaltig* sie sind. Kurzfristig hohe Gewinne lassen sich durch Einsparungen relativ leicht realisieren, allerdings fast immer auf Kosten des zukünftigen Wohlergehens. Doch das Ziel muss ein dauerhaft starkes, gesundes Unternehmen sein, das selbst schwerere Krisenzeiten durchstehen kann. Dass ein solches Unternehmen eben auch dauerhaft Gewinne erwirtschaften kann, beweisen die Hidden Champions nur zu gut. Es kommt aber eben auf die richtige Reihenfolge an: erst Stärke aufbauen und dann als *Folge* auch *Gewinne* erzielen.

Neben einer anderen Sicht auf den Gewinn bedingt das Streben nach finanzieller Unabhängigkeit außerdem auch einen anderen Umgang mit dem *Kunden*. Dieser muss kompromisslos ins Zentrum gerückt werden, denn nur er bezahlt auch die Leistungen, die einen Gewinn überhaupt erst entstehen lassen und damit wiederum monetäre Freiheit ermöglichen. Der Erfolg von Chanel basierte ganz elementar darauf, dass sie nicht von Produkten ausging – schöne Kleidung produzierten schließlich auch ihre Konkurrenten –, sondern die Bedürfnisse der Frauen nach Eleganz, Einfachheit, Klarheit und Bequemlichkeit in den Mittelpunkt stellte. Letzten Endes muss der Gewinn beim Thema finanzielle Freiheit als das gesehen werden, was er im Kern ist: der Beweis dafür, dass die Business Mission richtig gewählt und kompetent erfüllt wurde.

Unsere Diskussion über Gewinn und finanzielle Freiheit sollte nicht zu dem Schluss verleiten, dies sei für Coco Chanel das wichtigste, gar das einzige Motiv gewesen; man weiß nicht, welche Gründe jeden einzelnen Unternehmer letztlich zum Handeln antreiben. Einige wollen reich werden, andere ein Lebenswerk schaffen, die nächsten wollen mächtig werden und wieder andere berühmt. Man weiß von Chanel sicher, dass ihr finanzielle Unabhängigkeit sehr wichtig war und dass sie dem Zufall einen großen Anteil an ihrem Erfolg zuschrieb. Fast schon zu bescheiden sagte sie über ihre Karriere: *»Was wusste ich schon von meinem Beruf? Nichts. War ich mir der Revolution, die ich anzetteln würde, bewusst? Auf keinen Fall. Eine Welt ging unter, eine andere sollte geboren werden. Ich war einfach da, bekam meine Chance und nahm sie wahr. Ich war so alt wie das Jahrhundert. Es wandte sich irgendwie an mich, was das Entwickeln eines neuen Kleidungsstils betraf. Gefragt waren Einfachheit, Bequemlichkeit und Klarheit. Ich habe all das schon immer bevorzugt – ohne Absicht. Die wahren Erfolge sind immer Zufälle.«*[28]

Wenngleich die großartige Erfolgsgeschichte von Coco Chanel im Rückblick einen selbstverständlichen, natürlichen und leichten Eindruck erwecken mag, hatte sie trotzdem mit dem Unternehmen mehrfach auch große Schwierigkeiten zu meistern, besonders in den 1930er- und 1940er-Jahren. Und als sie im Alter von 70 Jahren noch ankündigte, sie werde ein neues Kostüm auf den Markt bringen, hatte die Presse nichts als beißenden Spott für sie übrig. Unbeirrt machte sie weiter, mit dem beeindruckenden Ergebnis, dass dieses Kostüm als das Chanel-Kostüm zum Klassiker wurde. Dem »*Chanel-Look*« widmete die US-amerikanische Zeitschrift *Life* im Jahr 1955 gleich vier Seiten – voll des Lobes über dessen schlichte Eleganz. Ob es Chanel überraschen würde, dass noch heute Weltstars ihre Kleider tragen?

Aufgaben und Denkanstöße:

- Durchdenken Sie, ob Sie das Gewinnminimum richtig definiert haben. Diskutieren Sie das Thema mit Kollegen.

- Wo sollten Sie Ihre Ressourcen konzentrieren, damit Sie einen Vorsprung erarbeiten können, für den der Kunde zu zahlen bereit ist? Von welchen Aktivitäten sollten Sie sich trennen?

- Falls Sie gute Gewinne erwirtschaften, hinterfragen Sie kritisch, ob Sie genug in die Zukunft investieren.

CLEVER VERMARKTEN
Eine Stunde mit Richard Branson

Als *Richard Branson* (*1950) mit 16 Jahren seine Ausbildung an einer englischen Privatschule in Stowe abbrach, gab ihm sein damaliger Rektor eine Prognose mit auf den Weg: *»Entweder du landest im Gefängnis oder du wirst Millionär.«*[29] Doch der Rektor unterschätzte ihn, wie viele andere nach ihm. Branson widerfuhr nämlich beides – und noch vieles mehr: Schon in der frühen Startphase seines Direktversands von Schallplatten, im Jahr 1971, verstrickte er sich dank einer »cleveren Importidee« in ein Zolldelikt. Das bescherte ihm nicht nur eine heilsame Lektion, sondern auch eine Nacht in einer Gefängniszelle. Mit einer Nachzahlung war die Sache dann zwar schnell wieder aus der Welt, aber sein Schuldirektor hatte recht gehabt. Bei der Aussage, Branson würde Millionär werden, verschätzte er sich allerdings gehörig, nämlich um einige Tausend Millionen. Branson zählt bereits seit Langem zum Kreis der Milliardäre und verfügt im Jahr 2018 über ein Vermögen von rund fünf Milliarden Dollar. Was er unter einem medienwirksamen Auftritt versteht, ist vielleicht nicht für jeden zur Nachahmung geeignet, man kann allerdings einiges von Branson über cleveres Vermarkten und die Bedeutung von gutem Marketing lernen.

Richard Branson genießt den Status des bunten Paradiesvogels unter den Topunternehmern dieser Welt. Trotz seines großen Erfolgs als Chef eines weitverzweigten Firmenimperiums hat er sich eine lockere, sympathische Art ohne Allüren bewahrt. *»Ich bin nicht des Geldes wegen Unternehmer, sondern weil ich etwas Kreatives schaffen will, auf das ich stolz sein kann«*[30], lautet einer seiner Leitsätze. Seine unternehmerische Karriere begann er bereits als Teenager mit der Herausgabe der Zeitschrift *Student*, wobei er schon bald mit seinem Direktversand für Schallplatten unter dem Namen *Virgin* zu größerem Erfolg kam. Geschickt nutzte er seine Kontakte zur Schallplattenindustrie, um sein neuartiges Konzept der Virgin Megastores in der Musikmetropole London zu testen. Der Versuch fiel im Zeitgeist der Flower-Power-Generation auf so fruchtbaren Boden, dass er bald im gesamten Land expandierte. Nur zwei Jahre nach der Gründung von Virgin war der Start von Virgin Records ein weiterer konsequenter Schritt. Ein wahrer Glücksgriff gelang ihm gleich zu Beginn, als er den noch unbekannten Künstler Mike Oldfield exklusiv unter Vertrag nahm. Dessen geniales Debütalbum *Tubular Bells* wurde ein weltweiter Verkaufsschlager, der Oldfield den Grammy Award for Best Instrumental Composition einbrachte und Branson in der Branche fast über Nacht berühmt machte. Dieser Erfolg markierte einen Wendepunkt im Geschäftsleben von Richard Branson, da von nun an viele berühmte Künstler zu Virgin Records strömten, unter anderem Genesis, Peter Gabriel, die Simple Minds, die Rolling Stones und viele andere. Heute steht Branson an der Spitze eines Firmenimperiums, das weltweit über 300 Unternehmen geschaffen hat und bei dem rund 50 000 Mitarbeiter in etwa 30 Ländern angestellt sind.

Dass Marketing von ganz herausragender Bedeutung in allen Branchen ist, braucht man heutzutage niemandem mehr zu erklären. Worin sich allerdings Unternehmen sehr stark unterscheiden, ist die Ernsthaftigkeit, mit der sie dieses Thema angehen. Die drastischen Unterschiede sind zwischen Kleinunternehmen genauso vorhanden wie zwischen mittelständischen und großen Organisationen. Interessant ist, dass Unternehmen mit vergleichsweise ähnlich großen Budgets in ein und derselben Branche mitunter zu völlig unterschiedlichem Vermarktungserfolg gelangen. Längst nicht alle dieser Unterschiede ließen sich allein aus der Qualität der Produkte und Dienstleistungen heraus erklären. Es lohnt sich also, darüber nachzudenken, wie man die in Marketing investierten Ressourcen stetig weiter optimiert. Lord Leverhulme, Gründer des Unternehmens Unilever, wird von einem der herausragendsten Köpfe der Werbung, David Ogilvy, mit den Worten zitiert: »*Half my advertising is wasted, and the trouble is I don't know which half.*« [31]

Richard Branson hat einen Weg gewählt, der sein Unternehmen regelmäßig in die Medien bringt, ohne dass er für diese Berichterstattung direkt bezahlen muss. Es gelingt ihm immer wieder, sich selbst und die Virgin-Gruppe interessant, lustig oder spannend in Szene zu setzen. Das Ergebnis ist immer wieder das gleiche: Er und sein Unternehmen gestalten die Schlagzeilen und sind regelmäßig Gesprächsthema bei seinen potenziellen Kunden. Ein befreundeter Unternehmer riet ihm einst: »*Mach dich lächerlich, ansonsten wirst du nicht überleben*« (es ging damals um die Frage, wie er mit seiner Fluglinie gegen das gigantische Werbebudget von British Airways ankommen könne). Branson bezeichnet diesen Rat später als den besten, den er je in seinem Leben bekommen habe. Er hat ihn mehr als beherzigt: Seine Autobiografie *Losing my Virginity* stellte er einst fast nackt vor, für seinen Brautmodenverleih war er als Transvestit unterwegs und für Virgin-Cola ging er als menschliche Coladose gegen den Marktführer an. Wer glaubt, dass Branson diese heiteren Aktionen ohne klaren, langfristigen Plan für die Marke Virgin durchführte, unterschätzt den Strategen maßlos. Branson weiß ganz genau, was seine Marketingziele sind und wann sie erreicht sind. Und so sagte er entspannt vor einigen Jahren einmal: *»Das Ziel, Virgin weltweit bekannt zu machen, ist erreicht. Ich muss mich nicht mehr zum Affen machen, um für meine neuen Firmen zu werben.«*[32]

Virgin, Red Bull, Apple, aber auch Greenpeace und Amnesty International nutzen die Medien systematisch. Und das mit großem Erfolg: Es gelingt ihnen immer wieder, den Blick der Öffentlichkeit auf für sie wichtige Themen zu lenken. Als Führungskraft müssen Sie sich bewusst sein, dass das Medium nicht nur steuert, wie über Dinge berichtet wird, sondern auch, *was* berichtet wird. Schon lange bevor das Internet den großen Durchbruch hatte, kam der kanadische Wissenschaftler Marshall McLuhan zu diesem Schluss.

Das Prägnante an so erfolgreichen Unternehmern und Organisationen wie Richard Branson, Dietrich Mateschitz (Red Bull), Phil Knight (Nike), Greenpeace und Amnesty International ist, dass sie die Medien so wirksam nutzen können, weil sie und ihre Unternehmen *die Bedürfnisse und Wünsche ihrer Kunden* verstehen. Sie treffen exakt das Kundenbedürfnis und brauchen deshalb kaum aktiv verkäuferisch tätig zu werden. Aus diesem Grund ist es eine zentrale Aufgabe des Marketings, dafür zu sorgen, dass Unternehmen ihre Zielgruppe und Kunden so gut kennen, dass Dienstleistungen und Produkte entwickelt werden können, die derart perfekt auf den Kunden und dessen Bedürfnisse zugeschnitten sind, dass sie sich nahezu von selbst verkaufen. Die Kunden verlangen diese Produkte im Idealfall von selbst.

Für Richard Branson, aber auch für Non-Profit-Organisationen und Unternehmen ganz allgemein fungieren die Medien natürlich als essenzielles Hilfsmittel durch maßgeschneiderte Medieninhalte. Doch diese werden erst möglich durch *profundes Kundenverständnis*. Nur so lassen sich dann die Medien zielgruppengerecht und wirksam einsetzen.

Wenn Sie sich intensiv mit der Analyse Ihrer Zielgruppe beschäftigen, werden Sie viele Impulse erhalten, für welche Leistungen und Verbesserungen diese zu bezahlen bereit ist. Darüber hinaus werden Sie erkennen, über welche Themen und Medien Sie wirkungsvoll mit Ihrer Zielgruppe in einen engeren Dialog treten können. Einige der besten Unternehmen der Welt sind regelrechte Zielgruppenbesitzer. Das bedeutet, sie sind für ihre Kunden so wichtig, dass es sich die Medien nicht leisten können, nicht über sie zu berichten, weil die Nachfrage nach Information so stark ist. Beispielsweise berichten sehr viele Medien regelmäßig über technische Merkmale und Einführungstermine neuer Apple-iPhones, ohne dass Apple dafür etwas tun muss. Denken Sie daran: Je genauer Sie Ihre Zielgruppe kennen, desto klarer können Sie sich positionieren und desto weiter sind Sie auf dem Weg, Zielgruppenbesitzer zu werden – eine wahrhaft königliche Position, da Ihnen Ihre Kunden helfen werden, sich stets im Sinne der Kunden zu verbessern.

Aufgaben und Denkanstöße:

- Analysieren Sie Ihre Unternehmenskommunikation und durchdenken Sie den gestifteten Kundennutzen. Sprechen Sie mit Kollegen und Kunden, um zu erfahren, womit sie zufrieden sind und wo sie Ansatzpunkte für Verbesserungen sehen.

- Was können Sie tun, um Ihre Zielgruppe noch besser zu verstehen – die Grundvoraussetzung, um in der Folge die Medien gezielter nutzen zu können?

- Was müssen Sie tun, um sich langfristig zum Zielgruppenbesitzer zu entwickeln?

INFORMATIONEN NUTZEN

Eine Stunde mit Paul Julius Reuter

Im europäischen Telegrafennetz klaffte im Jahre 1850 noch eine Lücke von 122 Kilometern zwischen dem Endpunkt der belgischen Telegrafenleitung in Brüssel und der ersten deutschen Fernschreiberstation in Aachen. *Paul Julius Reuter* (1816–1899) sah, dass diese Lücke natürlich dazu führte, dass Informationen nicht zügig übermittelt werden konnten. Da er davon überzeugt war, dass Kunden bereit sein würden, für schnellere Informationen zu bezahlen, wagte er den Schritt, seine eigene Nachrichtenübermittlung zu gründen. Um die Lücke zwischen Brüssel und Aachen zu schließen, hatte er die clevere Idee, Brieftauben einzusetzen. Diese übermittelten die aktuellen Aktien und Rohstoffpreise binnen kürzester Zeit. Wer diese wertvollen Informationen frühzeitig erhielt und nutzte, konnte an den europäischen Börsen ein Vermögen verdienen. Dieser Wissensvorsprung war den Leuten sehr viel Geld wert. Reuters Geschäft florierte so schnell, dass er schon bald sämtliche Brieftauben eines Züchters verpflichtete, wodurch seine »Transportflotte« nun mehr als 200 Tauben umfasste. Täglich wurden die Tiere mit dem Zug von Aachen nach Brüssel gebracht, wo jeweils drei Tauben die gleiche Nachricht erhielten, damit die Übermittlung auch wirklich sichergestellt war. Kamen die Tauben in Aachen an, wurde die Information über Reuters Büro telegrafisch innerhalb Deutschlands weitervermittelt. Als die Lücke im Telegrafennetz im Verlauf des Jahres 1851 zunehmend kleiner wurde, nutzte Reuter Pferde, bis schließlich am 16. April 1851 die Leitung durchgängig war und sein Monopol damit verschwand.

Reuter zog daraufhin nach London, mit dem Ziel, ein Unternehmen aufzubauen, das Nachrichten zuverlässig und vor allen anderen übermitteln sollte. Dies gelang ihm auch tatsächlich, sein Informationsdienst versorgte britische Zeitungen mit Nachrichten aus ganz Europa, und er erreichte sogar, dass »Reuters« als Quelle unter jeder Nachricht erschien; damit war der Grundstein für Reuters als anerkannte Marke für Informationsdienstleistungen gelegt. Ein erneuter Durchbruch gelang, als Reuter im April 1865 unter Nutzung der damals besten Technologie und dank einem ausgeklügelten Übermittlungssystem die Nachricht von der Ermordung Abraham Lincolns als Erster an Zeitungen und Unternehmen weiterleiten konnte. Paul Julius Reuter hatte erkannt, welch großen Wert Informationen haben. Heute ist sein Name untrennbar mit Nachrichten verbunden.

Besehen wir uns nun die Rolle von Informationen im Management. Prinzipiell müssen Manager sowohl über Informationen zu dem verfügen, was innerhalb der Organisation vor sich geht, als auch darüber Kenntnis haben, was außerhalb des Unternehmens geschieht. Hinzu kommt die Notwendigkeit eines steten Nachrichtenflusses, das heißt, der Informationsaustausch zwischen den einzelnen Stellen im Unternehmen einerseits und zwischen der Organisation und ihren Partnern andererseits muss gewährleistet sein. In diesem Kapitel beschäftigen wir uns schwerpunktmäßig damit, wie effektiv mit Informationen innerhalb der Organisation und im Austausch mit ihren Partnern gearbeitet werden kann. Informationen über die Umwelt und über Aspekte außerhalb der Organisation hingegen interessieren uns im Kapitel mit James Wilson besonders.

Informationen machen den Wissensarbeiter wirksam, Informationen bringen die Organisation zum Funktionieren. Die Fragen sind folglich: *Welche Informationen benötigt der Wissensarbeiter für seine Beiträge?* Und: *Welche Informationen benötigt die Organisation vom Wissensarbeiter für Beiträge anderer?* Beginnt man mit der ersten Frage, so muss man feststellen, dass nur er selbst entscheiden kann, worüber er für die wirksame Erledigung seiner Aufgaben informiert sein muss. Daten müssen immer in Rücksprache mit dem Nutzer zur Verfügung gestellt werden, da nur er selbst entscheiden kann, welche der vielen verfügbaren Daten für ihn tatsächlich Informationen darstellen, wie er diese Informationen organisieren muss und was er aufgrund dieser Informationen in die Wege leiten muss, damit Resultate folgen. Grundsätzlich sind diese Richtlinien jedem klar, und doch hinterfragen längst nicht alle Organisationen regelmäßig den Inhalt, den Umfang und die Häufigkeit der verteilten Informationen, beispielsweise der vielen Berichte, die rein »aus Gewohnheit« verfasst werden. Organisationen, die regelmäßig ihre Berichte, Korrespondenzen, Sitzungen, Klausurtagungen und andere Formen des Informationsaustausches in Inhalt und Form auf den Prüfstand stellen, steigern nicht nur massiv ihre *Produktivität*, sondern gleichzeitig auch ihre Wirksamkeit, da die richtigen Informationen verfügbar sind.

Die zweite Frage, die wir oben angesprochen hatten, welche Informationen nämlich die Organisation vom Einzelnen benötigt, um wirksam sein zu können, rückt die *Aufgabe* und die *gemeinsame Arbeit* in den Mittelpunkt und führt dazu, dass Kommunikation wirksam gestaltet wird. Man muss sich hierbei über den *Rhythmus* klar werden, mit dem die Informationen zur Verfügung gestellt werden sollen, über die *Form*, in der diese Informationen übermittelt werden, sowie über den *Empfängerkreis*. Darüber hinaus muss definiert werden, wer der *Ersteller* der Informationen ist und welche Personen ihrerseits dazu einen Beitrag zu leisten haben.

Da eine Organisation nur funktionieren kann, wenn alle Beteiligten zu einem kontinuierlichen Informationsfluss beitragen, ist es wichtig, dass den Menschen ihre individuelle Verantwortung für das Übermitteln und Einholen von Informationen bewusst ist. Sie müssen sich selbst die *Disziplin* abverlangen, diese Verantwortung einzulösen. Organisationen, in denen dies gelebt wird, gelangen nicht nur zu besseren Entscheidungen, sondern sie treffen sie auch noch wesentlich schneller. Dadurch erhalten sie etwas ganz Wesentliches: *Funktionssicherheit*. Das Risiko, dass Entscheidungen auf der Grundlage von fehlenden oder falschen Informationen gefällt werden, wird so zwar nicht eliminiert, aber doch wesentlich verringert.

Damit sichergestellt ist, dass die Sender die *richtigen Informationen* zur *passenden Zeit* und in *adäquater Form* übermitteln, gibt es einen ganz einfachen Weg: Die Menschen müssen miteinander reden. Gehen Sie als Führungskraft deshalb zu den Personen hin, mit denen Sie arbeiten, und stellen Sie eine scheinbar einfache Frage: *Welche Informationen benötigen Sie von mir, damit Sie Ihre Aufgaben wirkungsvoll erfüllen können?* Legen Sie dann Ihrerseits dar, welche Informationen Sie wiederum für die Erfüllung Ihrer Aufgaben benötigen und wie ausführlich und regelmäßig diese an Sie übermittelt werden sollen. Dieses Gespräch sollten die Beteiligten regelmäßig, mindestens alle 12 bis 18 Monate, wiederholen sowie immer dann, wenn eine wesentliche Veränderung in der Organisation, bei einer konkreten Stelle oder in den Schlüsselaufgaben der Beteiligten eintritt. Bei all diesen Überlegungen darf jedoch nicht übersehen werden, dass ein Großteil der Informationen, die Manager für die Erfüllung ihrer Aufgaben benötigen, nur außerhalb der Organisation zu erhalten ist. Wir beschäftigen uns noch ausführlicher mit diesem Aspekt im Kapitel über James Wilson.

Aufgaben und Denkanstöße:

- Machen Sie sich Gedanken über den Umgang mit Informationen und über den Informationsfluss in Ihrer Organisation. Wo sehen Sie Ansatzpunkte für Verbesserungen?

- Welche Informationen benötigen Sie, um Ihre Beiträge wirksam erbringen zu können – und welche Informationen benötigt die Organisation von Ihnen?

- Hinterfragen Sie, wie Sie sich organisieren müssen, damit Sie genügend Zeit für die Beschäftigung mit relevanten Informationen haben. Was müssen Sie tun, damit Sie relevante Informationen auch tatsächlich nutzen und zur Umsetzung bringen?

DIE UMWELT VERSTEHEN
Eine Stunde mit James Wilson

The Economist wurde erstmals im September 1843 herausgegeben, um teilzunehmen an »*einem harten Wettkampf zwischen einer Intelligenz, die weitermacht, und einer unwürdigen, ängstlichen Unwissenheit, die unseren Fortschritt aufhält*«[33]. Gegründet wurde die Zeitschrift von *James Wilson* (1805–1860), einem Hutmacher aus der schottischen Stadt Hawick, der unbeirrbar war in seinem Glauben an den freien, weltweiten Handel bei gleichzeitig geringstmöglicher Intervention vonseiten der Regierung. Die protektionistischen Getreidegesetze, die besondere Steuern und Beschränkungen für Importe vorsahen, waren der ausschlaggebende Punkt für die Gründung von *The Economist* gewesen, da dadurch die Preise für Brot in die Höhe schnellten und die Bevölkerung Englands großen Hunger litt. Nach Wilsons Ansicht war freier Handel für alle gut. Die Getreidegesetze wurden zwar im Jahr 1846 wieder aufgehoben, aber *The Economist* bestand fort, mit der Selbstverpflichtung, die liberalen Ideale ihres Gründers weiter zu pflegen. Man kann heute ohne Übertreibung sagen, dass *The Economist* in den Führungsspitzen der Welt von vielen als Pflichtlektüre angesehen wird. Für viele Spitzenkräfte ist es eine jener Informationsquellen, die ihnen hilft, ihre Umwelt besser zu verstehen.

Der Anspruch von *The Economist* war von Anfang an und ist bis heute nicht eben bescheiden. So beschrieb Rupert Pennant-Rea, Chefredakteur von 1986 bis 1993 und kürzlich zum Vorsitzenden der Economist Group berufen, *The Economist* einmal als Zeitschrift, »*in der die Leser, die über ein überdurchschnittliches Einkommen und einen überdurchschnittlichen Verstand verfügen, aber dafür unterdurchschnittlich viel Zeit haben, ihre Meinung mit der unsrigen vergleichen können. Wir versuchen, der Welt über die Welt zu erzählen, den Experten zu überzeugen und den Amateur zu erreichen, durch Hinzugabe einer Meinung und von Argumenten*«[34].

Anstatt zu sagen, er *lese* The Economist, soll Peter F. Drucker, der für seine treffsicheren Einschätzungen zukünftiger Entwicklungen bekannt war, gesagt haben: »*I have learned to study The Economist.*« Was für ein Unterschied!

Ein Großteil der Informationen, die Führungskräfte benötigen, ist nur *außerhalb* der Organisation zu finden. Jede Organisation muss deshalb einen systematischen Prozess definieren, wie sie Informationen aus der Umwelt *zusammenträgt, organisiert, verfügbar macht und dann in Entscheidungen integriert.* Da die weitaus meisten Trends und Technologien, welche die eigene Branche verändern, aus anderen Branchen und Sektoren stammen, muss die Beobachtung der Umwelt breit angelegt sein. In jeder Organisation bestehen Annahmen, auf denen der Unternehmenszweck, die Strategie und die Entscheidung, wie beides realisiert werden soll, beruhen. Die Informationen aus der Umwelt müssen so organisiert werden, dass sie helfen, diese Annahmen zu hinterfragen und immer wieder zu testen. Die Informationen müssen auch dazu beitragen, *Chancen und potenzielle Gefahren* rechtzeitig zu erkennen.

Eine breit angelegte Informationssuche wird natürlich auf den eigenen Markt, die aktuellen Wettbewerber und die derzeitige Technologie ausgerichtet sein. Das ist aber nicht das Problem. Schwieriger ist es, an Informationen über Nicht-Kunden zu kommen, Personen also, die Kunden sein könnten, aber bei der Konkurrenz kaufen, oder Informationen zu grundlegenden Veränderungen, die sich abzeichnen. Woher bekommen wir denn Informationen zu potenziellen neuen Kunden und Märkten, zu möglichen Wettbewerbern sowie zu Technologien, die nützlich oder gefährlich werden könnten? Wie müssen wir Informationen zu aktuellen und grundlegenden gesellschaftlichen Themen interpretieren und organisieren, um sie richtig zu nutzen?

Dies sind nur wenige allgemeine Beispielfragen, die natürlich in jeder Organisation konkretisiert werden müssen. Nicht alle Informationen über die Umwelt sind ohne Weiteres verfügbar, aber wenn Organisationen systematisch nach ihnen suchen, erfahren sie meist viel mehr, als sie bislang für möglich gehalten haben. Über die Zeit wird sich das entwickelte Informationssystem immer weiter verbessern. Dass es wirksam ist, erkennt man dann daran, dass es immer weniger *Überraschungen* gibt. Die Führungskräfte haben nämlich durch das System, wie mit Information umgegangen wird, die wesentlichen Erkenntnisse bereits erlangt und sie haben die entsprechenden Entscheidungen längst in die Wege geleitet. Bedenkt man, wie abhängig Führungskräfte bei ihren Entscheidungen von diesen Informationen über die Umwelt sind, kann man dem Thema gar nicht genug Priorität einräumen. Viele Organisationen sind zu sehr mit *der eigenen Organisation und der Gegenwart beschäftigt und verwenden viel zu wenig Zeit auf die Umwelt und die Zukunft.*

»*Bring dir selbst bei, dass es in deiner Nase kitzelt, wenn du die Tageszeitung liest*«, soll ein Vorgesetzter dem jungen Peter F. Drucker gesagt haben. »*Wenn es etwas gibt, das du nicht verstehst, schlag es nach. Lies nicht einfach weiter – versuche, es zu verstehen!*«[35]

Aufgaben und Denkanstöße:

- Welche bisher nicht genutzten Quellen könnten Ihnen in Ihrer Branche nützlich sein, um die Umwelt besser zu verstehen?

- Welche Bereiche und Schlüsselfaktoren müssen Sie besonders genau im Auge behalten, um Risiken zu minimieren oder Chancen zu nutzen?

- Was müssen Sie in Ihrer Organisation umsetzen, damit Informationen zur Umwelt (Kunden, Nicht-Kunden, Märkte, Wettbewerber, Technologie, gesellschaftliche Entwicklungen und Ähnliches) verfügbar und besser zu nutzen sind?

WENDEPUNKTE ERKENNEN, STEUERUNGSGRÖSSEN NUTZEN

Eine Stunde mit Andy Grove

Der aus Budapest stammende *Andrew Stephen »Andy« Grove* (eigentlich: András István Gróf, 1936–2016), ehemaliger CEO von Intel, hatte eine schwierige Kindheit zu überstehen. Als Sohn einer jüdischen Kaufmannsfamilie konnte er nur unter falscher Identität und dank des Unterschlupfs bei Freunden den Nationalsozialisten entkommen. 1957 entschloss er sich zur Flucht in die USA, nachdem im Oktober 1956 der ungarische Volksaufstand durch das militärische Eingreifen der Sowjetunion niedergeschlagen worden war. In den USA änderte er seinen Namen in *Andrew Stephen Grove*, kurz: *Andy Grove*. Strebsam brachte er sich selbst Englisch bei und nahm sein Studium in Berkeley auf, das er 1963 mit der Promotion abschloss. Nach dem Studium begann er bei *Fairchild Semiconductor*, wo er Gordon Moore und Bob Noyce kennenlernte, denen er sich 1968 anschloss, um mit ihnen gemeinsam *Intel* zu gründen.

Die drei bildeten ein bemerkenswertes Team; als sie sich kennenlernten, war Grove gerade mal 27 Jahre alt, Moore und Noyce hingegen waren Mitte 30. Dieses Dreiergespann ist eines von vielen Beispielen, das insbesondere jüngeren Menschen verdeutlichen kann, dass man nach den Besten nie früh genug Ausschau halten kann. Noyce und Moore arbeiteten vor ihrer Tätigkeit bei Fairchild für William Shockley, der 1956 den Nobelpreis für Physik für die Entwicklung des Transistors erhalten und das erste Fachbuch zur Halbleiterelektronik publiziert hatte. Moore formulierte 1975 eine These, die später als *mooresches Gesetz* Bekanntheit erlangen sollte, wonach sich die Anzahl der Transistoren auf einem Computerchip alle 18 Monate verdopple. Eine Vorhersage, die sich als erstaunlich zutreffend herausgestellt hat und von Moores ausgezeichnetem Weitblick zeugt. Grove wiederum brachte nicht nur seine Managementfähigkeiten in dieses Gründungsteam ein, sondern auch jenen gesunden Menschenverstand, der dafür nötig war, um bei allen Entwicklungen den Bezug zur Realität herzustellen und ihre praxisbezogene Anwendung zu gewährleisten. Eine seiner Aussagen fasst seine pragmatische Einstellung recht anschaulich zusammen: *»Ich habe eine Regel in meinem Unternehmen: Um zu sehen, was in den nächsten zehn Jahren pas-*

sieren kann, sollte man sich ansehen, was in den letzten zehn Jahren geschehen ist.«[36]

Spannend und lehrreich ist es, wie Grove beim Aufbau von Intel immer wieder große Krisen zu meistern verstand. Eine der schwerwiegendsten kam zu Beginn der 1980er-Jahre, als es der japanischen Konkurrenz gelungen war, Speicherchips herzustellen, die nicht nur in der Qualität denjenigen von Intel überlegen, sondern auch noch preisgünstiger waren. Der zuvor dominierte Markt ging verloren, die Lage spitzte sich 1985 sogar so stark zu, dass es für das Unternehmen kritisch wurde. Als sich die Probleme trotz aller Anstrengungen nicht lösen ließen, stellte Grove eines Tages seinem Mitstreiter Moore die Frage, was wohl ein neuer CEO tun würde. Ohne zu zögern, antwortete Moore: »*Er würde aus dem Speicherchip-Geschäft aussteigen.*«[37] Grove war geschockt, war ihm doch nur allzu klar, dass dies bedeuten würde, das gesamte Unternehmen von Grund auf zu verändern. Der angestammte Markt von Intel war schließlich für das Unternehmen unbrauchbar geworden, es würde sich einem neuen Markt zuwenden müssen – man konnte sich auf einen langen und schmerzhaften Prozess einrichten.

Wie Grove später sagte, war es für ihn und sein Führungsteam eine der schwersten Entscheidungen, die sie je zu treffen hatten; sie verabschiedeten sich komplett von der Vergangenheit, um etwas vollkommen Neues zu beginnen, das Unternehmen würde hinterher ein völlig anderes sein. Drei Jahre dauerte die Umstellung, in etwa einem Drittel aller Unternehmensbereiche gab es Entlassungen oder Schließungen. Man hatte sich dazu durchgerungen, umfassend in die Technologie der Mikroprozessoren zu investieren, um sich diesen aufkommenden Massenmarkt zu erschließen.

Was Sie daraus lernen können? *Erstens*, getreu einem Leitsatz von Grove: »*Only the paranoid survive*« – ein gewisses Maß an Paranoia oder, passender, eine *gesunde Skepsis* ist gut und notwendig für erfolgreiches Unternehmertum. Fast zu lange hatte man bei Intel die Zeichen der Zeit nicht wahrhaben wollen, dass die japanische Konkurrenz drauf und dran war, das Unternehmen aus dem zuvor mit Abstand dominierten Markt zu drängen. Mit nüchterner Klarheit sagte Grove: »*Selbstzufriedenheit sucht meist genau jene heim, die am erfolgreichsten waren.*«[38] Den Luxus der Selbstzufriedenheit hat er sich in seinen 40 Jahren bei Intel nie geleistet.

Zweitens kann man lernen, wie unerlässlich es ist, immer wieder eine Außenperspektive auf das Unternehmen einzunehmen. »*Was würde ein neuer, von außen kommender CEO tun?*« Indem Grove und Moore bewusst von außen auf das Unternehmen blickten, gelangten sie zu gänzlich *neuen Schlüs-*

sen und nutzten die *schöpferische Zerstörung* im positiven Sinne Joseph Alois Schumpeters, um ein neues Unternehmen zu schaffen, das stärker war als je zuvor.

Eine zweite vergleichsweise große Krise hatte Andy Grove mit Intel im Jahr 1994 zu bewältigen. Das Unternehmen war gerade dabei, die neueste Generation seines Mikroprozessors in den Markt einzuführen, den Intel-Pentium-Prozessor, als Grove im Dezember die Nachricht ereilte, dass IBM mit sofortiger Wirkung die Auslieferung sämtlicher Pentium-basierter Computer stoppen ließ. Der Grund: Ein »kleiner Designfehler«, wie er Grove einige Wochen zuvor gemeldet wurde, den man aber im Griff habe. Dieser kleine Fehler stürzte das Unternehmen in eine der ernsthaftesten Krisen seiner Geschichte. Wenn der Gigant IBM die Auslieferung der eigenen Rechner aufgrund des von Intel produzierten Chips verweigerte, schädigte dies nicht nur den Ruf dieses Produkts, sondern es gefährdete die Glaubwürdigkeit und letztlich den Fortbestand des gesamten Unternehmens Intel. Es gab zwei Möglichkeiten: Intel konnte aufzeigen, dass der Chip in Ordnung war, oder man konnte alle ausgelieferten Mikroprozessoren zurückrufen – eine Entscheidung, die das Unternehmen über eine *halbe Milliarde Dollar* kosten würde. Man entschied sich letztlich für die Rückrufaktion.

»Irgendetwas hatte sich verändert, etwas Großes, etwas Bedeutungsvolles, auch wenn noch nicht gänzlich klar ist, was dieses Etwas ist«[39], schrieb er später in seinem Buch. Die Unternehmensleitung hatte das Gefühl, gänzlich die Kontrolle verloren zu haben. Die Computernutzer, die nicht einmal Intels direkte Kunden waren, verlangten, dass der Prozessor entfernt werde. Was Intel über Qualität und Verlässlichkeit zu wissen glaubte, galt mit einem Schlag nicht mehr. Das Unternehmen war an einen *strategischen Wendepunkt* gekommen, wie es Grove nannte; eine Situation, die einen massiven Wandel, weit über das normale Ausmaß hinaus, notwendig machte. Ein solcher Punkt ist durch eine drastische und innerhalb kürzester Zeit ablaufende Änderung der Situation gekennzeichnet. Betreffen kann dies die *Wettbewerber*, die *Technologie*, die *Kunden*, die *Lieferanten*, die *komplementären Leistungen oder Produkte* bis hin zu bestimmten *Regulierungen*.

Das Problem daran ist nicht, dass sich die Dinge ändern, sondern das Ausmaß und die Intensität dieses Wandels. Grove selbst quantifizierte diese Intensität mit dem Zehnfachen dessen, was die Organisation als »normalen« Wandel gewohnt ist. Ein Großteil seines lesenswerten Buches *Only the Paranoid Survive* ist dem Umgang mit strategischen Wendepunkten gewidmet. Peter

F. Drucker, der sich nur höchst selten zu Büchern äußerte, würdigte es übrigens mit den Worten: »*This terrific book is dangerous ... It will make people think*«[40] – dies nur als Randnotiz. Fakt ist jedenfalls, dass man an Intels Umgang mit strategischen Wendepunkten *die Bedeutung von kontinuierlicher Umsicht, gesunder Skepsis sowie einer gewissen Paranoia erkennen kann*, egal, ob es um technologische oder wettbewerbsbedingte Bedrohungen geht.

Was kann man nun konkret tun, um einen Wandel oder sogar strategische Wendepunkte frühzeitig zu erkennen? Zunächst einmal muss man *harte, offene* Diskussionen fördern. Nur wenn Situationen, Möglichkeiten und Gefahren ausdiskutiert werden, besteht eine Chance, strategische Wendepunkte zu erkennen, vielleicht sogar frühzeitig. Das heißt auch, dass man in den Diskussionen bewusst Dissens anstreben, besser noch: verlangen muss. Alfred Sloan war darin ein Meister, wie in einem eigenen Kapitel dieses Buchs dargelegt wird.

Wenn man diese *Art der Diskussionskultur* als notwendig erachtet und sie im Unternehmen etablieren möchte, hat dies zur Konsequenz, dass man in der Organisation keine Jasager haben will – und auch keine Vorgesetzten, die gerne Jasager um sich scharen. Wenn Sie *kompetente* Führungskräfte oder Beirats- und Aufsichtsorgane beobachten und analysieren, worauf sie bei Personalentscheidungen achten, dann erkennen Sie, dass sie *starke Personen* und Personen, die diese um sich haben wollen, in Führungspositionen bringen. Es ist längst anerkannt, dass gute Entscheidungen essenziell von einer gesunden Diskussionskultur in der Organisation abhängen, deshalb muss man darauf achten, dass diese entstehen kann.

Als weitere Maßnahme müssen Sie zielgerichtete, *bereichsübergreifende Diskussionen zu Schlüsselthemen* fördern, die Wandel oder strategische Wendepunkte bedeuten könnten. Viele Probleme und Chancen sind heute zu komplex, als dass es einigen wenigen Wissensträgern möglich wäre, diese angemessen zu überblicken. Meinungs- und Willensbildung zu Schlüsselthemen der Organisation werden deshalb künftig vermehrt nur noch bereichsübergreifend sinnvoll zu lösen sein.

Darüber hinaus sollten Sie mit gesunder Skepsis die Daten, die Ihnen vorliegen, und die *Annahmen*, auf die Sie sich stützen, hinterfragen. Prüfen Sie dabei auch, ob das Führungsteam (Sie selbst eingeschlossen) dem Wandel in der Realität noch mit angemessener Geschwindigkeit folgt, und entscheiden Sie gegebenenfalls, was zu tun ist, um den Anschluss wiederherzustellen. Das mag banal klingen, aber in der Praxis kann man regelmäßig beobachten, dass diese Situation nicht thematisiert oder erst dann ernst genommen wird, wenn es fast zu spät ist. Auch bei Intel wäre es damals beide Male fast zu spät gewesen.

Dabei darf natürlich nicht vergessen werden, dass ein Unternehmen wie Intel schon weit vor solcherlei existenzbedrohenden Krisen viele Gefahren erfolgreich umschifft hat, lange bevor überhaupt eine Krise daraus hätte erwachsen können. *Was kann man also tun, um frühzeitig Krisen und Gefahren zu vermeiden? Worauf muss man schauen? Und welche Ziele muss man setzen?*

Über 50 Jahre hinweg haben sich einige *Schlüsselgrößen* bewährt, die man im Blick haben sollte und für die man Ziele definieren muss. Peter F. Drucker publizierte sie erstmals 1954 in seinem Buch *The Practice of Management*[41], seitdem haben viele Autoren sie in angelehnter Form übernommen und in ihren Arbeiten darauf aufgebaut. Demgemäß sollte man in den folgenden acht Bereichen Ziele für die Leistung und die Ergebnisse der Organisation definieren:

1. Marktstellung
2. Innovation
3. Produktivität
4. Physische und finanzielle Ressourcen (insbesondere Liquidität und Cashflow)
5. Profitabilität
6. Leistung, Entwicklung und Einstellung von Führungskräften
7. Leistung, Entwicklung und Einstellung von Mitarbeitern
8. Gesellschaftliche Verantwortung

Dieses Vorgehen zieht Auswirkungen in vielerlei Hinsicht nach sich: *Erstens* werden anzustrebende *Leistungen* definiert; *zweitens* werden Größen zur *Beurteilung* etabliert; *drittens* schaffen diese acht Größen einen *Ordnungsrahmen*, in den die vielfältigen Phänomene der Wirklichkeit eingeordnet und mithilfe dessen sie strukturiert werden können; *viertens* dienen diese acht Bereiche als Fokus für die systematische Suche nach *Risiken*, die dort für die Organisation entstehen können.

Oft wird vermutet, dass unterschiedliche Organisationen auch unterschiedliche Schlüsselbereiche betrachten müssten. Es hat sich aber in der Praxis seit der ersten Publikation zu diesem Thema vor über 50 Jahren gezeigt, dass diese Bereiche für Organisationen ganz unterschiedlicher Sektoren, Größe, Entwicklungsphase und wirtschaftlicher Situation durchaus universeller Natur sind. Die Ausdifferenzierung dieser Bereiche, das heißt die Aufgliederung in *Untergrößen und Unterziele, die innerhalb eines Schlüsselbereichs* zu beachten sind, werden sich von Organisation zu Organisation allerdings sehr wohl unterscheiden und müssen bei sich ändernden internen und externen Bedingungen entsprechend angepasst werden. Gerade in dieser kontinuierlichen und evolutionären Anpassung der Ziele und Grenzwerte sowie der zu beobachtenden Einflussfaktoren und Variablen liegt eine zentrale Aufgabe des Managements hinsichtlich der Unternehmensstrategie.

Entlang der genannten acht Bereiche lässt sich die Diskussion, worauf zu achten ist, gut strukturieren. Folgende Fragen können Ihnen als Gesprächseinstieg dienen:

- Was definiert bei uns die *Marktstellung*?
- Wie können wir die Marktstellung strukturieren und differenziert betrachten?
- Wie definieren wir die *Innovationsleistung* und was bestimmt sie bei uns bezüglich Innovationen, die wir auf den Markt bringen, und bezüglich Innovationen innerhalb der Organisation? Wie sieht die Entwicklung der Innovationsleistung im Zeitverlauf aus? Werden wir besser oder schlechter?
- Wie steht es um unsere *Produktivität* in den Bereichen Arbeit, Kapital, Zeit und Nutzung von Wissen?
- Woran beurteilen wir *finanzielle Ressourcen* über Liquidität und Cashflow hinaus? Welche Trends können wir erkennen?
- Welche *physischen Ressourcen* sind für uns zentral?
- Wie hoch müssen wir unser Gewinnminimum definieren, um auch zukünftig noch im Geschäft zu sein?
- Wie steht es um unsere Unternehmenskultur und wie beurteilen wir *Leistung, Entwicklung und Einstellung von Führungskräften und Mitarbeitern*?
- Welche *gesellschaftliche Verantwortung* nehmen wir an und welche müssen wir ablehnen, da wir sonst die Organisation überfordern würden?

Beschäftigen Sie sich gründlich und gewissenhaft mit den genannten acht Schlüsselgrößen, und Sie werden Ihre Organisation nicht nur sicherer führen, sondern auch frühzeitiger Wandel und strategische Wendepunkte erkennen.

Aufgaben und Denkanstöße:

- Nutzen Sie die genannten Fragen zu den acht Schlüsselgrößen als Auftakt für Ihre Diskussion mit Kollegen. Was können Sie darüber hinaus tun, um die Leistung der Organisation in den acht Bereichen zu stärken und zu verbessern?

- In welchem Bereich gefährdet Selbstzufriedenheit Ihren dauerhaften Erfolg?

- Wo können Sie wirklich gute Leute finden, mit denen Sie sich umgeben wollen, denen aber auch Sie einen Nutzen bieten?

- Was können Sie tun, um Wandel oder sogar strategische Wendepunkte frühzeitig zu erkennen – offene Diskussion fördern, bereichsübergreifende Diskussion nutzen, Annahmen hinterfragen? Haben Sie weitere Ansatzpunkte?

FEEDBACK ETABLIEREN
Eine Stunde mit James Watt

Eigentlich weiß doch jedermann, dass *James Watt* (1736–1819) die Dampfmaschine erfunden hat – was aber falsch ist. Der englische Schmied Thomas Newcomen baute die erste Dampfmaschine 1712, die etwas sehr Nützliches leistete, sie pumpte nämlich Wasser aus einer englischen Kohlenmine. Die Maschine war allerdings hochgradig ineffizient, was ihr wiederum den Beinamen *Kohle fressendes Ungeheuer* einbrachte. Aber selbst Newcomen baute auf Experimenten französischer und englischer Erfinder auf, die bereits um 1700, rund drei Jahrzehnte vor Watts Geburt, mit der Umwandlung von Wasserdampf in Bewegungsenergie experimentierten. Als James Watt sich im Jahr 1764 mit der Reparatur einer Dampfmaschine von Thomas Newcomen auseinandersetzte, erkannte er, wie ineffizient diese arbeitete und wie viel Dampf verschwendet wurde. Mit großem Ehrgeiz machte er sich daran, eine bessere Maschine zu entwickeln. Er studierte dazu sogar Fremdsprachen, um auch Veröffentlichungen über Dampfmaschinen lesen zu können, die zu jener Zeit in anderen Ländern gebaut wurden. Übrigens haben viele Menschen, die Großes geleistet haben, Fremdsprachen erlernt, um sich Zugang zu wertvollem Wissen zu verschaffen. Arthur Schopenhauer und Peter F. Drucker lernten beispielsweise beide Spanisch, um das herausragende Werk *Oráculo manual y arte de prudencia* von Baltasar Gracián von 1647 lesen zu können, das Schopenhauer später sogar noch ins Deutsche übertrug, wo es den Titel *Handorakel und Kunst der Weltklugheit* trägt. 1776 wurde jedenfalls die erste Dampfmaschine wattscher Bauart in Betrieb genommen. Es dauerte nicht lange, bis sie auch den Verkehr revolutionierte und für den Antrieb von Schiffen und Dampfwagen verwendet wurde, aus denen dann die Eisenbahn hervorging. Um etwas über Management zu lernen, wollen wir uns mit einer anderen Erfindung von Watt beschäftigen: dem Fliehkraftregler.

Ein Fliehkraftregler ist ein Maschinenelement, das die Fliehkraft zur Regelung der Drehzahl einer Maschine nutzt. Je schneller sich der Kolben der Dampfmaschine bewegt, desto schneller dreht sich der Fliehkraftregler. Zwei Gewichte werden durch die Fliehkraft gegen die Schwerkraft nach oben gezogen, wodurch über einen Hebelmechanismus die Dampfzufuhr verringert wird und die Maschine ihre Geschwindigkeit drosselt. Watt nutzte die *Rückkopplung*, die der Fliehkraftregler gab, um die Arbeitsgeschwindigkeit seiner Dampfmaschinen konstant zu halten.

Die Nutzung des Prinzips der Rückkopplung ist heute so allgegenwärtig geworden, dass man es gar nicht mehr bemerkt. In Computern, bei der Regulierung des Luftverkehrs, während der Durchführung medizinischer Operationen, in der Produktion, bei der Führung von Organisationen, eben überall dort, wo ein Vorgang *gesteuert* werden muss. Viel zu wenige Führungskräfte nutzen dieses *unverzichtbare Element der Führung* indessen systematisch genug, egal in welchem Bereich, sei es in der Führung von Personen, in der Führung von Organisationen oder in der Führung von Innovationen.

Feedback ist der Schlüssel zu kontinuierlichem Lernen. Bereits vor rund 2 500 Jahren lehrte der berühmteste Arzt des Altertums, Hippokrates von Kos, dass ein Arzt aufschreiben soll, welchen Entwicklungsverlauf er für die Genesung eines Patienten aufgrund seiner Behandlung, das heißt aufgrund seiner Entscheidung, erwartete. Einige Zeit später sind die *Ergebnisse* dieser Entscheidung mit den *Erwartungen* zu vergleichen. Es wird Sie verblüffen, wie viel und wie schnell Sie durch Rückkopplungen lernen werden. Innerhalb von nur wenigen Jahren werden Sie wesentlich kompetentere Entscheidungen treffen als jemals zuvor.

Lassen Sie in Ihrer Organisation regelmäßiges Feedback bezüglich wesentlicher Projekte und Themen zur *Routine* in der professionellen Führung werden. Gemeint sind *Auftragsbestätigungen, Zwischenberichte* und *Vollzugsmeldungen* – wenn Sie diese konsequent etablieren, leisten Sie einen erheblichen Beitrag zur Funktionssicherheit der Organisation als Ganzes und damit auch zur Risikominimierung. Nicht ohne Grund sind diese Dinge gerade in Bereichen, in denen das Leben von Menschen auf dem Spiel steht, eiserne Pflicht, beispielsweise in der Medizin bei Operationen, bei Einsätzen im Militär oder bei Manövern im Luftverkehr. Man benötigt Feedback als wesentliches Element für das sichere Funktionieren, das gilt selbstverständlich auch für Organisationen der Wirtschaft.

Ein Musterbeispiel für wirkliche Professionalität, was das Thema Feedback angeht, finden Sie bei General Dwight D. Eisenhower am Ende des Zweiten Weltkriegs. Nachdem der Chef des Wehrmachtführungsstabes, Alfred Jodl, im alliierten Hauptquartier in Reims die bedingungslose Gesamtkapitulation aller deutschen Streitkräfte unterzeichnet hatte, schrieb Eisenhower nüchtern, kurz und bündig seinen letzten Kriegsbericht nach Washington:

»*The mission of this Allied Force was fulfilled at 02.41, local time, May 7, 1945.*«[42] Welch bewundernswertes Vorbild in Anbetracht der übermittelten Nachricht.

Sie können dieses Vorgehen aber nicht nur für das Führen von Organisationen oder Menschen anwenden, sondern auch für das Führen Ihrer eigenen Person. Wann immer ein Jesuitenpater oder ein calvinistischer Pfarrer etwas von Bedeutung tut, wird von ihm erwünscht, dass er die Resultate niederschreibt, die er erwartet. *Neun Monate* später nutzt er diese Aufzeichnungen, um die tatsächlichen Ergebnisse mit den Erwartungen zu vergleichen, und erhält so ein *wertvolles Feedback*. Sie werden sehr schnell erkennen, wo Ihre wirklichen Stärken liegen, was Sie lernen müssen und wo Sie nun mal keine Stärken haben und deshalb auch nie wirklich gut werden. Außerdem erfahren Sie dadurch, welche Gewohnheiten Sie verändern müssen, um wirklich wirksam zu werden. Peter F. Drucker hat dieses Vorgehen für sich über 60 Jahre hinweg systematisch genutzt, selbst im hohen Alter.

Aufgaben und Denkanstöße:

- Arbeiten Sie systematisch mit der Feedback-Analyse: bei der Führung der Organisation, bei der Führung von Personen und bei der Führung von Innovationen. Schreiben Sie bei Ihrer nächsten wichtigen Entscheidung Ihre erwarteten Ergebnisse auf. Vergleichen Sie die tatsächlichen Ergebnisse eine angemessene Zahl an Monaten später mit Ihren Erwartungen.

- Was müssen Sie tun, damit regelmäßiges Feedback selbstverständlicher Bestandteil professionellen Arbeitens in Ihrer Organisation ist? Wer kann Ihnen helfen, professionelles Feedback als Konstante im Unternehmen zu etablieren?

TEIL 2

Management von Innovationen

IDEEN UMSETZEN
Eine Stunde mit Steve Jobs

»*The Magician*«[43] titelte die Zeitschrift *The Economist* am 8. Oktober 2011. Eine tiefe Verbeugung dieser renommierten Wochenzeitung vor einem der einflussreichsten Menschen unserer Zeit. *Steve Jobs* (1955–2011) veränderte unsere Welt, unsere Gewohnheiten, unseren Anspruch – nichts Geringeres als das. Er war ein Pionier, den man schon zu Lebzeiten auf eine Stufe mit Genies wie Thomas Alva Edison, Henry Ford, Walt Disney oder Albert Einstein stellte. Er selbst sah sich als Revolutionär gegen die großen Unternehmen dieser Welt und wurde seinerseits aber von vielen Unternehmenslenkern als einer der größten Chief Executives unserer Zeit gepriesen. Er war ein verschlossener Mensch, gab praktisch nie Interviews über Persönliches. Wenn es allerdings darum ging, eines der neuen Apple-Produkte zu präsentieren, lieferte er immer eine fulminante Show. In dieser Hinsicht konnte ihm niemand das Wasser reichen. Seine Produkteinführungen, bei denen er allein, wie gewohnt im schwarzen Rollkragenpulli, auf einer schwarzen Bühne das nächste »unglaubliche« Apple-Produkt inszenierte und voller Enthusiasmus vorstellte, waren Meisterleistungen eines echten Showmans.

Doch nicht nur Steve Jobs' Produkteinführungen haben Kultstatus erlangt. Auch junge Menschen konnte der Unternehmer mit seiner Persönlichkeit begeistern. Im Sommer 2005 hielt Jobs an der Stanford University eine legendäre Ansprache. Er erzählte den Studenten, dass er als junger Mann einmal ein Zitat gelesen habe: » *Wenn du jeden Tag lebst, als sei er dein letzter, wirst du irgendwann recht haben.*« Jobs fuhr fort, dass er sich seit jenem Tag frage, ob er das tue, was er wirklich tun wolle, wenn heute sein letzter Tag wäre – und falls die Antwort Nein laute, ändere er seinen Plan. »*Eure Zeit ist begrenzt. Vergeudet sie nicht damit, das Leben eines anderen zu leben. Lasst euch nicht von Dogmen einengen – dem Resultat des Denkens anderer. Lasst den Lärm der Stimmen anderer nicht eure innere Stimme ersticken. Das Wichtigste: Folgt eurem Herzen und eurer Intuition, sie wissen bereits, was ihr wirklich werden wollt*«[44], gab er den Studenten mit auf den Weg. Und er schloss mit einem Leitspruch, der sein gesamtes Leben geprägt hat: »*Stay hungry, stay foolish.*«

Ganze Bücher wurden darüber geschrieben, was man alles von Steve Jobs lernen kann. An dieser Stelle möchte ich den Blick auf einen ganz kleinen, für das Management aber ganz besonders wichtigen Aspekt lenken: Steve Jobs war *nicht* deswegen innovativ, weil er als Erster die *Idee* hatte,

- den ersten erschwinglichen Computer für den Durchschnittshaushalt zu entwickeln und damit den Massenmarkt zu erschließen,
- einen wirklich benutzerfreundlichen Computer mit mausgesteuerter, intuitiv verständlicher Benutzeroberfläche für alle Anwender zu entwickeln,
- den ersten komplett digital animierten Kinofilm zu erstellen und diesen zu einem Welthit zu machen,
- den ersten Computer mit einem Maßstäbe setzenden Design zu entwickeln,
- eine neue Generation von Musikabspielgeräten zu entwickeln, deren weltweiter Erfolg den des Walkman um ein Vielfaches übertreffen sollte,
- ein Mobiltelefon zu entwickeln, das zum Inbegriff einer neuen Generation werden sollte,
- und letztlich mit Produkten des *Digital Lifestyle* wie *iPod*, *iTunes*, *iPhone* und *iPad* einen gänzlich neuen Weltmarkt zu begründen.

Steve Jobs war innovativ, weil er als Erster diese Ideen umsetzte!

Apple 1, Apple 2, Apple Macintosh, Toy Story und *A Bug's Life, iMac, iPod, iTunes, iPhone* und *iPad* sind Meilensteine, was Umsetzungskraft und wirksame Innovation anbelangt. Die Frage, was wirkliche Spitzenleute auszeichnet, hat eine klare Antwort: »*They are getting the right things done.*« Die Umsetzung, das ist es, worum es geht. Denn Ideen zu haben ist relativ leicht, Ideen *umzusetzen* ist etwas ganz anderes.

Eine Kernkompetenz braucht jede Organisation: Innovation. Und dies gilt für alle Organisationen, für Regierungsorganisationen und Nichtregierungsorganisationen, für Unternehmen der Wirtschaft und für Non-Profit-Organisationen. Damit eine Organisation diese Kernkompetenz entwickeln kann, muss an erster Stelle das richtige Verständnis von Innovation stehen, und dafür gibt es einen eindeutigen, kompromisslosen Maßstab: das Ausmaß, in dem Nutzen und Zufriedenheit am Markt und für die Kunden geschaffen werden. Die Bewertung der Innovation kann also nicht innerhalb der Organisation stattfinden, sondern richtet sich ausschließlich danach, was der Kunde will und ob er bereit ist, dafür zu zahlen. Weder der technologische oder wissenschaftliche Wert einer Innovation ist ausschlaggebend noch ist es ihre Originalität, Schönheit oder Qualität oder gar die Meinung der Führungskräfte über die Innovation. Entscheidend ist das Urteil des Kunden im Markt – das ist der Test.

Gut geführte Organisationen messen ihre Innovationsleistung systematisch. Dabei sollte der Anfangspunkt nicht die Leistung des Unternehmens sein, sondern die Beobachtung des Marktes:

- Welche Innovationen sind in der von uns definierten Periode auf unseren Markt gekommen?
- Wer hat diese Innovationen auf den Markt gebracht und welche waren besonders erfolgreich?
- Welche Innovationen in anderen Branchen können unseren Markt beeinflussen?
- Welche Konsequenzen ergeben sich daraus für uns?

Es ist das profunde Verständnis des Umfelds, auf dessen Basis Innovationen zu diskutieren sind. Hierauf aufbauend wird dann die eigene Leistung erörtert:

- Wie viele und welche Innovationen haben wir erfolgreich eingeführt?
- Stärken diese Innovationen unsere Marktposition? Wenn ja, wo? In bestehenden Märkten, auf denen wir bereits etabliert sind, oder in Märkten mit großem Wachstum, die für uns vielleicht die Zukunft darstellen?
- Welchen Umsatzanteil erwirtschaften wir mit welchen Produkten? Wie lange gibt es diese Produkte bereits?
- Ergibt das insgesamt eine gesunde Struktur?

Zu diskutieren ist aber nicht nur die Leistung, sondern auch die *Nicht*-Leistung, die verpasste Chance, das Versagen und die Fehler, die Dinge, die wir übersehen haben, die Entwicklungen, auf die wir zu spät oder gar nicht reagiert haben. Und auch die Frage: Warum ist uns das passiert?

Die Antworten auf diese Fragen sind streng genommen keine *Messung* von Innovationsleistung, sondern eher eine *Beurteilung*. Nichtsdestoweniger sind es diese Einschätzungen, die die Basis guter Entscheidungen bilden. Sich in der Führung nur auf Dinge zu verlassen, die man messen und objektiv quantifizieren kann, wäre ein großer Fehler. Wer wie oben skizziert an das Thema Innovation herangeht, ruft zunächst mehr Fragen hervor als Antworten, aber es sind die *richtigen* und unbedingt *notwendigen* Fragen.

Kommen wir zum Abschluss noch einmal auf den Menschen Steve Jobs zurück. Er hat die Welt durch Innovationen geprägt und dafür sein Privatleben oft vernachlässigt. Als Jugendlicher sagte er einmal, er habe einen Wunsch: »*to put a ding in the universe*«[45] – und genau das hat er mit dem Kultkonzern Apple und all den innovativen Geräten mehrfach getan. Die Medienwelt vermittelt uns gerne die glänzenden Erfolge solcher Persönlichkeiten. Worüber man weit weniger liest, ist die Kehrseite. Es sind die Entbehrungen und Kompromisse im Privaten, da Zeit immer nur begrenzt zur Verfügung steht. Viele der Großen unserer Welt wissen und wussten, dass sie ihre hochgesteckten Ziele nur erreichen können, wenn sie bereit sind, ihre eigenen Wünsche und Bedürfnisse für ihre gewählte Mission zurückzustellen. Man kann nur den allergrößten Respekt für diese Menschen empfinden, wenn man sich klarmacht, wie weitreichend die Konsequenzen sein können.

Doch in Steve Jobs regte sich augenscheinlich der Wunsch, mehr zu hinterlassen als eine Kultmarke, vor allen Dingen für seine Familie, die oft außen vor geblieben war. Der an sich verschlossene Steve Jobs bat im Frühsommer 2004 Walter Isaacson, einen der namhaftesten Biografen der Vereinigten Staaten, um ein persönliches Gespräch. Isaacson leitete zu der Zeit das renommierte Aspen Institute in Washington, zuvor war er CEO von CNN und Chefredakteur des *Time Magazine* gewesen. Jobs wollte wissen, ob er seine Biografie schreiben wolle. Damals war der Apple-Gründer gerade einmal Ende 40. Isaacson fühlte sich zwar geehrt, sagte ihm aber, dass man das Projekt in ein oder zwei Jahrzehnten angehen könne. Zu diesem Zeitpunkt wusste Isaacson nicht, dass Jobs schwer krank war. Als einige Jahre später Jobs' Kampf gegen die Krebserkrankung offensichtlich wurde, entschloss Isaacson sich zum Verfassen der Biografie. Die beiden arbeiteten über zwei Jahre miteinander, in über 50 Gesprächen trug Isaacson Steve Jobs' Leben und Lebenswerk zusammen. Das letzte Interview fand wenige Wochen vor seinem Tod statt. Erst in diesem letzten Gespräch traute sich Isaacson, Jobs die eine Frage zu stellen, die ihm die ganze Zeit über auf den Lippen gelegen hatte: die Frage nach dem Grund, warum sich der sonst so verschlossene Mann für dieses Buch geöffnet habe. »*Ich wollte, dass meine Kinder mich kennen*«, lautete die Antwort. »*Ich war nicht immer für sie da, und ich wollte, dass sie die Gründe erfahren und verstehen, was ich getan habe.*«[46]

Aufgaben und Denkanstöße:

- Führen Sie genaue Aufzeichnungen über die Innovationen in Ihrem Markt.

- Welche Innovationen Ihrer Organisation schaffen wirklich Kundennutzen, welche waren einfach nur neue Produkte oder Dienstleistungen? Was ist zu tun, damit Sie in engerem Kontakt mit Ihrer Zielgruppe stehen?

- Haben Sie einen regelmäßigen Rhythmus, in dem in Ihrer Organisation die richtigen Fragen zum Thema Innovation gestellt werden?

- Was können Sie gemeinsam mit Ihren Kollegen tun, um die Innovationskraft Ihrer Organisation zu stärken?

- »*Stay hungry, stay foolish.*« Streben Sie ruhig nach Ihren hochgesteckten Zielen, vielleicht verändern Sie sogar die Welt, aber sorgen Sie auch für eine ausgewogene Balance zwischen Ihrem Berufs- und Privatleben.

INNOVATIONEN WERDEN NIE FREUDIG AUFGENOMMEN

Eine Stunde mit Gustave Eiffel

Sie müssen als Führungskraft eines wissen: Innovationen werden nie freudig aufgenommen. Und Sie werden beim Einführen von Innovationen immer mit Problemen umgehen müssen. Der Eiffelturm beispielsweise hätte nie gebaut werden sollen, wenn es nach dem Willen vieler prominenter Bürger im Paris des Jahres 1887 gegangen wäre.

Gustave Eiffel (1832–1923) hatte sich in aller Welt einen Namen mit dem Errichten von Brücken, Hallen und Ausstellungsgebäuden aus Stahl gemacht. Zu seinen bekannten Bauwerken zählen das erste Warenhaus aus Stahl und Glas, Le Bon Marché, in Paris (1876), die Schleusen des Panamakanals (1882–1914) sowie die tragende Konstruktion der Freiheitsstatue in New York (1886). Die Idee zum Bau eines Turmes hatte Gustave Eiffel bei der Konstruktion metallener Brückenpfeiler. Erste Entwürfe datieren auf 1884 und gehen auf Maurice Koechlin zurück. Den 1886 ausgerufenen Wettbewerb für die Bebauung des Geländes anlässlich der Weltausstellung 1889, in dessen Zusammenhang auch ein Turm als eine Art Markenzeichen auf dem Marsfeld errichtet werden sollte, gewann Eiffels Architekturbüro, und nach gut zwei Jahren Bauzeit unter Koechlins Leitung war das heute berühmteste Wahrzeichen von Paris fertiggestellt. Voller Begeisterung verkündete Gustave Eiffel: »*Frankreich wird das einzige Land sein, dessen Fahne auf einem 300 Meter hohen Mast weht.*«[47]

Aber diese Innovation wurde eben nicht nur freudig aufgenommen. Im Gegenteil, sie rief sogar eine Vielzahl von Protesten hervor. Bekannte Künstler wie der Komponist Charles Gounod, die Schriftsteller Émile Zola, Leconte de Lisle, Guy de Maupassant und Alexandre Dumas sowie der Architekt der Pariser Oper, Charles Garnier, verfassten eine Protestschrift: »*Wir Schriftsteller, Maler, Bildhauer, Architekten und leidenschaftlichen Liebhaber der Schönheit von Paris protestieren im Namen des verkannten französischen Geschmacks mit aller Macht gegen die Erbauung des unnötigen und ungeheuerlichen Eiffelturms im Herzen unserer Stadt …*«[48]

Als der Turm fertig war, schlug die Abneigung jedoch schnell in Jubel um: Auf Gemälden von Pissarro, Dufy, Utrillo, Seurat, Marquet und Delaunay erschien er ebenso wie in gewidmeten Gedichten von Apollinaire und Cocteau. Und wer könnte sich heute Paris ohne den Eiffelturm vorstellen? Einen derartigen Umschwung von anfänglicher Ablehnung hin zur letztlich überwiegenden Begeisterung werden Sie als Führungskraft in einer Organisation jedoch nicht erwarten dürfen.

Zu glauben, dass Innovationen freudig aufgenommen würden, ist ein Trugschluss. Das Gegenteil ist zutreffend: Gute Chancen zu finden und für die Organisation zu realisieren ist psychologisch schwierig. Es bedeutet oft, etablierte Gewohnheiten aufzugeben. Und häufig muss man mit dem brechen, worauf die fähigsten Leute am meisten stolz sind. Diesen Widerstand zu überwinden, die unterschiedlichen Interessen auszubalancieren, um die Innovation erfolgreich zu machen, verlangt unermüdlichen Einsatz. Was eine Innovation braucht, ist eine Person, die sagt: »*Ich führe das jetzt zum Erfolg*«, und die sich dann an die Arbeit macht und nicht aufhört, ehe der Durchbruch da ist.

Man muss alles Verbesserte oder Neue testen – und zwar im kleinen Maßstab. Beim Eiffelturm wäre das schwierig gewesen, aber als Grundregel gilt: Weder Marktforschung noch Studien oder Simulationen können den Test in der Realität ersetzen. Man braucht Pilotversuche.

Wichtig ist, dass die *besten* und in der Organisation *am meisten respektierten* Leute diese Aufgabe übernehmen. Es darf nicht irgendjemand sein, nur weil er gerade Zeit hat. Denn wer Zeit hat, ist vermutlich der Falsche. Die Person muss nicht einmal zwingend aus der eigenen Organisation kommen. Oft ist es ein guter Weg, mit einem Kunden zu arbeiten, der das neue Produkt oder die neue Dienstleistung wirklich will und bereit ist, sich dafür gemeinsam zu engagieren. Und zwar so lange, bis die Probleme, die unweigerlich kommen werden, sämtlich überwunden sind. Wenn der Pilotversuch erfolgreich ist, ist das Risiko normalerweise relativ gering.

Aufgaben und Denkanstöße:

- Sorgen Sie dafür, dass die Realisierung der besten Ideen von wirklich guten Leuten vorangetrieben wird.
- Bei welchen wichtigen Innovationsprojekten sollten Sie morgen nachfassen, trotz aller Schwierigkeiten?

ALLE ANNAHMEN HINTERFRAGEN

Eine Stunde mit Nikolaus Kopernikus

Zur Zeit von *Nikolaus Kopernikus* (1473–1543) war für alle Menschen klar, dass die Erde im Mittelpunkt der Gestirne stand. Alle Himmelskörper bewegten sich eindeutig um die Erde, wie man ja jeden Tag sehen konnte. Niemand hinterfragte dieses *geozentrische* Weltbild – bis auf Kopernikus. Er stellte alle »erwiesenen« Annahmen infrage und konstruierte ein neues Weltbild, das nicht die Erde, sondern die Sonne in den Mittelpunkt rückte. Für sein *heliozentrisches* Weltbild nutzte er Kreise, auf denen wiederum Kreise angeordnet waren, sogenannte Epizykel, um die komplizierten Bewegungen zu berechnen. Genau genommen steht bei Kopernikus die Sonne nicht exakt in der Mitte, sondern sie vollzieht ebenfalls eine Kreisbahn. Erst Johannes Kepler fand heraus, dass die Planetenbahnen Ellipsen und keine ineinander geschachtelten Kreise sind. Erkennen Sie, dass auch Kepler die bis dato geltenden Annahmen infrage stellte?

Was können Sie als Führungskraft von Kopernikus lernen? Kopernikus hatte die gleichen Daten wie alle anderen, er sah und hörte das Gleiche wie seine Zeitgenossen. Aber er kam zu völlig anderen Schlüssen, weil er die Daten gänzlich anders *interpretierte*. Er *hinterfragte die Annahmen*, die für alle anderen nicht zur Diskussion standen. Und genau das sollten Sie auch tun. Jedes erfolgreiche Unternehmen hat und braucht Annahmen darüber, wie das Geschäft funktioniert. Auch im Umgang mit Chancen und Problemen gibt es Annahmen, auf denen die zu treffende Entscheidung beruht. Machen Sie es sich hier nicht leicht, indem Sie die scheinbar selbstverständlichen Annahmen und Antworten zu schnell übernehmen. Hinterfragen Sie sie. Erwarten Sie nicht gleich Zustimmung für Ihre Position und Meinung, sondern bemühen Sie sich darum, dass man sie nachvollzieht und versteht. Sie werden dann wahrscheinlich immer mal wieder sehr unbequem für Ihre Kollegen, Mitarbeiter und Chefs sein, aber Sie kommen zu besseren Lösungen – und das wird man respektieren.

Denken Sie nochmals an Kopernikus. Er konnte das geozentrische Weltbild nachvollziehen, er teilte es aber nicht und entwickelte eine andere Auffassung. Die katholische Kirche ihrerseits ließ sein Werk im Jahr 1616 verbieten, weil es der Bibel widersprach. Ob sie es nicht nachvollziehen wollte oder ob sie es nicht nachvollziehen konnte, ist eine andere Frage.

Aufgaben und Denkanstöße:

- Hinterfragen Sie generell alles.
- Bei welchem aktuellen Problem sollten Sie nochmals über die angeblich feststehenden Fakten nachdenken?

LANGFRISTIG UND STRATEGISCH VORGEHEN

Eine Stunde mit Jeff Bezos

Amazon, das größte Internethandelshaus der Welt, kann eine beeindruckende Anzahl von großen und kleinen Innovationen vorweisen. Bemerkenswert ist, wie konsequent *Jeff Bezos* (*1964) den *Kundennutzen* in den Mittelpunkt seiner – intern teils sehr umstrittenen – Innovationsentscheidungen gestellt hat. Ganz in diesem Sinne lautet die Mission von Amazon: »*To be earth's most customercentric company where people can find and discover anything they want to buy online.*«[49] Bezos kann heute mit Fug und Recht behaupten, dass er nicht nur Amazon zu mehr Kundenorientierung geführt, sondern weltweit den Standard für Kundenorientierung in allen großen Unternehmen der Welt angehoben hat. Ein herausragendes Merkmal seines Erfolgs ist das geduldige Experimentieren, bis ein Produkt wirklich gut funktioniert, und dann langfristig zu handeln, um einer Innovation zum Durchbruch zu verhelfen.

Jeff Bezos gründete Amazon.com im Jahr 1994 mit der Idee, einen Ort im World Wide Web zu schaffen, der Buchliebhabern die Bequemlichkeit bietet, in aller Ruhe in einer Auswahl von Millionen von Büchern zu stöbern und einzukaufen. Das Konzept kam hervorragend an, bereits in den ersten 30 Tagen der Geschäftätigkeit wickelte das Unternehmen Kundenaufträge in 50 Bundesstaaten und 45 Ländern ab. Das erste profitable Jahr sollte allerdings noch lange auf sich warten lassen. Erst 2003, neun Jahre nach der Gründung, war es dann endlich so weit. Jeff Bezos hatte es geschafft – vom kleinen Start-up-Unternehmen in seiner Garage im Raum Seattle zu einer der weltweit führenden E-Commerce-Plattformen. Der Weg von Amazon ist von einem unablässigen Streben nach Innovationen geprägt, die allesamt darauf abzielen, stetig höheren Kundennutzen zu schaffen. Viele der neuen Geschäftsfelder und Innovationen von Amazon wurden anfangs extern wie intern als Ablenkung oder gar als Verzettelung gewertet. Die Expansion außerhalb des Kerngeschäfts mit Medienprodukten, die internationale Ausrichtung, der Aufbau eines Onlinemarktplatzes für externe Händler sowie die Webservices, die Dritten die Nutzung der Amazon-Infrastruktur ermöglichen, sind nur einige Beispiele. In der jüngeren Vergangenheit kamen Video-Streaming-Angebote dazu, aber auch Lieferdienste für Nahrungsmittel und EDV-Dienstleistungen für Cloud-Computing. Zum Zeitpunkt der jeweiligen Entscheidung war klar, dass all diese Initiativen, selbst wenn sie ein großer Erfolg wären, auf Jahre hinaus keinen nennenswerten finanziellen Beitrag liefern würden – kein Wunder also, dass viele diesen Vorhaben zunächst skeptisch begegneten. Bezos selbst räumte ein: »*Ich habe festgestellt, dass es fünf bis sieben Jahre dauert, bis eine Saat unserem Unternehmen nennenswerte finanzielle Früchte beschert. Das ist ein Erfahrungswert, ich kenne zwar keinen Grund, warum es so sein sollte, aber meistens ist es so.*«[50]

Der *lange Atem* bei strategisch wichtigen Vorhaben sowie die damit verbundene *Geduld beim Experimentieren* sind Eigenschaften, die man von Jeff Bezos lernen kann. Bezos selbst bezeichnete es einmal nicht ohne Stolz als eines der charakteristischsten Merkmale der Unternehmenskultur von Amazon, bereit zu sein, »*so lange zu warten, bis aus einer Aussaat Bäume werden*«.[51] Nicht das Quartalsergebnis oder die Außenwirkung leiten das Handeln, sondern die richtige langfristige Strategie. Zwar ist nicht bei jedem Projekt von Beginn an klar, wie groß der Einfluss am Ende tatsächlich sein wird, aber man muss sicher sagen können: »*Falls wir das hier hinkriegen, wird es eine bedeutende Sache sein.*« Bezos legt deshalb für die Auswahl von Projekten unter anderem eine entscheidende Frage zugrunde: »*Ist das Vorhaben wichtig genug, um für das Unternehmen als Ganzes von Bedeutung zu sein, falls wir damit erfolgreich sind?*«[52] Viele große Innovationen sind trotz aller Schwierigkeiten und Kritik unter dieser Prämisse konsequent vorangetrieben worden, beispielsweise die kostenlose Lieferung, die unerbittliche Preissenkung in vielen Ländern, das Kundenbindungsprogramm »Prime« sowie die Einführung und flächendeckende Verbreitung des E-Book-Readers Kindle.

Um eine dynamische Entwicklung für solch große Innovationsprojekte anzustoßen, stellte Jeff Bezos mit seinen Kollegen bei Amazon immer wieder folgende Frage in den Mittelpunkt: *Was wird sich in den nächsten fünf bis zehn Jahren* **nicht** *ändern?* Die meisten Unternehmen verwenden viel Zeit auf die berechtigte Frage, was sich voraussichtlich in den nächsten fünf bis zehn Jahren ändern wird. Die gegenteilige Frage jedoch wird häufig vernachlässigt. Dabei liegt hier eine große Chance verborgen, führt doch ihre Beantwortung unweigerlich zu einem tieferen Verständnis der Kundenbedürfnisse und der Unternehmensumwelt. Für Bezos stach ein weiterer Vorteil besonders hervor: *Die gesamte Arbeit, die heute investiert wird, macht sich auch in zehn Jahren noch bezahlt.* Dieses konsequent strategisch langfristige Denken ist vielleicht eines der charakteristischsten Merkmale von Jeff Bezos. Es lässt sich an vielen weiteren Beispielen veranschaulichen. Sein Leitstern – von dem man sich wünschen würde, dass ihn viele Unternehmen übernehmen – ist dabei, wie schon erwähnt, in der Unternehmensmission verankert: *»To be earth's most customercentric company.«*

Nach dem Zweiten Weltkrieg verkündete Akio Morita, Sonys langjähriger Chef, das Ziel, dass Sony weltweit für gute Qualität bekannt werden sollte. Morita hatte jedoch im Grunde kein geringeres Ziel, als *ganz Japan* weltweit für gute Qualität bekannt zu machen. Jeff Bezos, der diese große Vision von Morita kannte, sagte in einem Interview einmal: *»Ich möchte, dass die Leute, wenn sie in einigen Jahren an Amazon denken, sagen, wir hätten die Kundenorientierung in der gesamten Geschäftswelt erhöht. Falls uns das gelingen sollte, wäre das wirklich toll.«*[53]

Aufgaben und Denkanstöße:

- Fragen Sie sich nicht nur: *Was wird sich in den nächsten fünf bis zehn Jahren verändern?*, sondern mit gleicher Beachtung auch: *Was wird sich in den nächsten fünf bis zehn Jahren **nicht** verändern?*

- Welche konkreten Innovationen würden Ihre Organisation zu mehr Kundenorientierung führen? Woran sollten Sie geduldig experimentieren, um einer großen Innovation zum Durchbruch zu verhelfen?

DEN WANDEL ANFÜHREN

Eine Stunde mit Elon Musk

Wenn jemand für sich beanspruchen kann, das Motto »Den Wandel anführen« uneingeschränkt umzusetzen, ist es *Elon Musk* (*1971), CEO und Gründer des US-Elektro-Mobilitätsunternehmens Tesla Motors und zahlreicher weiterer Firmen. Er hat sich zum Ziel gesetzt, schneller und konsequenter E-Mobilität umzusetzen als die Platzhirsche der Kfz-Branche. Musk gelang es 2008, das erste Elektro-Serienfahrzeug, einen Vorläufer des mittlerweile bekannten Model S, an den Start zu bringen. Der Wagen setzte aus dem Stand die Standards bei Reichweite und Beschleunigung. Seither hat Tesla auch ein SUV und ein Mittelklassefahrzeug aufgelegt. Elon Musk denkt dabei das gesamte Thema Mobilität radikal neu. Er zieht eigene Batteriefabriken hoch und installiert Ladestationen, während in Europa noch über einheitliche Ladestecker diskutiert wird. Auch ein eigener Solarpark als Energielieferant gehört zur Firmengruppe. Dass zwischenzeitlich einmal das Geld knapp wird, bei der Produktion der begehrten Fahrzeuge Engpässe entstehen und das Unternehmen an der Börse astronomisch hoch bewertet ist? Kein Problem, für Musk gehört das beim Aufbau von etwas ganz Großem dazu. Als sich Tesla 2008 in Richtung Pleite entwickelte, hielt der Firmenchef eine emotionale Rede vor der Belegschaft, in der er sie auf Wochenendarbeit und drastische Ausgabensenkungen einschwor. Musk verlangte von seinen Mitarbeitern keineswegs mehr, als er selbst zu leisten bereit ist. Er gilt als absolutes Arbeitstier, dem Urlaub ein Graus ist. Ihm wird der Satz zugeschrieben »*Wenn es eine Möglichkeit gäbe, auf Essen zu verzichten, damit ich mehr arbeiten kann, würde ich aufhören zu essen.*«[54]

Uneingeschränkten Pioniergeist und den Mut, in etablierten Märkten völlig neue Ansätze zu wählen, bewies Elon Musk mitnichten nur bei Tesla. Er treibt auch das Projekt »Hyperloop« weiter, bei dem Menschen in Kapseln mit Geschwindigkeiten von 1 000 Stundenkilometern durch Röhren transportiert werden sollen. Mit seinem Unternehmen SpaceX schoss er als erster Privatunternehmer eine Trägerrakete, die Falcon 1 im Jahr 2008, in den Orbit. 2015 gelang es dem Team von Musk erstmals, eine Rakete wieder sicher und unbeschadet auf der Erde zu landen. Damit könnte er künftige Weltraummissionen deutlich günstiger gestalten und immer mehr Menschen die Teilnahme ermöglichen.

Schon in den 1990er-Jahren gründete er ein Branchenverzeichnis mit Kartennavigation, das er später an Compaq verkaufte. Ebenfalls in dieser Zeit legte er den Grundstein für das heute riesige Bezahlsystem PayPal, das 2002 von Ebay übernommen wurde.

Aus Managementsicht ist vor allem Musks Markenzeichen, die Wandlungsfähigkeit, bemerkenswert. Über Jahrzehnte hat er bewiesen, dass er ein echter Change Leader ist. Daher lohnt es sich, an diesem Beispiel zu ergründen, auf welche Aspekte man bei Wandel achten sollte.

Der stetige Wandel ist heute die Norm. Der wirksamste Weg, Wandel erfolgreich zu meistern, ist, ihn selbst herbeizuführen. Und hierin liegt eine der zentralen Managementaufgaben. Anstatt zu warten, bis der Wandel von außen erzwungen wird, initiiert ihn der Change Leader selbst, und zwar zu einem Zeitpunkt, an dem gerade die Außenwelt dies für noch überhaupt nicht erforderlich hält. Genau so ging auch Musk bei seinen Projekten, allen voran der Elektromobilität, vor.

In Zeiten schnellen Wandels muss man die harte Arbeit und das Risiko, die Wandel immer mit sich bringen, auf sich nehmen, bevor man unter Zugzwang steht. Wer nämlich zu lange wartet, wird nicht überleben, weil andere die Chance bereits genutzt haben. Change Leader – Menschen oder Organisationen, die den Wandel anführen – *begreifen Wandel als Chance.* Auch Elon Musk betreibt den Wandel nicht als reinen Selbstzweck, er hat immer wieder neue Ideen entwickelt und traditionelle Unternehmen herausgefordert.

Diese Aussagen über den Wandel gelten natürlich keineswegs nur für moderne Technologien. So lautet ein Wortspiel von Jack Welch, dem langjährigen CEO von General Electric: »*If the rate of change on the outside exceeds the rate of change inside – the end is in sight.*« Und Helmut Maucher, der Nestlé fast zwei Jahrzehnte lang leitete, vertritt die Auffassung: »*Bei den immer schneller eintretenden Veränderungen – technologisch, wirtschaftlich und auch hinsichtlich der Konsumententrends – ist Change Management eine wichtige Führungsaufgabe geworden.*« Er zählt »*die Fähigkeit zur Schaffung eines innovativen Klimas*« zu den notwendigen Eigenschaften einer Führungskraft, insbesondere des Topmanagements.[55]

Führungskräfte, die Wandel als Chance begreifen, haben einen wichtigen Schritt getan: Sie haben ihre *Einstellung* zum Wandel verändert. Normalerweise schreibt man dem Optimisten zu, er sähe das Glas als halb voll an. Drehen Sie das Gleichnis einmal um: Das Glas wird von Change Leadern in positiver Weise als *halb leer* gesehen, weil dadurch erst der Raum für potenzielle Innovationen und Veränderungen geschaffen wird. Durch die veränderte Einstellung verändert sich nicht die Faktenlage, aber es ändert sich das Handeln. Musk ruhte sich nicht auf den ersten Erfolgen seiner Tesla-Fahrzeuge aus, sondern hielt und hält stets Ausschau, wo es neue Chancen gibt.

Jede Organisation muss sich so ausrichten und aufstellen, dass sie es mit dem konstanten Wandel aufnehmen kann. *Unternehmerische Innovation* muss als zentrales Element der täglichen Arbeit jeder einzelnen Führungskraft verstanden werden. Dabei sind es eben nicht nur die großen Durchbrüche, sondern die vielen kleinen Verbesserungen, die Kundennutzen stiften oder intern einen Beitrag zu Wirksamkeit und Effizienz leisten. Eine unternehmerisch geprägte Kultur schafft man am besten, indem man *sich gezielt auf die Suche nach Wandel begibt.* Genau das machen gute Führungskräfte und Unternehmer. Suchen Sie den Wandel und fragen Sie sich, welche Chancen darin verborgen liegen und wie Sie diese nutzen können! Wenn Sie auf etwas stoßen, das Sie nicht erwartet haben, schauen Sie genauer hin! Übergehen Sie eine Sache nicht, nur weil Sie diese nicht erwartet hatten. Oft liegen genau hier die größten Chancen für Innovationen. Anschließend kommt es darauf an, die erblickten Chancen auch in die Tat umzusetzen, wobei sich im systematischen *Follow-up* bis zur endgültigen Realisierung dann zeigt, wer das Handwerk beherrscht.

Einen Wandel zu initiieren und umzusetzen erfordert erheblichen *Mut* von Ihnen, da Sie nicht nur bekanntes Terrain verlassen und Risiken eingehen, sondern Sie sich auch auf großen Widerstand einstellen müssen, wenn Sie große Veränderungen durchsetzen wollen. Musk war im höchsten Maße mutig, als er in einer Branche, in der große, extrem finanzstarke Konzerne wie Daimler, Ford, Toyota oder Volkswagen operieren, ein eigenes Elektroauto und vieles mehr an den Start brachte. Interessanterweise führt denn auch Helmut Maucher im Kontext von Management »*Mut, Nerven und Gelassenheit*« als einige der wichtigsten Eigenschaften auf, die Führungskräfte und besonders Topmanager brauchen; Eigenschaften, die desto essenzieller werden, je höher die Position des Managers ist.[56]

Aufgaben und Denkanstöße:

- Was können Sie dazu beitragen, dass Wandel verstärkt als Chance gesehen wird? Was können Sie in Ihrem Verantwortungsbereich tun, um ein innovatives Klima zu schaffen?

- Was können Sie tun, damit das Nachverfolgen und Umsetzen erkannter Chancen verbessert wird?

- Haben Sie den Mut, die Nerven und die Gelassenheit, um die richtige langfristige Strategie durchzuhalten, auch wenn Sie kurzfristig von allen Seiten Kritik ernten?

SYSTEMATISCHE INNOVATION BETREIBEN

Eine Stunde mit Thomas Alva Edison

Erfolgreiche Führungskräfte sitzen nicht da und warten auf den genialen Einfall. Sie machen sich systematisch an die Arbeit. Von *Thomas Alva Edison* (1847–1931) können Sie lernen, wie man Innovationen systematisch erlangt.

Als ein Assistent von Edison nach vielen durchgeführten Versuchen, die nicht zum erwünschten Ergebnis geführt hatten, mutlos auf Edison zutrat, entgegnete dieser ihm: »*Ich habe 50 000 Versuche gemacht, um eine neue Batterie zu finden. Dass diese 50 000 Möglichkeiten nicht funktionieren, ist doch ein tolles Ergebnis!*« [57] Nicht ohne Grund schreibt man Edison auch den Satz zu: »*Genie ist 99 Prozent Transpiration und ein Prozent Inspiration.*«[58]

Er war ein Erfinder, wie er im Buche steht: Im Alter von 21 Jahren meldete er sein erstes Patent an, über 1 200 weitere Patente sollten noch folgen, das letzte im hohen Alter von 81 Jahren. Edison war ein Autodidakt, der nur drei Monate in die Schule gegangen war und mit zwölf Jahren anfing zu arbeiten. Insgesamt entwickelte er mehr als 2 000 Geräte und Verfahren. Den meisten Menschen ist Edison im Gedächtnis als der Mann, der die Glühbirne erfand. Genau das tat er aber *nicht*. Diese erfand rund ein Vierteljahrhundert früher der Uhrmacher Heinrich Goebel, der seit 1854 seine Werkstatt in New York mit ihr erleuchtete. Edison erfand die *beleuchtete Stadt*, was zwar etwas ganz anderes, wohl aber Wesentlicheres ist, wenn Sie an den Nutzen für den Kunden denken. Edison gelang der Durchbruch zur Massenfertigung. Das war sein Verdienst. Die Systematik, mit der er seine Innovationen erlangte, war legendär.

Was Sie von Edison lernen können? Nun, innovative Führungskräfte wissen, dass Innovationen mit einer Idee beginnen. Anstatt aber verrückte Ideen im Ansatz zu unterdrücken, fragen wirksame Führungskräfte: »*Was wäre erforderlich, um diese verrückte Idee in etwas Sinnvolles zu verwandeln, in etwas, das für uns eine Chance darstellt?*« Dabei wissen Sie, dass Ideen an sich keine Mangelware sind, sondern dass *realisierte* Ideen die Herausforderung darstellen (wie im Kapitel mit Steve Jobs beschrieben). Die meisten Ideen werden nicht sinnvoll sein. Deshalb sollten Sie von sich und Ihren Mitarbeitern verlangen, ausführlich über folgende Frage nachzudenken: *Was müssen wir herausfinden, was müssen wir lernen und was müssen wir letztendlich tun, bevor wir uns zur Realisierung dieser Idee verpflichten?* Zielen Sie auf wirklich wesentliche Innovationen ab, anstatt kleine Modifikationen und Verbesserungen anzustreben. Edison hatte 6 000 Versuche durchgeführt, bis er den richtigen Glühfaden für die Glühbirne fand. Auf dem ganzen Weg hatte er eine große Idee im Kopf. Bedenken Sie aber auch, dass das Große und das Kleine sich gegenseitig keineswegs ausschließen. So verlangte auch Edison von seinen Ingenieuren und Wissenschaftlern, *»alle zehn Tage eine kleine Sache, alle sechs Monate ein großes Ding zu erfinden«*[59].

Um systematisch Innovationen zu realisieren, sollten Sie die sieben Hauptquellen für Innovationen kennen. Die ersten vier sind innerhalb der Organisation zu finden:[60]

1. Das *Unerwartete*: der unerwartete Erfolg, der unerwartete Misserfolg oder der unerwartete Vorfall im Umfeld.
2. Die *Unstimmigkeit*: eine Situation, in der die Erwartungen an die Wirklichkeit und »dem, wie es sein sollte«, nicht mit den tatsächlichen Gegebenheiten übereinstimmen.
3. Die *Prozessnotwendigkeit*: eine Innovation, die aufgrund von Bedürfnissen im Verfahren notwendig ist.
4. Die schlagartige *Veränderung von Markt- oder Branchenstrukturen*, die jeden überraschen.

Drei weitere können außerhalb der Organisation ausgemacht werden:

1. Die Veränderung der *demografischen Strukturen*.
2. Der *Wandel von Wahrnehmungen, Stimmungen und Bedeutungen* im Umfeld.
3. *Neues Wissen*, sowohl wissenschaftliches als auch nicht wissenschaftliches.

Wenn Sie sich mit diesen sieben Quellen systematisch beschäftigen, werden Sie weit kommen. Auch wenn Sie dann Chancen für Innovation zuverlässig erblicken und diese mit herausragender Wirksamkeit realisieren, werden Ihnen Fehleinschätzungen unterlaufen. Denken Sie dann an Edisons Worte von 1926 kurz vor dem Durchbruch einer weltweiten Innovation: *»Ich bin der festen Überzeugung, dass es für den Tonfilm keinen Markt gibt«*[61] – und arbeiten Sie dann systematisch weiter.

Aufgaben und Denkanstöße:

- Vereinbaren Sie einen Termin mit Ihren wichtigsten Mitarbeitern oder Kollegen, um die sieben aufgeführten Quellen für Innovationen in Bezug auf Ihre Organisation zu durchdenken.

- Bei welcher Idee sollten Sie morgen in die Tiefe gehen, um ihre Realisierung zu prüfen oder voranzubringen?

ERFOLGE NUTZEN

Eine Stunde mit Dietrich Mateschitz

Nicht viele Organisationen sind wirklich gut darin, ihre *Erfolge* zu nutzen. Die meisten sind sogar ziemlich schlecht. Und zwar, weil sie glauben, dass sie den Erfolg verdient haben und das Ziel jetzt erreicht sei. Falsch! Denn an dieser Stelle beginnt die Arbeit überhaupt erst. Von *Dietrich Mateschitz* (*1944), Gründer von Red Bull und wahrer Meister im Nutzen von Erfolgen, können wir viel lernen.

»*Was willst du mit dem pappigen Zeug?*«[62], fragte man ihn, als er mit seiner Marke Red Bull begann. Noch dazu sollte das nach Gummibärchen schmeckende Produkt ein Vielfaches von Coca-Cola oder Pepsi kosten. »*Wer braucht das? Was soll das? Wo ist der Markt dafür?*« In der Tat, den Markt gab es nicht. Und dieser Tatsache war sich Dietrich Mateschitz auch voll bewusst: »*Als wir anfingen, sagten wir: ›Es gibt keinen existierenden Markt für Red Bull. Aber Red Bull wird ihn schaffen.*«[63] Als sich Erfolge nach der Markteinführung von Red Bull einstellten, taten es die Konkurrenten zunächst als Modeerscheinung ab, doch mit der Zeit wollten sich viele Wettbewerber einen Teil des neu geschaffenen Marktsegments sichern. »*Bei 142 Nachahmern haben wir aufgehört zu zählen*«[64], sagte Mateschitz im Jahr 2002, 15 Jahre nach der Lancierung des Produkts.

Eines der Erfolgsrezepte ist, dass Mateschitz stets sehr früh und massiv in den Aufbau der Marke investiert hat. Bereits im Jahr 2004 investierte er rund 600 Millionen Dollar, etwa 30 Prozent der Einkünfte, in Marketing. Coca-Cola verwendete damals rund neun Prozent. Diese Strategie ging glorios auf: Im Jahr 2016 übertraf der Umsatz erstmals die Marke von sechs Milliarden Euro. Pro Jahr werden heute rund sechs Milliarden Dosen Red Bull verkauft. Statt aber für Millionengagen teure Superstars zu verpflichten, wie es Pepsi-Co und Coca-Cola taten, ging Mateschitz vor allem auf die Suche nach aufkommenden neuen Stars in eher unkonventionellen Disziplinen. So ist heute im Extremsport-Segment keine Marke so präsent wie Red Bull. Egal, ob die Flugshows der Flying Bulls, Kitesurfen in Hawaii, Downhill-Mountainbiking oder Klippenspringen – jedes Jahr werden Dutzende Veranstaltungen durchgeführt. Aber auch in hart umkämpften, etablierten Bereichen des

Sports wie Formel 1 und Fußball ist Red Bull aktiv. So wurde Sebastian Vettel als Fahrer des Red Bull Racing Teams mehrfach Weltmeister. Nicht nur mit Fußballteams im Heimatmarkt Österreich erzielte die Firma (Achtungs-)Erfolge, sondern mit RB Leipzig auch in Deutschland. Inzwischen gehören sogar Kulturveranstaltungen zum Marketingkonzept, die unter den Schlagwörtern *Red Bull Music and Dance* zu finden sind. Flankiert und potenziert werden die Aktivitäten und deren Breitenwirkung durch die eigenen TV-Aktivitäten unter dem Label Red Bull Global TV.

Das Marketing von Red Bull ist genial. Von Beginn an hat Mateschitz auf ein positiv verstandenes *Guerilla-Marketing* gesetzt. Das bedeutet Profilierung durch kreative, andersartige Herangehensweisen bei sparsamem Ressourceneinsatz. Es gibt kein anderes Unternehmen, das diese Vorgehensweise so prägnant zu seinem Markenzeichen gemacht hätte. Die Erfolge sind wahrhaft spektakulär, insbesondere wenn man vergleicht, gegen welche Schwergewichte das Unternehmen angetreten ist. In einigen Ländern kam Red Bull auf Marktanteile von 80 Prozent in seinem Segment, in den USA hielt man im Jahr 2004 einen Marktanteil von 47 Prozent bei einem jährlichen Wachstum von etwa 40 Prozent. Red Bull ist die erste echte globale Marke Österreichs geworden, noch vor Mozartkugeln, Lipizzanern und Wiener Symphonikern. Der persönliche und finanzielle Erfolg ist Mateschitz von Herzen zu gönnen, denn wer so viel Spaß auf die Partys dieser Welt bringt, hat es verdient, Milliardär zu sein.

Lernen wir von Dietrich Mateschitz also das *Nutzen von Erfolgen*. In jeder Organisation gibt es die Tendenz, sich auf Probleme zu konzentrieren. Wie ein Gewicht, das von der Schwerkraft angezogen wird, fällt der Blick der Führungskräfte immer auf die Probleme. Plakativ gesprochen sind Organisationen *problemfokussiert* statt *chancenorientiert*. Die besten Chancen auf Erfolg haben Sie, wenn Sie Ihre eigenen Erfolge nutzen und dann auf diesen Erfolgen weiter aufbauen. Das Unternehmen Sony hat dieses Vorgehen im Bereich der Unterhaltungselektronik unzählige Male erfolgreich angewendet, bei kleinen wie großen Erfolgen. Der *Walkman* ist nur ein Beispiel in einer langen Reihe, dass man den Trend beim iPod verpasst hat, ist eine andere Geschichte, die ich in einem weiteren Kapitel aufgreifen werde. Erfolge zu nutzen heißt im Umkehrschluss aber nicht, Probleme einfach zu ignorieren. Um ein ernsthaftes Problem muss man sich selbstverständlich kümmern. Aber

Organisationen, die Veränderungen erfolgreich meistern, konzentrieren sich auf ihre Erfolge: Nähren Sie Erfolge und hungern Sie Probleme aus. Wie erkennen Sie nun aber die Erfolge, insbesondere die unerwarteten? Was Sie benötigen, ist eine »*zusätzliche erste Seite*« im Monatsbericht. Auf dieser Seite sind alle Resultate der Organisation aufgeführt, bei denen die Erwartungen übertroffen wurden: Umsatz, Absatzvolumen, Gewinn, Produktivität, Innovationsleistungen oder Bewerbungen geeigneter Leute. Zusätzlich sollten auf dieser Seite jeden Monat die *erkannten Chancen* aufgelistet werden. Diese Seite sollte vor der Seite kommen, welche die Probleme auflistet. Für diese *Seite der Chancen* sollten Sie so viel Zeit verwenden, wie Sie vorher für die *Seite der Probleme* verwendet haben.

Wenn die Umsetzung der erkannten Chancen erfolgreich sein soll, machen Sie jetzt Ihre kompetentesten und leistungsstärksten Leute für die Umsetzung der größten Chancen verantwortlich. Organisationen, die dieses Vorgehen zur monatlichen Routine machen und die von jedem in der Organisation verlangen, dass der Blick auf Chancen gerichtet wird, wandeln sich von problemfokussierten zu *chancenorientierten Unternehmen*. Ganz nebenbei schaffen Sie dann auch etwas, was man mit »Freude und Genuss an der Leistung« umschreiben könnte. Sie schaffen ein ganz anderes Klima.

Aufgaben und Denkanstöße:

- Erstellen Sie eine »zusätzliche erste Seite« für den Monatsbericht, eine Liste mit den Chancen für die Organisation, und führen Sie darin alle Bereiche auf, in denen die Erwartungen bezüglich Umsatz, Absatzvolumen, Gewinn, Produktivität, Innovationsleistungen oder Bewerbungen geeigneter Leute übertroffen wurden.

- Welches sind Ihre besten Leute, die für die Umsetzung der größten Chancen jetzt die Verantwortung übernehmen sollten?

- Was müsste in Ihrer Organisation getan werden und was können Sie persönlich dazu beitragen, dass Ihre Organisation in Zukunft mehr chancenorientiert als problemfokussiert ist?

UNERWARTETES NUTZEN

Eine Stunde mit
Wilhelm Conrad Röntgen

Etwas Unerwartetes muss man ernst nehmen. Aber genau das geschieht normalerweise eben nicht. Jeder *unerwartete Erfolg*, jeder *unerwartete Fehlschlag* und *jede Überraschung* verlangt, dass Sie genau hinsehen, mehr noch, dass Sie ernsthaft versuchen zu ergründen, was es damit auf sich hat.

Wilhelm Conrad Röntgen (1845–1923) wurde durch eine Entdeckung weltberühmt, die er seiner besonderen Aufmerksamkeit für das Unerwartete verdankt. Wie viele Physiker zu jener Zeit untersuchte auch Röntgen elektrische Ladungen in Glasröhren, aus denen die Luft fast vollständig herausgepumpt worden war. Was man sah, war ein schwach leuchtendes Strahlenbündel im Inneren der Röhre. Lenkte man es mit einem Magneten ab, traf es auf eine Glaswand, die dann geheimnisvoll leuchtete. Als Röntgen bei einem Experiment eine Kathodenstrahlröhre mit dicker schwarzer Pappe abdeckte, bemerkte er eine Strahlung, die offensichtlich unsichtbar durch den Karton nach außen trat. Ein zufällig daliegender fluoreszenzfähiger Gegenstand begann, hell zu leuchten. Er lenkte sein Interesse auf das Unerwartete und ging diesem nach, im Gegensatz zu anderen Forschern vor ihm, die ebenfalls Röntgenstrahlen erzeugt hatten, ohne aber deren Bedeutung weiterzuverfolgen.

Eines seiner Markenzeichen war eine sehr akribische, nahezu penible Arbeitsweise. Ob ihn gerade dies vielleicht für den »Zufall« so empfänglich machte? In vergleichbar gründlicher Weise beschrieb und erklärte Röntgen das Verhalten der von ihm gefundenen X-Strahlen so ausführlich und erschöpfend, dass neue Erkenntnisse erst zehn Jahre später, nämlich 1905, hinzukamen. Im Jahr 1901 erhielt er den ersten Nobelpreis für Physik für die Entdeckung der später nach ihm benannten Strahlen, die die Naturwissenschaften revolutionierten. Mit Bescheidenheit und Aufrichtigkeit lehnte er sowohl den ihm angetragenen Adelstitel als auch die Patentierung ab, um die technische und besonders die medizinische Anwendung nicht zu behindern. Beachten Sie die Werte, an denen dieser Mann sein Handeln ausrichtete!

Wenn Sie am Unerwarteten ernsthaft interessiert sind, müssen Sie ein Vorgehen etablieren, das Sie zwingt, Unerwartetes auch zu erkennen und bewusst hinzuschauen. Und es empfiehlt sich, am Unerwarteten interessiert zu sein, denn in keinem anderen Bereich sind die Chancen, Innovationen erfolgreich einzuführen, mit geringerem Risiko und weniger Mühen verbunden als bei einem unerwarteten Erfolg. Genauso wertvoll ist der unerwartete Misserfolg, zeigt er ihnen doch den dahinterliegenden Wandel bei den Werten und dem Nutzen für Kunden an.

Das Unerwartete wird nicht nur leicht übersehen, sondern ist auch oft schwer zu akzeptieren, mehr noch, oft wird es sogar aktiv abgelehnt, da man dadurch dazu gezwungen wird, sich außerhalb der gewohnten Bahnen zu bewegen. Ausgesprochen wirksam ist es, wenn Sie Ihre Mitarbeiter oder Ihre Kollegen dazu anhalten, einmal pro Monat aufzuschreiben, was *unerwartet* war. Nicht, was schlecht lief oder was gut lief in diesem Monat, sondern das Unerwartete. Zu diesem Thema halten Sie dann eine monatliche Sitzung ab, bei der eine Frage im Zentrum steht: *Was bedeutet das?* Das meiste werden Sie wahrscheinlich verwerfen. Aber Sie werden zuweilen auch auf Rohdiamanten stoßen. Besonders die unerwarteten Erfolge müssen Sie nutzen.

Aufgaben und Denkanstöße:

- Ignorieren Sie das Unerwartete nicht. Schauen Sie, was Sie dort lernen können.

- Schreiben Sie sich selbst regelmäßig eine Notiz, die unerwartete Ereignisse aufführt.

SYSTEMATISCH ABSCHAFFEN

Eine Stunde mit Herbert von Karajan

Herbert von Karajan (1908–1989) prägte über drei Jahrzehnte lang mit seinem Können die Berliner Philharmoniker, die unter seiner Leitung zwischen 1955 und 1989 zu einem der angesehensten Wagner-Orchester der Welt avancierten. Er setzte aber auch Maßstäbe bei der Interpretation des klassischen und romantischen Konzert- und Orchesterrepertoires von Ludwig van Beethoven, Anton Bruckner und Richard Strauss. Darüber hinaus galt er als einer der kompetentesten Interpreten von Giuseppe Verdi.

Neben der nahezu endlos erscheinenden Zahl an Einspielungen erreichte er auch eine ungewöhnliche Machtposition innerhalb der europäischen Musikszene. Zusätzlich zur Leitung der Berliner Philharmoniker leitete er von 1956 bis 1964 die Wiener Staatsoper und übernahm weitere leitende Stellungen, unter anderem bei den Salzburger Festspielen, bei den von ihm 1967 gegründeten Salzburger Osterfestspielen sowie bei den 1973 ins Leben gerufenen Salzburger Pfingstkonzerten. Mit seinen Produktionsfirmen gelang ihm die umfassende multimediale Verwertung seiner künstlerischen Auftritte im Verbund von Liveaufführungen, Ton- und Bildaufzeichnungen. Karajan selbst war stets begeistert von den Möglichkeiten der Technik und gehörte zu den Pionieren, wenn es darum ging, neue technische Errungenschaften für sich zu nutzen. Nicht zu übersehen ist auch die Vielzahl junger Künstler, zu denen etwa auch die Geigerin Anne-Sophie Mutter gehört, deren Entdeckung durch Karajans wohlwollende Einflussnahme entscheidend gefördert wurde.

So umfassend seine vielen Tätigkeiten und Engagements auch waren, so sehr war er doch ein Meister in der Kunst des »*systematischen Abschaffens*«. In dieser Hinsicht können Sie als Führungskraft etwas Wertvolles von ihm lernen. Menschen und Organisationen, die Großes leisten, nutzen die Technik des *systematischen Abschaffens*. Sie ist keineswegs neu, bereits in *Managing for Results* (1964) und in *The Effective Executive* (1967) legte Peter F. Drucker das Konzept ausführlich dar. Praktiziert wird das Vorgehen von den meisten Organisationen hingegen nicht systematisch, obwohl das Konzept doch gerade in der heutigen Zeit mit ihrem Überangebot an Möglichkeiten und der damit verbundenen Gefahr, die Kräfte zu verzetteln, von größtem Nutzen ist.[65]

Zwar zeichnete sich Karajans Engagement durch eine beeindruckende Vielseitigkeit aus, nichtsdestoweniger beherrschte er es perfekt, sich während einer bestimmten Schaffensphase voll auf ein einziges Thema einzulassen und andere Dinge bewusst zurückzustellen oder ganz abzuschaffen. Er wusste, dass kein Orchester Werke stilistisch grundlegend verschiedener Komponisten gleichzeitig auf Weltniveau spielen kann. Trotz der Konzentration auf nur wenige Komponisten gestaltete er, wie jeder kompetente Dirigent, das Repertoire nicht zu breit, wenn er Maßstäbe setzen wollte. Damit ist Raum für exzellente Leistungen geschaffen, bei denen andere Orchesterstücke und Komponisten hintanstehen müssen.

Dies ist auch einer der Gründe, warum Dirigenten mit einem breiten Repertoire – wie beispielsweise Simon Rattle – die große Ausnahme unter den Weltklasse-Dirigenten bilden. Es ist Normalsterblichen nicht gegeben, viele Dinge exzellent zu tun. Aber selbst bei Genies kann man zuweilen behaupten, dass etwas *weniger durchaus auch hätte mehr sein können*. So schrieb Giorgio Vasari, Zeitgenosse von Michelangelo und Biograf berühmter Maler, Bildhauer und Architekten jener Zeit, bereits im 16. Jahrhundert über Leonardo da Vinci: »*Man sieht, dass Leonardo, um die Kunst gründlich kennenzulernen, vielerlei anfing und nichts richtig beendete.*«[66]

Wie wichtig das Konzept ist, sich von Ballast zu trennen, kann man auch in der Literatur bewundern. Der englische Schriftsteller Charles Dickens, zu dessen bekanntesten Werken *Oliver Twist* und *David Copperfield* zählen, machte seine Bücher dadurch besser, dass er sie immer und immer wieder kürzte. Anstatt mehr Text zu schreiben, nutzte er verschiedene Farben, um Wörter, Sätze oder ganze Passagen in seinem Manuskript nach und nach in mehreren Durchgängen zu streichen. Am Ende konnte ein solches Dokument von Rot, Grün und Blau durchsetzt sein und nur noch ein Drittel des ursprünglichen Umfangs haben.

Wenn schon diese herausragenden Persönlichkeiten die Notwendigkeit sahen, systematisch Tätigkeiten zurückzustellen, dann müssen wir als normale Führungskräfte dies erst recht einsehen. Dies gilt aber nicht nur für den Einzelnen, auch ganze Organisationen können durch systematisches Abschaffen ihre Wirksamkeit und Effizienz erheblich steigern. Ein paar einfache Grundüberlegungen und Vorgehensweisen können dabei gute Dienste leisten.

1. Grundüberlegungen

Weder Führungskräfte noch Organisationen können auf vielen Gebieten gleichzeitig Bemerkenswertes leisten. Das muss man als Prämisse akzeptieren. Der erste und wichtigste Schritt muss deshalb sein, systematisch all jene Dinge abzuschaffen, die von Wirksamkeit und Effizienz abhalten. Geschieht das nicht regelmäßig und mit System, werden immer *Ressourcen* für Dinge verschwendet, die nicht länger getan zu werden bräuchten. Nicht selten sind es dann die *besten Leute*, die sich mit diesen überholten Dingen der Vergangenheit beschäftigen müssen, anstatt sich um jene Angelegenheiten zu kümmern, die Chancen für die Zukunft darstellen. Die darüber hinausgehende Verschwendung von *Zeit*, *Geld* und *physischen Ressourcen* macht sich in der Folge an den Stellen bemerkbar, an denen sie dringend für einen produktiven Beitrag gebraucht worden wären.

Der Prozess der *Selbsterneuerung* über systematisches Abschaffen und Innovationen ist notwendig, weil sich alle Produkte, Dienstleistungen, Prozesse, Systeme und Leitlinien früher oder später überlebt haben, ganz einfach deshalb, weil entweder die mit ihnen verbundenen Ziele bereits erreicht wurden oder weil andere Ziele an ihrer Stelle künftig erforderlich sind. Ganz abgesehen davon ist auch zu bedenken, dass es wesentlich vorteilhafter ist, den Prozess des systematischen Abschaffens selbst aktiv voranzutreiben, als erst dann zu reagieren, wenn die Konkurrenz einen zu diesem Schritt zwingt. Man ist in der aktiven Rolle einfach in der deutlich besseren Position. Organisationen und Menschen, die den Wandel anführen, gehen zwar ein gewisses Risiko ein, diesem Wandel aber nicht oder zu spät zu folgen wäre eindeutig das größere Risiko. Organisationen, die sich vielleicht sogar als *Change Leader* profilieren möchten, kommen um einen rigorosen Prozess des *systematischen Abschaffens* ohnehin nicht herum.

2. Vorgehensweisen

Es gibt viele Wege, diesen Prozess zu etablieren, zwei bewährte sind die *Stop-doing-Liste* und die regelmäßige *Sitzung zur systematischen Abschaffung* (man könnte auch kurz *Abschaffen-Sitzung* sagen).

Die *Stop-doing-Liste* kann einen großen Beitrag zu Ihrer persönlichen Wirksamkeit leisten. Wirksame Führungskräfte führen in irgendeiner Form *To-do-Listen*, also Aufzeichnungen von Aufgaben, die sie noch erledigen wollen. Anstatt aber nur jene Dinge aufzuschreiben, die Sie tun wollen, sollten Sie auch notieren, was Sie künftig *nicht* mehr tun wollen. Durch die Beschäftigung mit Ihrer Stop-doing-Liste werden Sie nicht nur entdecken, *was*

Sie nicht mehr tun sollten, Sie werden auch Chancen und Wege erkennen, wie Sie dies nicht mehr tun müssen.

Bedenken Sie in diesem Zusammenhang, dass viele erfolgreiche Menschen *Geld für Zeit* eintauschen, wohingegen die große Mehrheit *Zeit für Geld* eintauscht. Selbst wenn Ihnen dieser Gedanke noch fern erscheint, behalten Sie ihn trotzdem im Hinterkopf. Denn Sie werden recht schnell Möglichkeiten finden, wie Sie sich Zeit gegen Geld erkaufen können, zunächst noch im eher kleinen Rahmen, mit der nötigen Konsequenz aber schon bald im großen Stil. Sie werden sehen, dass es sich dabei wie mit Zinsen verhält: Zinsen ergeben Zinseszinsen, die auch wieder verzinst werden, und so weiter. Je mehr Sie es sich leisten können, sich mit Geld Zeit zu erwerben, desto mehr werden Sie sich auf jene Dinge konzentrieren können, mit denen Sie eine deutlich höhere Wertschöpfung erzielen, was Ihnen wiederum Ressourcen verschafft. Dass Stop-doing-Listen nicht nur für Sie als Führungskraft hilfreich sind, sondern vor allem auch dabei helfen können, die Organisation wirksamer zu machen, liegt wohl auf der Hand.

Der zweiten Methode, der monatlichen *Abschaffen-Sitzung*, liegt eine Idee zugrunde, die so einfach wie einleuchtend ist: Definieren Sie in Ihrer Organisation einen *festen Tag im Monat*, an dem eine Sitzung stattfindet, in der konsequent nur über jene Dinge diskutiert wird, die man abschaffen sollte. In manchen Organisationen wird eine solche Sitzung einmal im Monat konsequent auf allen Managementebenen durchgeführt. In jeder dieser Sitzungen steht ein anderer Schwerpunktbereich des Unternehmens im Mittelpunkt der Diskussion, zum Beispiel Produkte, Dienstleistungen, Verwendungszwecke, Märkte, Kundengruppen, Vertriebswege, Prozesse, Regeln oder Richtlinien. Ziel ist es, innerhalb eines Jahres einmal die gesamte Organisation unter dem Gesichtspunkt des systematischen Abschaffens zu betrachten. Ganz allgemein muss dabei stets gefragt werden: *Wollen wir das, was wir hier tun, weiterhin beibehalten? Was sollten wir zukünftig nicht mehr tun?*

Jack Welch formulierte sein Ziel, dass GE überall Nummer eins oder zwei werden sollte, als Reaktion auf zwei Fragen: »*Würden Sie heute in dieser Branche tätig werden, wenn Sie nicht bereits dort aktiv wären?*« Und wenn die Antwort Nein war: »*Was werden Sie nun tun?*«[67] Übertragen Sie diese Fragen sinngemäß auch auf andere Bereiche der Organisation. Was Sie über das Jahr hinweg erwarten dürfen, sind wichtige Veränderungen hinsichtlich dessen, was getan wird und *wie* es getan wird. Überdies werden sicherlich einige sinnvolle Tätigkeiten auftauchen, die Sie neu hinzunehmen wollen. Dem Prozess können Sie viel Schwung und eine gesteigerte Wirksamkeit verleihen, wenn Sie, wie es sich für ein gutes Umsetzungsmanagement ganz selbstverständlich gehört, in regelmäßigen Abständen kommunizieren, was aufgrund dieser Sitzungen konkret bewirkt und verändert wurde.

Aufgaben und Denkanstöße:

- Führen Sie eine monatliche »Abschaffen-Sitzung« (Sitzung zur systematischen Abschaffung) ein und machen Sie die Ergebnisse des systematischen Follow-ups innerhalb der Organisation öffentlich.

- Führen Sie eine Stop-doing-Liste.

- Prüfen Sie, wo Sie nutzstiftend Geld für Zeit eintauschen können.

SCHÖPFERISCHE ZERSTÖRUNG PRAKTIZIEREN

Eine Stunde mit Joseph Schumpeter

Der Prozess der schöpferischen Zerstörung ist untrennbar mit *Joseph Schumpeter* (1883–1950) verbunden. Den Begriff kennen zwar viele, systematisch praktiziert wird dies hingegen längst nicht in allen Organisationen. Schumpeters zentraler Gedanke hierfür findet sich in seinem Buch *Kapitalismus, Sozialismus und Demokratie*:

»Dieser Prozess der schöpferischen Zerstörung ist das wesentliche Faktum des Kapitalismus. Das ist es, woraus Kapitalismus besteht, und das ist das Umfeld, in dem jede kapitalistische Angelegenheit bestehen muss.«[68]

Schumpeter war der erste einflussreiche Nationalökonom, der vehement die Ansicht vertrat, dass ein dynamisches Ungleichgewicht, welches durch den innovativen Unternehmer ausgelöst werde, viel eher die »Norm« für eine gesunde Volkswirtschaft sei als Gleichgewicht und Optimierung. Durch sein 1911 erschienenes, einflussreiches Buch *Die Theorie der wirtschaftlichen Entwicklung* lenkte er bereits die Aufmerksamkeit auf das Thema Innovation, Jahrzehnte bevor es zum Standardthema in allen Organisationen von Wirtschaft und Gesellschaft wurde. Damit war er seiner Zeit weit voraus. Heute besitzt die *schöpferische Zerstörung* mehr Relevanz denn je. *Innovation und unternehmerisches Handeln* sind zu zentralen Themen für jede Organisation geworden. In einer Zeit stetigen Wandels ist nicht *Größe* das relevante Kriterium, sondern *Stärke* und vor allem *Anpassungsfähigkeit* an die sich ändernden Rahmenbedingungen.

Das Unternehmen Sony liefert ein Beispiel dafür, wie *schöpferische Zerstörung* und *Anpassungsfähigkeit* an sich ändernde Rahmenbedingungen viel zu spät angegangen wurden. In den 1980er-Jahren hatte das Unternehmen mit dem Walkman für Kassetten einen unglaublichen Welterfolg. Rund zwei Jahrzehnte lang dominierte Sony den Markt. Die Organisation verpasste es aber, die Bedrohung durch *Apple* richtig zu erkennen, geschweige denn darauf mit aller vorhandenen Marktmacht zu reagieren. 2007 vermeldete Apple, 100 Millionen iPods verkauft zu haben, und die Presse sprach vom »Walkman des 21. Jahrhunderts«. Die Dominanz des iTunes-Stores wurde 2009 auf unglaubliche rund 70 Prozent Marktanteil am legalen amerikanischen Musik-Downloadmarkt geschätzt.[69]

Sony glaubte zu lange, dass Hardware der Schlüssel zum Erfolg sei, während Apple mit *schöpferischer Zerstörung* genau diesen Glauben bewusst aufgab. Mit allem, was um den iPod herum geboten wurde, angefangen bei den leicht zu nutzenden Verknüpfungen mit dem Web bis hin zu seiner Bedeutung als Lifestyle-Symbol, machte Apple aus einem guten ein exzellentes Produkt, das zum Welterfolg wurde.

In einer Zeit, in der das *dynamische Ungleichgewicht* noch stärker ist als zu Schumpeters Lebzeiten, erhalten gerade jene Organisationen *Stabilität* und *Kontinuität*, die sich durch systematische Innovationen weiterentwickeln. Alle Regelungen, Systeme, Prozesse, Produkte und Dienstleistungen haben irgendwann ihren Zweck erfüllt und müssen deshalb erneuert werden – oder sie haben ihn *nicht* erfüllt und müssen deshalb ebenfalls ersetzt werden.

Schöpferische Zerstörung ist natürlich keineswegs nur auf den wirtschaftlichen Bereich begrenzt. So hat beispielsweise der Komponist Arnold Schönberg (1874–1951) mit der von ihm entwickelten Zwölftontechnik die Musik des 20. Jahrhunderts maßgeblich mitgeprägt, nicht zuletzt wohl auch, weil seine Musik einen Bruch mit Bekanntem darstellte und weil er mit ihr gänzlich neue Wege ging. Obwohl seine Leistung später als Meilenstein der Musikgeschichte eingestuft wurde, erlebte auch er wie Gustave Eiffel, dass Innovationen nie nur freudig aufgenommen werden. In bestem unternehmerischen Geist glaubte er an seine Arbeit und vertrat 1935 die Auffassung: *»Die Zeit wird kommen, in der die Fähigkeit, thematisches Material aus einer Grundreihe von zwölf Tönen zu gewinnen, eine unabdingbare Voraussetzung für die Zulassung zur Kompositionsklasse eines Konservatoriums sein wird.«*[70]

Unternehmerisches Handeln gilt meist als riskant, was es zweifellos auch ist. Aber unternehmerisch zu handeln ist mit weniger Risiko verbunden, als überholte Dinge immer weiter zu optimieren. Es nutzt dem letzten Hersteller von Kutschen nichts, wenn er seine internen Prozesse und sein Marketing optimiert, während die Menschen Automobile verlangen. Schöpferische Zerstörung zu praktizieren leistet einen Beitrag dazu, dass die Ressourcen dort eingesetzt werden, wo sie ihre größte Produktivität erbringen. Unternehmerisch handelnde Führungskräfte sind, entgegen dem Klischee des risikofreudigen Unternehmers, *nicht* darauf aus, Risiken einzugehen, sie tun im

Gegenteil viel dafür, um Risiken zu erkennen, zu vermeiden und unter Kontrolle zu bringen. Unternehmer und Führungskräfte, die erfolgreich Innovationen führen, orientieren sich an Chancen und sind nicht darauf aus, Risiken einzugehen und Wagemut zu demonstrieren.

In einer Zeit immer schnellerer Veränderungen haben Führungskräfte die Wahl, entweder nur auf diese Veränderungen zu reagieren oder aber zu versuchen, diesen Wandel selbst aktiv zu gestalten. *Schöpferische Zerstörung* ist ein wesentliches Werkzeug für Innovation und unternehmerisches Handeln, da sie Dinge infrage stellt und Freiräume schafft, damit Besseres Platz hat. Darüber hinaus trägt sie zu einer Unternehmenskultur bei, in der Innovation und Unternehmertum die nötige Wertschätzung erfahren.

Aufgaben und Denkanstöße:

- Wo würde schöpferische Zerstörung in Ihrer Organisation einen Mehrwert bringen? Was würden Sie verändern?

- Bringen Sie Ihre besten Leute zusammen und diskutieren Sie, wo Ihnen schöpferische Zerstörung nützlich sein kann.

- Wo sehen Sie Chancen, die sich mit relativ geringem Risiko realisieren lassen?

DETAILS PERFEKTIONIEREN
Eine Stunde mit Howard Schultz

Howard Schultz (*1953) baute als Firmenchef und Eigner Starbucks zur berühmtesten Kaffeehauskette der Welt aus. Der von vielen Kunden geliebte Charme des Unternehmens ging nach Schultz' Wechsel in den Aufsichtsrat im Jahr 2000 jedoch Stück für Stück verloren. Das damalige Management schien nur noch an Größe und Wachstum interessiert zu sein und vergaß darüber immer mehr, den Kunden und die Werte des Unternehmens in den Mittelpunkt zu stellen. Schultz selbst sagte später einmal: »*Starbucks hatte fast seine Seele verloren.*«[71] Im Jahr 2008 übernahm Howard Schultz selbst wieder das Ruder als Vorstandsvorsitzender und meisterte in den darauffolgenden drei Jahren einen Turnaround, der nicht nur das Unternehmen sanierte, sondern an dessen Ende sogar noch eine spektakuläre neue Unternehmensausrichtung stand: der Einstieg von Starbucks in das Geschäft mit Lebensmitteln und – bis dato unvorstellbar – Instantkaffee. Im Jahr 2017 gab Schultz den CEO-Posten wieder ab und kümmerte sich danach als Chairman des Boards (vergleichbar dem deutschen Aufsichtsratsvorsitzenden) um die Premiumsegmente des Konzerns und um soziale Initiativen. Im Jahr 2018 zog sich Schultz auch aus dem Aufsichtsrat zurück.

Von Howard Schultz kann man vieles lernen, vor allem aber etwas über die Bedeutung von Details. Schultz wuchs in einer Sozialwohnung im New Yorker Stadtteil Brooklyn auf. Dank eines Stipendiums konnte er an der Northern Michigan University studieren und fing nach seinem Abschluss zunächst als Vertreter bei Xerox an. Im Jahr 1982 kam er als Leiter des Bereichs Verkauf und Marketing zu Starbucks, einem damals noch kleinen Unternehmen, das bis 1981 gerade einmal drei Filialen eröffnet hatte. Fasziniert von der Beliebtheit der Espressobars in Mailand, die ihm bei einer Reise durch Italien aufgefallen war, erkannte er das Potenzial der italienischen Kaffeehauskultur und wollte sie in Seattle etablieren. Ein erfolgreicher Test des Kaffeehauskonzepts in der Innenstadt von Seattle bestärkte Schultz darin, mit dem »Il Giornale« im Jahr 1985 sein eigenes Unternehmen zu gründen, das Kaffee- und Espressogetränke anbot, hergestellt aus Starbucks-Kaffeebohnen. Die Erfolgsgeschichte des heutigen Unternehmens und die mustergültige Verwirklichung des American Dream begannen, als Schultz gemeinsam mit lokalen Investoren für vier Millionen Dollar seinen alten Arbeitgeber Starbucks kaufte und das Unternehmen konsequent auf Expansionskurs führte. Heute hat das Unternehmen laut dem Informationsdienst Statista mehr als 27 000 Läden mit rund 280 000 Mitarbeitern weltweit. Bei jeder Tasse Kaffee, die man dort genießt, gönnt man ihm nicht nur den Erfolg seines Unternehmens, sondern auch die Lorbeeren der unternehmerischen Leistung, die ihn laut *Forbes* mit rund 2,6 Milliarden Dollar Vermögen im Jahr 2018 unter die Reichsten dieser Welt gebracht hat. Und sicher noch wichtiger: Sein unternehmerisches Vorbild ist Inspiration für viele junge Menschen auf der ganzen Welt.

Es gibt bei Starbucks viele bemerkenswerte Aspekte, an dieser Stelle möchte ich jedoch einen besonders hervorheben: die Besessenheit, jedes Detail zur Perfektion zu bringen. Jede Liste, die man an dieser Stelle zusammentragen könnte, umfasst das Thema im Grunde genommen nicht ausreichend. Im Kern ist es der Anspruch, jedes *fach- und branchenspezifische Detail* sowie jedes Detail guter Unternehmensführung immer weiter zu perfektionieren (denken Sie an die Unterscheidung zwischen *Fach- und Sachwissen* einerseits und *Managementwissen* anderseits, die in der Einführung dargelegt wurde). Die Liste ließe sich also von der Auswahl und Röstung der Kaffeebohnen über die Coffee-Store-Ausstattung und die Espresso-Excellence-Trainings sowie alle Aspekte guter Unternehmensführung bis hin zu Fairtrade- und Corporate-Social-Responsibility-Programmen beliebig erweitern. Im Kern geht es aber immer um die Frage der Einstellung. *Die Einstellung, wirklich in jedem Bereich das Beste liefern zu wollen, zu dem das Unternehmen imstande ist.* Wenn man diese Philosophie und Grundsatzentscheidung ernst nimmt, ist sie von fundamentaler Bedeutung für die gesamte Unternehmensentwicklung.

»Design is not just what it looks like and feels like. Design is how it works«[72], sagte Steve Jobs einmal. Keine Frage, dass Howard Schultz dieses Motto teilen würde, denn in das im Jahre 2009 eingeführte neue Store-Design von Starbucks haben er und sein Team viel Energie und Leidenschaft gesteckt. Beim Thema *Design* fällt normalerweise der Name Apple fast automatisch und die meisten haben sofort die ansprechende Gestaltung der Geräte vor Augen. Natürlich ist der Auftritt von Apple und Starbucks, aber auch das Äußere von Mercedes, Deutsche Bank, Lufthansa, Puma oder Sony perfekt. Vor allem aber haben all diese Unternehmen etwas weit Schwierigeres geschafft: eine *emotionale Bindung der Kunden* an die Marke herzustellen. Und das ge-

lingt vor allen Dingen durch exzellenten *Kundennutzen*. Design, so wichtig es auch ist und so häufig es leider vernachlässigt wird, ist nur ein kleiner Teil. Unter anderem zeigt sich natürlich im Design, wie ernst es ein Unternehmen mit der Perfektionierung von Details nimmt, aber letztlich geht es darum – wie es auch von Steve Jobs zum Ausdruck gebracht wurde –, dass das Produkt oder die Dienstleistung *als Ganzes* funktioniert.

Dass die Produkte und Dienstleistungen von Beginn an zur absoluten Zufriedenheit der Kunden funktionieren, ist ein, wenn nicht *das* zentrale Merkmal aller gut geführten Unternehmen. Es gibt zwar keine Garantie, dass dies beim ersten Anlauf gelingt, aber der Anspruch ist in jedem Fall sehr hoch. Bei den exzellent geführten Unternehmen erscheint er sogar fast unerreichbar. Ebendieser hohe Anspruch ist es, der eine Unternehmenskultur entstehen lässt, die es wirklich verdient, *professionell* genannt zu werden – und damit sind wir wieder bei den Details. Große Ziele und hohe Ansprüche führen nicht nur zu qualitativ besseren Produkten und Dienstleistungen, sondern auch zu Organisationen, die exzellent geführt werden. Anders sind die gesteckten Ziele gar nicht zu erreichen.

Der hohe Anspruch bringt natürlich mit sich, dass man im Grunde genommen mit keinem Detail jemals wirklich endgültig zufrieden sein darf, genauer gesagt, man darf sich nicht scheuen, auch jedes noch so perfekte Detail immer wieder infrage zu stellen, um vielleicht doch eine noch bessere Lösung zu finden. Das ist mühsam und macht es für Sie als Führungskraft nicht gerade angenehm, aber es macht Sie wirksam. Ein so großes Ziel wie den Aufbau der weltweit berühmtesten Kaffeehauskette erreicht man nicht dadurch, dass man sich bemüht, die Beliebtheitsskala bei allen anzuführen, sondern durch Professionalität im Interesse des Kunden bis ins kleinste Detail.

Denken Sie bei Ihrem nächsten Cappuccino bei Starbucks doch einmal über Details in einem umfassenderen Sinne nach: Professionelle Details kommen in ganz vielen Punkten zum Ausdruck. Schauen Sie auf die Funktionalität der Coffee Stores, auf Werbung, Verpackung und Qualität, auf die Texte rund um das Produkt sowie die Inszenierung der Marke und vieles mehr. Es wird Ihnen eine Vielzahl an Details auffallen, in denen kluges, professionelles Arbeiten zum Ausdruck kommt.

Sie müssen gar keinen großen Konzern wie Starbucks, Apple, Red Bull oder Nike führen, um mit kleinen (und großen) Veränderungen die Produkte und Dienstleistungen Ihres Hauses verbessern zu können – das geht überall! Im Zwei-Mann-Unternehmen genauso wie im Unternehmen mit 200 000 Mitarbeitern. Und die Freude, wenn am Ende etwas wirklich besser funktioniert, erleben wir alle doch immer wieder gerne …

Aufgaben und Denkanstöße:

- »*Design is how it works.*« – Was können Sie heute tun, um Ihre Produkte und Dienstleistungen ein kleines bisschen besser zu machen?

- Was wären für Ihr Unternehmen echte Meilensteine im Bereich *Details* noch in diesem Jahr?

WISSEN ZUSAMMENFÜHREN UND DARAUS NEUES ENTWICKELN

Eine Stunde mit Ettore Bugatti

Es ist sehr wahrscheinlich, dass Technologien und Lösungen, die *außerhalb* der eigenen Branche entstehen, den größten Einfluss auf die Entwicklung des Unternehmens und der eigenen Branche haben. Ähnliches gilt *innerhalb* des Unternehmens, wo exzellente Lösungen geschaffen werden, wenn Sie systematisch das Wissen aus unterschiedlichen Bereichen zusammenführen. *Ettore Bugatti* (1881–1947) zeigt uns, wie man einzelne Disziplinen miteinander verbindet, um dadurch zu wunderbaren Ergebnissen zu gelangen.

Ettore Bugatti schuf Automobile, die außergewöhnliche Konstruktionen und hohen ästhetischen Anspruch zusammenführten, es waren automobile Kunstwerke, die in Staunen und fast grenzenlose Begeisterung versetzten. Bugatti gelang es, unterschiedliche Disziplinen in vorher nie da gewesener Art zu verbinden: Fortschrittliche Technik, höchste Verarbeitungsqualität und wahrhaft künstlerische Karosserieformen verschmolz er zu einem neuen Ganzen. So erlangte die Marke Bugatti wahren Kultstatus, der untrennbar mit der Zeit zwischen den Goldenen 20ern und dem Ausbruch des Zweiten Weltkriegs verbunden ist. Nach einer langen Reihe herausragender Automobile wie den beiden Rennwagen *Typ 29* und *Typ 32* oder dem luxuriösen *Typ 41* Royale schien vielen Bugatti-Liebhabern jedoch nach dem Tode von Ettore Bugatti 1947 das Ende der Marke besiegelt zu sein. Und tatsächlich muss Bugatti im Jahr 1956 die Produktion einstellen. Ein erster Versuch, die Marke neu zu beleben, wird von Romano Artioli im Jahr 1987 unternommen und schon vier Jahre später wird in Paris zum 110. Geburtstag von Ettore Bugatti der Zwölfzylinder *EB 110* vorgestellt. Im Markt kann sich das Unternehmen aber nicht halten und muss 1995 Konkurs anmelden. Mit dem Erwerb von Bugatti durch Volkswagen im Jahre 1998 wird die ästhetische Tradition von Ettore Bugatti im Gewand eines neuen Supersportwagens fortgeführt. Es bestand der Traum, ein Serienfahrzeug zu konstruieren, das *Ästhetik* und *Hochtechnologie* wieder in einzigartiger Weise zusammenbringen sollte. Das

Auto sollte sich auf der Rennstrecke mit einem Formel-1-Wagen messen können und zugleich alltagstauglich sein, wobei höchste Innovation mit Tradition und Design zu verbinden war. Das Ergebnis ist fraglos ein vollkommenes Meisterwerk: Der Veyron 16.4 Super Sport mit einer Höchstgeschwindigkeit von 415 Kilometern pro Stunde, einer Leistung von 1 200 PS und einer Beschleunigung von null auf 100 in 2,5 Sekunden, und das alles verpackt in wundervolles, ästhetisches Design. *Erkennen Sie, wie unterschiedliche Disziplinen und Spezialistenwissen zusammenfließen müssen, um zu diesem Ergebnis zu gelangen?*

Technologien springen in atemberaubender Geschwindigkeit von Branche zu Branche, was dazu führt, dass sie nicht mehr spezifisch für eine bestimmte Sparte sind. Aber auch das benötigte Wissen der Branche selbst kommt zunehmend aus anderen Bereichen. Aus diesem Grund müssen Sie in anderen Branchen nach solchen Lösungen suchen, die sich auch in Ihrem Geschäftsfeld als nützlich erweisen können.

So haben zum Beispiel Glasfaserkabel die gesamte Telekommunikationsbranche revolutioniert, sie wurden aber mitnichten durch ein in diesem Bereich tätiges Unternehmen erfunden, sondern durch ein Glasunternehmen namens Corning Inc. Auch die NASA erkannte den Nutzen bereichsübergreifender Arbeit, nachdem ihr die Sowjetunion mit dem Sputnik beim Versuch, den ersten Satelliten in eine Umlaufbahn um die Erde zu bringen, um wenige Monate zuvorgekommen war. Sie organisierte deshalb ein *Research Lab Without Walls*, also ein *Forschungslabor ohne Bereichsgrenzen*. Nicht nur dort, in praktisch allen Organisationen liegen unglaubliche Potenziale brach, weil *nicht systematisch über Bereichsgrenzen hinweg* gemeinsam nach wirksameren und besseren Lösungen gesucht wird. Wenn Sie einen großen Beitrag zur Unternehmensentwicklung leisten wollen, dann setzen Sie sich dafür ein, dass man *bereichsübergreifend* komplexe Probleme löst und große Chancen nutzt. Sei es, dass Sie einen Veränderungsprozess zügig erfolgreich umsetzen wollen, eine strategische Neuausrichtung begleiten, eine Fusion bewältigen, nachhaltige Kostensenkungen anstreben, in neue Märkte vordringen, die Produkt- oder Dienstleistungsqualität erhöhen oder Ihre internen Abläufe dauerhaft verbessern wollen: In all diesen Fällen können Sie durch bereichsübergreifende Lösungsfindung – *Finding Solutions Without Walls* – massiv etwas bewegen. Bringen Sie dafür Ihre besten Köpfe zusammen.

Aufgaben und Denkanstöße:

- Etablieren Sie ein Vorgehen, mit dem Sie regelmäßig in anderen Branchen nach neuen Trends, Technologien und Wissen suchen, das Ihrer Organisation nützlich sein könnte.

- Wann bringen Sie das nächste Mal Ihre besten Köpfe bereichsübergreifend zusammen, um in einer Klausurtagung ein Bündel von Maßnahmen zu verabschieden, mit dem die anspruchsvollsten Probleme gelöst und die größten Chancen genutzt werden können?

CHANCEN NEUER TECHNOLOGIEN NUTZEN

Eine Stunde mit Larry Page

Larry Page (*1973), Mitgründer und 1998 bis 2001 sowie 2011 bis 2015 CEO von Google (seit 2015 CEO der neuen Google-Holding Alphabet), hat gemeinsam mit seinem Gründerkollegen Sergey Brin eindrucksvoll demonstriert, welche Macht darin verborgen liegt, die Chancen neuer Technologien rechtzeitig zu erkennen und zu nutzen. Google beherrscht nicht nur den Markt der Netzsuche, sondern auch den Markt der Online-werbung. Ohne Google geht heute wenig im Internet, und ohne Page wäre bei Google wenig gegangen. Die Suchmaschine ist der Nukleus des heutigen Technologieriesen Alphabet, in dem Google im Jahr 2015 aufgegangen ist. Alphabet bündelt als Technologieholding neben Google auch Firmen, die sich mit Internetmedizin, dem autonomen Fahren, Energiegewinnung und vielem mehr befassen. Alphabet steuert 2018 auf einen Marktwert von einer Billion Dollar zu und könnte neben Amazon oder Microsoft die erste Börsenfirma sein, die diese magische Grenze überspringt. Das persönliche Vermögen von Larry Page wurde 2018 von *Forbes* auf mehr als 54 Milliarden Dollar geschätzt. Im Jahr 2017 betrug es noch 40 Milliarden Dollar, womit er und Sergey Brin, dessen Vermögen ähnlich hoch taxiert wird, sich auf Platz 23 der *Forbes*-Weltrangliste der Milliardäre fanden.

Von der Zeitschrift *Fortune* wurde er einmal gefragt, was der beste Rat gewesen sei, den er jemals erhalten habe. Seine Antwort:

»Für meine Promotion an der Universität von Stanford schwebten mir ungefähr zehn Themen vor. Eines davon war, die Vernetzungsstruktur des Internets zu untersuchen. Mein Professor, Terry Winograd, wählte dieses Thema aus und meinte: ›Nun, dieses Thema da, das sieht nach einer wirklich guten Idee aus.‹ Das rechne ich ihm hoch an.«[73] (Auf die Bedeutung guter Ratgeber kommen wir im Kapitel mit Camille Pissarro nochmals zurück.)

Mit seinem Kommilitonen Sergey Brin machte er sich an die Arbeit. Gemeinsam entwickelten und leiteten sie nun nach dem Impuls von Winograd das »Projekt Google«, das als Unternehmen 1998 den Betrieb aufnahm.

Nach der Gründung übernahm Larry Page die Position des CEO, die er bis 2001 behielt. Unter seiner Führung wuchs das Unternehmen auf 200 Mitarbeiter an und überschritt die Rentabilitätsschwelle. Im Jahr 2001 holten die Google-Gründer Eric Schmidt ins Unternehmen, der zuvor bei Novell als Chairman und CEO verantwortlich war. Gemeinsam bilden Page, Brin und Schmidt seither die Führungsspitze. Larry Page selbst hat viele Auszeichnungen erhalten, unter anderem wurde er im Jahr 2002 vom *World Economic Forum* als »internationale Führungspersönlichkeit der Zukunft« bezeichnet. Sein Vermögen wurde 2011 von *Forbes* auf mehr als 16 Milliarden Dollar geschätzt, womit er und Sergey Brin, dessen Vermögen ähnlich hoch taxiert wird, sich auf Platz 26 der Weltrangliste der Milliardäre finden. Chancen neuer Technologien zu erkennen und zu nutzen kann sich also auch finanziell lohnen ...

Wenn man über *Innovationen* redet, denken viele Menschen fast automatisch an wissenschaftliche und vor allem technologische Innovationen. Hier wird viel Geld investiert, und die erfolgreichen Unternehmen sind die ganz großen Stars der Wirtschaftsmedien. *Neues Wissen* scheint in diesem Bereich oft von einer faszinierenden Aura umgeben zu sein, was den Eindruck unterstützen mag, dass es sich hier um die »Königsklasse« der Innovation handle. Dabei sind viele der Innovationen, die auf *neuem Wissen* beruhen, weder wissenschaftlich noch technisch, sondern beziehen sich auf gesellschaftliche oder wirtschaftliche Faktoren und werden somit von der Öffentlichkeit vielleicht weniger deutlich wahrgenommen, obschon ihre Tragweite oft wesentlich weitreichender ist.

Anwendungsbezogen stellt sich für jede Organisation die Frage, welche *Chancen sich durch die Nutzung* der *neuen Technologien* bieten. Im *Allgemeinen* braucht man heute selbstverständlich niemanden mehr auf die Bedeutung der elektronischen Medien hinzuweisen, im *Konkreten* allerdings liegen viele Organisationen bei der Nutzung neuer Technologien und auch beim Internetauftritt weit hinter der Zeit zurück. Die Chancen, die hier ungenutzt bleiben, sind riesig, gleichzeitig begibt sich die Organisation in ein völlig unnötiges Risiko, da sie der Konkurrenz dadurch eine empfindliche Flanke öffnet.

Das ist keineswegs nur auf die Wirtschaft begrenzt. Das Gleiche gilt auch für Non-Profit-Organisationen, Universitäten, Kultureinrichtungen und Krankenhäuser. Die Unternehmensleitung hat es selbst in der Hand, wie sie die Chancen neuer Technologien erkennen und nutzen möchte, und es ist verblüffend, welche riesigen Unterschiede sich zwischen direkten Wettbewerbern im Markt bezogen allein auf das Medium Internet auftun. Bill Gates vertrat bereits im September 2000 eine Ansicht, die auch heute noch ein berechtigter Denkanstoß für die Praxis ist: »*Im Internet geht es keineswegs nur um neue Start-up-Unternehmen. (…) Im Internet geht es vielmehr um bestehende Unternehmen und darum, wie sie ihr Wissen, ihre Fähigkeiten und Kundenbeziehungen mit den digitalen Ansätzen besser nutzen. Das ist die nachhaltigste Sache an dieser Revolution.*«[74]

Larry Page und Sergey Brin ist es gelungen, neue Technologien zu erkennen und so zu nutzen, dass sie dadurch herausragende technologische Innovationen vollbrachten. Aber schon auf viel bescheidenerem Niveau kann in jeder Organisation gefragt werden, welche Chancen mit den aktuellen technologischen Möglichkeiten verbunden sind und wie man diese zum eigenen Vorteil nutzt. Berücksichtigt man die Tatsache, dass die industrielle Revolution überhaupt erst der Auslöser für eine lange Kette zahlreicher und weitreichender Innovationen war, kann man guten Gewissens behaupten, dass die größten Auswirkungen der aktuell sich ereignenden Revolution noch vor uns liegen.

Bei allem Lob für die Leistungen von Google darf man jedoch nicht übersehen, dass die Macht des Unternehmens sowie Projekte, bei denen Neuland betreten wird, auch sehr kritisch gesehen werden.

»*Don't be evil*« (Tue nichts Böses) heißt es zwar in der Unternehmensrichtlinie des *Google Code of Conduct*[75], und dem Unternehmen ist genauso wie allen Nutzern kaum etwas mehr zu wünschen, als dass dies gelinge. Die Probleme beginnen aber schon bei den Fragen »*Who defines the answer?*« und »*What is evil?*«.

Aufgaben und Denkanstöße:

- Wo sehen Sie in Ihrer Organisation Chancen, neue Technologien wirksamer zu nutzen? Wer könnte die Themen vorantreiben?

- In welchen Bereichen können Sie für sich persönlich größeren Nutzen aus neuen Technologien ziehen?

ERKENNE DIE ZUKUNFT, DIE BEREITS GESCHEHEN IST

Eine Stunde mit Ray Kroc

Ray Kroc (1902–1984) kann mit Fug und Recht von sich behaupten, die Essgewohnheiten auf der ganzen Welt verändert zu haben. Er verdiente sein Geld viele Jahre erfolgreich als Verkäufer von Pappbechern und später von Milchmixgeräten. Als er selbst schon über 50 war, entschloss er sich für einen mutigen Karrierewechsel: Auf einer Verkaufsreise im Jahr 1954 betrat er in San Bernadino in Kalifornien einen Hamburger-Schnellimbiss, den die Brüder McDonald führten. Ray Kroc war überrascht, wie viele Mixer die Brüder Richard und Maurice McDonald für ihr Restaurant bestellten. Noch mehr überrascht war er allerdings, als er sah, dass diese Geräte in acht Mixerbatterien zu je fünf Mixern aufgebaut waren und so 40 Milchmixgetränke gleichzeitig herstellen konnten. Damit aber nicht genug, die ganze Gaststätte war so organisiert, dass sie ihn an Henry Fords Fließbandproduktion erinnerte. Alles war höchst effizient organisiert, sodass es nur etwa 60 Sekunden dauerte, bis die Kunden bedient wurden. Das Überzeugendste dürfte aber wohl gewesen sein, dass viele Kunden da waren!

Ray Kroc leistete hier etwas Bemerkenswertes: *Er erkannte die Zukunft, die bereits geschehen ist.* Kroc brachte die Brüder McDonald dazu, ihm die Lizenz dafür zu verkaufen, dass er ihren Namen für eine Kette von Fast-Food-Restaurants auf Franchisebasis nutzen durfte. Die Brüder sollten als Gegenleistung einen gewissen Prozentsatz vom Umsatz jedes Franchisenehmers erhalten, den Ray Kroc gewinnen würde. Noch im Jahr 1955 eröffnete er die erste Filiale von McDonald's in Des Plaines in Illinois. In kurzem Abstand folgten viele weitere Filialen, aber trotz des großen Erfolges in der Marktdurchdringung hatte das Unternehmen so starke finanzielle Probleme, dass es in der Startphase fast bankrottging. Das änderte sich schlagartig, als Kroc die Idee hatte, auch die Grundstücke zu erwerben und diese an Franchisenehmer zu vermieten, wodurch er nicht nur die Standorte steuern, sondern auch seinen Gewinn besser beeinflussen konnte.

Kroc feilte wie besessen an jedem Detail des Konzeptes: Qualität, Service, Sauberkeit und ein günstiger Preis standen bei seinen Innovationen und seinem

Streben nach Standardisierung immer ganz oben auf der Prioritätenliste. Im Jahr 1961 gelang es ihm, die Brüder McDonald für einen Betrag von nur 2,7 Millionen Dollar ganz zum Ausscheiden aus dem Unternehmen zu bewegen – unternehmerisch betrachtet eine Entscheidung mit großem Weitblick. Auch hier erkannte er wieder etwas, das den anderen verborgen blieb: das riesige Potenzial des Konzeptes, wenn es noch durch gutes Marketing ergänzt werden würde.

Er startete eine umfassende Werbekampagne, in deren Rahmen auch der Clown Ronald McDonald als Werbefigur geschaffen wurde und für einen flächendeckenden Marktdurchbruch sorgte. Im Jahr 1963 konnte Kroc bereits die 500. Filiale eröffnen; ab 1967 expandierte er ins Ausland. Der Pionier des Fast-Food-Geschäfts prägte die Welt mit seinem Restaurantkonzept. *Am Anfang stand, dass er das, was geschah, anders interpretierte als alle anderen zu jener Zeit. Er erkannte die Zukunft, die bereits geschah.*

Was kann man daraus für das Vorgehen bei wirksamen Innovationen lernen?
Als Ray Kroc im Jahr 1954 das gut besuchte und hocheffiziente Hamburger-Restaurant betrat, erkannte er, dass das Konzept perfekt in die damalige Zeit passte. Die Vororte der Vereinigten Staaten wuchsen, die Menschen mussten immer mehr auf das Auto zurückgreifen, die Nation insgesamt wurde mobiler. Bequeme, zeitsparende und günstige Restaurants entsprachen perfekt den sich ändernden Gewohnheiten der Menschen. Kroc versuchte *nicht*, die Zukunft *vorherzusagen*, sondern *er beobachtete die Gegenwart*, das, was bereits vor seinen Augen geschah. Er zog dann die richtige Schlussfolgerung, nämlich dass sich dieses Verhalten aufgrund der *bereits geschehenen Entwicklungen* vermutlich fortsetzen würde.

Es gehört zu den wichtigen Aufgaben von Führungskräften, *den Wandel zu erkennen, der bereits geschehen ist.* Die Herausforderung liegt darin, diesen früh genug zu erkennen und die Veränderung dann als Chance zu nutzen. Genau das tat Ray Kroc, und zwar nicht einmal, sondern wiederholt: Das Erkennen des Potenzials im Konzept, der Aufbau eines Franchisesystems, die Perfektionierung der Standardisierung, der umfassende Ausbau des Marketings und die Internationalisierung ab 1967 sind nur einige Beispiele. Er wäre wohl stolz gewesen zu sehen, was das Management nach seiner Zeit geleistet hat, an der innovativen Einführung von McCafé hätte er vermutlich besondere Freude. Das erste McCafé eröffnete im Jahr 1993 in Australien und entspricht genau dem Erkennen der Zukunft, die bereits geschehen ist.

Das Erkennen des Wandels darf dabei nie dem Zufall überlassen werden, sondern es muss in der Organisation eine Methodik etabliert werden, mithilfe derer diese Veränderungen erkannt werden können, sodass im Anschluss zum Vorteil der Organisation gehandelt wird. Alle in diesem Teil des vorliegenden Buches dargelegten Aspekte (Annahmen hinterfragen, den Wandel führen, systematisch innovieren, Erfolge nutzen, Unerwartetes beachten, systematisch abschaffen, kreative Zerstörung, neues Wissen nutzen und andere) zielen im Kern darauf ab, *Innovation* als eine der wichtigsten Aufgaben von Führungskräften ernst zu nehmen und konsequent nach Wegen zu suchen, wie die Innovationskraft der Organisation kontinuierlich gesteigert werden kann. Die Biografien erfolgreicher Unternehmer zeichnen sich gerade dadurch aus, dass sie alle der Innovation eine hohe Priorität zugestehen.

So steil der Erfolg von McDonald's auch verlief, eines sollte nicht unerwähnt bleiben: Der Erfolg war vor allem auch harte Arbeit. Diese Ansicht vertrat auch Ray Kroc: »*Glück ist eine Dividende des Schweißes. Je mehr man schwitzt, desto glücklicher wird man.*«[76] So überraschte es vielleicht auch wenig, dass er bis zu seinem Tod im Alter von 82 Jahren für McDonald's arbeitete; selbst als er in den letzten Jahren seines Lebens an den Rollstuhl gebunden war, kam er fast täglich in sein Büro in San Diego und ging seiner Leidenschaft nach.

Aufgaben und Denkanstöße:

- In welchen gegenwärtigen Trends, Ereignissen oder Brüchen (mit bisherigem Verhalten oder Mustern) in Ihrer Branche und in der Gesellschaft können Sie die Zukunft erkennen, die bereits geschehen ist? Was werden Sie diesbezüglich konkret tun?
- Suchen Sie nach der Zukunft, die bereits geschehen ist.

TEIL 3

MANAGEMENT VON PERSONEN

SICH AUF EINE (!) AUFGABE KONZENTRIEREN

Eine Stunde mit Michelangelo

Michelangelo Buonarroti (1475–1564) ist der Welt als der größte Bildhauer und einer der größten Maler der Geschichte im Gedächtnis geblieben. Seine Leidenschaft galt aber immer dem Bildhauen und so nannte er sich stets *scultore*, empfand aber selbst diese allgemeine Berufsbezeichnung später, als er ein tieferes Gefühl für seine künstlerische Bestimmung entwickelt hatte, als suspekt. Zum Stein als Material hatte er eine ganz besondere Beziehung. So schrieb er in einem Antwortgedicht an Giovanni Strozzi, der sich zuvor von einer Skulptur Michelangelos zu einem Gedicht hatte inspirieren lassen: »*Schlaf ist mir lieb, doch über alles preise ich, Stein zu sein.*«[77]

Was nun seine Malerei anbelangt, so mag diese zwar wahrhaft vollkommen sein, gegen das Malerhandwerk hatte sich Michelangelo jedoch zeit seines Lebens gewehrt, das seiner Ansicht nach »etwas für Weiber« wäre. In Briefen und Gedichten betonte er immer wieder: »*Ich bin kein Maler.*«[78] Hätte Papst Julius II. ihn nicht zur Malerei gezwungen, wäre er bei der Bildhauerei geblieben. Den am 10. Mai 1508 begonnenen Auftrag zur Bemalung der Decke in der Sixtinischen Kapelle empfand er als Zwang und Zumutung und unter seiner Würde und Begabung. Schlimmer noch, er fühlte sich kaltgestellt, weil es ihm gleichsam als Sieg seiner Gegner erschien, dass Bramante die Basilika St. Peter abreißen durfte und den neuen Dom für den Papst bauen sollte, der dürftige Malauftrag an Michelangelo zur Decke der Sixtina lautete hingegen: »*Zwölf Apostel mit einem Ornamentbaldachin.*«[79]

Falls es ein »Geheimnis« zur Wirksamkeit gibt, so ist es Konzentration. Dieses Geheimnis war Michelangelo nur zu bekannt. Er wusste, dass er all die Skulpturen, die er noch erschaffen wollte und die vor seinem geistigen Auge schon Realität waren, nur dann würde verwirklichen können, wenn er sich kompromisslos auf die Bilderhauerei konzentrieren würde. Er wusste um seine einzigartige Stärke. So wundervoll die Werke, die er als Maler schuf, auch waren, niemand sonst konnte einen *David* in dieser Meisterhaftigkeit aus dem Stein schlagen, genauso wenig wie einen trunkenen Bacchus, einen *Moses* oder eine *Pietà*. Dass es Michelangelo trotzdem gelang, auch noch über die Malerei und Bildhauerei hinaus Großes zu leisten und unter anderem die Bauleitung der Peterskirche zu übernehmen, deren Kuppel er zudem noch entwarf, trug ihm schon zu Lebzeiten den Ruf eines Genies ein. Und so nannte ihn das Volk auch ehrfürchtig: *il Divino*, der Göttliche.

Auch Menschen oder Organisationen, die Nennenswertes leisten wollen, müssen sich konzentrieren. Im Folgenden wollen wir diesen Leitsatz zuerst auf Führungskräfte anwenden, dann auf Organisationen:

1. Führungskräfte

Führungskräfte haben immer erheblich mehr wichtige Dinge zu tun, als sie Zeit zur Verfügung haben. Je kompetenter die Führungskraft ist, desto mehr Dinge könnten theoretisch noch zusätzlich von ihr erledigt werden. Über einen Großteil der Zeit kann eine Führungskraft selbst bei bestem Zeitmanagement ohnehin nicht selbst verfügen. Vielmehr wird die verfügbare Zeit zu einem erheblichen Teil fremdbestimmt, durch Kunden, den eigenen Chef, Kollegen, Mitarbeiter, das Sekretariat und durch unternehmensbezogene Verpflichtungen. Menschen, die Großes geleistet haben, nutzen diesbezüglich ein paar wertvolle »Geheimnisse«. *Erstens*: Sie konzentrieren sich immer nur auf *eine* Sache, weswegen sie wesentlich weniger Zeit benötigen als bei der gleichzeitigen Arbeit an mehreren Aufgaben. *Zweitens*: Sie erledigen *das Wichtigste immer zuerst*. Zweitrangige Dinge erledigen sie dann nach Möglichkeit nicht als Zweites, sondern am besten gar nicht. *Drittens*: Sie nutzen möglichst *große Blöcke zusammenhängender Zeit für ungestörtes Arbeiten*. Diese Zeitblöcke zu schaffen verlangt Anstrengungen und Selbstdisziplin, aber sie sind der Schlüssel zur Produktivität, insbesondere bei Wissensarbeitern. Und *viertens*: Sie werden umso wirksamer sein, je mehr es ihnen gelingt, ihre Stärken in der verfügbaren Zeit zum Einsatz zu bringen. Menschen und Organisationen vollbringen nur dann eine gute Leistung, wenn sie ihre Stärken nutzen, ansonsten nicht. Paradoxerweise ist es so, dass Menschen, die nichts zustande bekommen, oft sogar härter arbeiten als andere. Ihnen fehlt aber das Wissen um diese vier »*Geheimnisse*«.

Konzentrieren Sie Ihre Anstrengungen, Ihre Ressourcen und Ihre Zeit, und Sie werden nicht nur *mehr* Aufgaben, sondern gleichzeitig auch *unterschiedlichere* Aufgaben bewältigen können. Sowohl Michelangelo als auch Herbert von Karajan haben bewiesen, dass dieser scheinbare Gegensatz eigentlich gar keiner ist.

Die Bedeutung von Konzentration kann man an vielen Stellen lesen: In *Adventures of a Bystander* schreibt Peter F. Drucker sinngemäß über den Ingenieur und Architekten Richard Buckminster Fuller und den Kommunikationswissenschaftler Marshall McLuhan:

»Sie veranschaulichen für mich die Bedeutung, von einem einzigen Ziel besessen zu sein. Die eindimensional Zielstrebigen sind die einzig wirklich leistungsstarken Personen. Der Rest, Leute wie ich, haben vielleicht mehr Spaß, aber sie verzetteln sich. Die Fullers und McLuhans führen eine ›Mission‹ aus, die übrigen von uns haben ›Interessen‹. Wann immer etwas geleistet wird, so habe ich gelernt, dann durch einen eindimensional Zielstrebigen mit einer Mission.«[80]

Die Schriftsteller Balzac, Flaubert und Zola arbeiteten wie besessen an ihren Werken, was sie zum Beispiel auch mit Schubert, Beethoven oder Wagner gemein haben. Michelangelo meißelte noch bis sechs Tage vor seinem Tod im Alter von 88 Jahren an der *Pietà Rondanini*. Selbst Genies wie Bach, Händel, Haydn und Verdi konzentrierten sich immer nur auf die Arbeit an *einem* Stück, das sie abschlossen, bevor sie das nächste begannen. Wenn sie die Arbeit unterbrachen, dann um das Stück gezielt für einige Zeit zurückzustellen. Mozart ist die ganz große Ausnahme, er konnte mehrere Meisterwerke parallel schreiben. Aber wer kann sich schon mit Mozart vergleichen? *Wenige sorgfältig ausgewählte Aufgaben sind der Schlüssel zum Erfolg.*

Selbst Genies können sich bei ihren Tätigkeiten verzetteln. Ziemlich sicher weiß man dies etwa von Leonardo da Vinci. Was war er nicht alles: Maler, Naturforscher, Ingenieur, Erfinder, Architekt – ein Universalgenie. Er war ausgesprochen vielseitig interessiert, vieles hat er aber nie vollendet. Sinnbild dafür ist Folgendes: Unmittelbar nachdem er von Papst Leo X. einen Auftrag über die Anfertigung eines Bildes erhalten hatte, machte er sich sogleich daran, Öle und Kräuter für den abschließenden Schutzanstrich zu destillieren. Verzweifelt rief Papst Leo X. über Leonardo aus: *»O weh, der wird nichts Rechtes zustande bringen! Er denkt ans Ende, bevor er noch mit der Arbeit begonnen hat.«*[81]

2. Organisationen

Konzentration ist auch für Organisationen von nicht unerheblicher Bedeutung. Stark diversifizierte Unternehmen scheitern fast immer. Der Grund ist meist, genau wie bei Personen, die mangelnde Fokussierung der Kräfte. Die ohnehin in jeder Organisation begrenzten Faktoren Geld, physische Ressourcen und vor allem fähige Leute werden wirkungslos an vielen Fronten zerschlissen, indem überall ein bisschen was getan wird, anstatt durch volle Konzentration der Kraft an einer Stelle einen wesentlichen Durchbruch zu erringen. Ein Unternehmen lässt sich umso besser führen, je weniger diversifiziert es ist. Einer der wichtigen Vorteile ist, dass Menschen dann den Zusammenhang zwischen ihren Leistungen und dem Beitrag, den sie zum Ganzen leisten, besser verstehen können. In der Folge werden sie ihre Anstrengungen zielgerichteter im Sinne des Ganzen erbringen. Erfolgreich diversifizierten Unternehmen gelingt die Vielseitigkeit, indem sich die verschiedenen Geschäftsbereiche, Technologien und Produktlinien auf einen *gemeinsamen Markt* konzentrieren und dadurch eine gemeinsame Basis schaffen. Oder die verschiedenen Geschäftsbereiche, Technologien und Produktlinien beruhen auf einer *gemeinsamen Technologie*. In beiden Fällen erfolgt aber eben *Konzentration* und nicht Diversifikation.

Wer einmal die Erfahrung gemacht hat, welche Kraft in der Konzentration steckt – dies gilt sowohl für Menschen als auch für Organisationen –, wird von diesem Prinzip nie wieder abrücken wollen. Welch ein Kampf die Ausmalung der Sixtinischen Kapelle für Michelangelo gewesen sein musste, wie viel Leid es ihm bedeutete, lässt sich nur erahnen. Schon im Herbst 1533 hatte Papst Clemens VII. den Auftrag an Michelangelo erteilt, die beiden Schmalseiten der Sixtina zu bemalen, jede 17 Meter hoch und 13 Meter breit. Als Papst Clemens VII. im Jahr darauf starb, erneuerte sein Nachfolger Papst Paul III. den Auftrag und zwang Michelangelo somit dazu, seine geliebte bildhauerische Arbeit am *Juliusgrab* erneut aufzugeben, die er erst kurz zuvor wieder aufgenommen hatte. Es kommt zu dem berühmten, von Giorgio Vasari überlieferten Wutausbruch Papst Pauls III.: »*Seit 30 Jahren habe ich diesen Wunsch [dass du für mich arbeitest], und jetzt, da ich Papst bin, soll ich ihn mir nicht erfüllen? Ich werde den Vertrag [für das Juliusgrab] zerreißen! Ich habe beschlossen, dass du mir auf jeden Fall dienen wirst.*«[82]

Die Bemalung der 225 Quadratmeter großen Wandfläche bewältigte Michelangelo diesmal ganz allein. Er unternahm nicht einmal den Versuch wie zuvor bei der Decke im gleichen Raum, sich von anderen Malern unterstützen zu lassen, nur sein treuer Diener Urbino half ihm als Farbreiber. Michelangelo wusste, dass er die Vollkommenheit des *Jüngsten Gerichts*, die er vor seinem inneren Auge sah, nur selbst verwirklichen konnte.

»Sono scultore« – »*Ich bin Bildhauer*«, soll er in den Steinbrüchen gerufen haben, wenn der Papst ihn wieder einmal dazu zwang, weiterzumalen. Im *Jüngsten Gericht* malte er sich schließlich auch selbst: in elendem Zustand. Nicht etwa als einer der Erlösten oder Verdammten, sondern als leere Hülle. In den Falten der abgezogenen Haut des heiligen Bartholomäus erkennt man des Künstlers eigene, schmerzverzerrte Züge.

Aufgaben und Denkanstöße:

- Erstens: Konzentration auf eine Sache. Zweitens: das Wichtigste immer zuerst. Drittens: große Blöcke zusammenhängender Zeiteinheiten für ungestörtes Arbeiten nutzen. Viertens: Stärken in der verfügbaren Zeit zum Einsatz bringen.

- Welches sind jene ein bis zwei Schlüsselaufgaben, mit denen Sie den größten Beitrag zu den Ergebnissen Ihrer Organisation leisten können?

- Was können Sie in Ihrer Organisation tun, damit eine Diskussion in Gang kommt, die konkret zu stärkerer Konzentration führt? An welchen Ergebnissen werden Sie Ihren Erfolg messen?

EIN VOLLKOMMENES GANZES ERSCHAFFEN

Eine Stunde mit Simon Rattle

Sir Simon Rattle (*1955) ist weltweit einer der am meisten gefeierten und gefragtesten Dirigenten. Er erhielt zahlreiche internationale Ehrungen (einen Adelstitel, mehrere Ehrendoktorwürden, drei Grammys) sowohl für seine Musik als auch für sein pädagogisches und soziales Engagement. Lange Schaffensphasen verbrachte er von 1980 bis 1998 beim *City of Birmingham Symphony Orchestra*, wo er 1990 zum Chefdirigenten ernannt wurde, und bei den *Berliner Philharmonikern*, ebenfalls als Chefdirigent. Dort nahm er 2018 nach 16 Jahren seinen Abschied.

Simon Rattle macht nicht nur durch herausragende Aufführungen und Einspielungen auf sich aufmerksam, bemerkenswert ist auch sein immens breit gefächertes Repertoire, das von der Alten Musik bis zur Moderne reicht. Dabei nahm er immer wieder ausgesprochen große und ehrgeizige Projekte an, beispielsweise eine Fernsehserie über die Orchestermusik des 20. Jahrhunderts, für die er 1997 den Preis der BAFTA (*British Academy of Film and Television Arts*) für die beste Kunstsendung/Kunstserie erhielt. Dazu gehört aber auch die sukzessive Aufführung des kompletten »Ring«-Zyklus von Richard Wagner, die ihren Anfang im Sommer 2006 bei den Festspielen in Aix-en-Provence nahm und die 2010 in Salzburg abgeschlossen wurde.

Solch meisterhafte Dirigenten schaffen es, ein vollkommenes Ganzes entstehen zu lassen. Sie erschaffen etwas, bei dem das Ganze viel mehr ist als die Summe seiner Teile. Durch ihre innere Vorstellung, ihre unermüdlichen Anstrengungen und ihre Führung entsteht zusammen mit dem Orchester jene wunderbare Vollkommenheit, derentwegen die Menschen in aller Welt in die Konzertsäle strömen. Genau wie ein Dirigent muss auch ein Manager etwas erschaffen, das über die Einzelleistungen hinausgeht. Dies gilt bereits im Kleinen: Wer ein Team mit einigen Mitarbeitern führt, muss dafür sorgen, dass die Gesamtleistung mehr ist als die Summe der einzelnen Leistungen. Dies gilt entsprechend für diejenigen, die einen Bereich, eine Abteilung oder eine ganze Organisation führen, nur dann eben mit größerer Verantwortung.

Ein Dirigent hört nicht nur die Gesamtaufführung, er hört gleichzeitig auch die Leistung des Einzelnen. Dadurch ergibt sich ein wechselseitiges Wirkungsverhältnis: Indem er nämlich den Anspruch an die Gesamtaufführung hebt, hebt er die Ansprüche an jeden Einzelnen; indem er wiederum dem Einzelnen zu besserer Leistung verhilft, hebt er die Qualität des Gesamtwerks.

Gute Dirigenten verwenden viel Zeit darauf, den Musikern das Werk als Ganzes, mit Hintergründen und Interpretationen, zu vermitteln. Denn nur, wenn das Werk in Intention und Bedeutung verstanden wurde, kann der Musiker es richtig auf seinem Instrument im Sinne des Ganzen interpretieren. Der Komponist Gustav Mahler beispielsweise bestand darauf, dass jeder Musiker mindestens einmal in der Woche selbst im Auditorium saß, um das Zusammenspiel zu hören. Gleichzeitig arbeiten gute Dirigenten intensiv mit den einzelnen Musikern; der große Dirigent und unvergleichliche Mozart-Interpret Bruno Walter schrieb über die tägliche Zusammenarbeit hinaus einmal im Jahr einen Brief an jeden einzelnen Musiker aus seinem Orchester, in dem er, Bruno Walter, aufführte, was er in diesem Jahr von ihm gelernt hatte, woraufhin sich jedes Mal ein wertvoller Dialog entwickelte.

Entsprechend muss auch der Manager sowohl die Leistungen und Ergebnisse der gesamten Organisation als auch die des Einzelnen im Blick haben, um dann passende Maßnahmen einzuleiten, die zu einer wirkungsvollen, stimmigen Gesamtleistung führen. Während der Dirigent jedoch die anspruchsvolle Aufgabe zu erfüllen hat, das Werk zu interpretieren, ist der Manager zusätzlich auch noch »Komponist«, weil ihm die Aufgabe zukommt zu durchdenken, *welche* Beiträge erforderlich sind. Diese Aufgabe hat aber nicht nur er, sondern im Grunde jeder *Spezialist*.

Es ist nämlich Folgendes zu beachten: Spezialisiertes Wissen alleine bringt zunächst einmal keinen Nutzen. Dieser entsteht erst dann, wenn es als Beitrag zu einem größeren Ganzen integriert wird. Diese Integration von Spezialwissen in eine gemeinsame Gesamtleistung ist der Zweck und die Funktion von Organisationen. Ohne die Organisation wäre das spezialisierte Wissen des Wissensarbeiters und damit die Person selbst wirkungslos, umgekehrt kann eine Organisation nur dann Wirkung erzeugen, wenn es gelingt, spezialisiertes Wissen auf eine gemeinsame Aufgabe auszurichten. Die Ausrichtung auf ein gemeinsames Ziel geschieht allerdings nicht automatisch – im Gegenteil. Gerade die Spezialisierung birgt die Gefahr, dass sich die spezialisierten Wissensarbeiter ausschließlich auf ihr Gebiet konzentrieren und dabei das Ganze aus dem Blick verlieren. Außerdem bedingt die *hierarchische Struktur* in Organisationen, dass jede Ebene eine eigene Sicht der Dinge hat, sogar haben muss, da sie nur so ihre Aufgabe erfüllen kann. Damit eine Ausrichtung auf ein gemeinsames Ziel erfolgen kann, benötigen Sie als Instrument das *Führen mit Zielen und Selbstkontrolle*. In diesem Zusammenhang müssen Sie als Führungskraft sicherstellen, dass die *Unternehmensziele* – das vollkommene Ganze – auf allen Ebenen verstanden worden sind. Die Menschen müssen das Ganze sehen und verstehen, welchen Beitrag sie dazu leisten.

Eine der Regeln für Führungskräfte des legendären CEO von General Electric, Jack Welch, lautete: »*Führungskräfte stellen sicher, dass ihre Mitarbeiter die Unternehmensziele nicht nur kennen, sondern verinnerlicht haben und tagtäglich leben.*«[83] Bis dies auf allen Ebenen und bis zu jedem Mitarbeiter durchgedrungen ist, benötigen Sie unter Umständen viel Geduld. Über sich selbst sagt Jack Welch: »*Es gab Zeiten, in denen ich mir über Unternehmensziele und -ausrichtung so sehr den Mund fransig redete, dass mir das Thema schlicht zum Hals heraushing.*«[84] Er machte trotzdem weiter.

Indem Sie sich als Kopfarbeiter fragen, *was Sie beitragen sollten*, können Sie sicherstellen, dass Sie auf die richtigen Ergebnisse abzielen. Diejenigen, die sich diese Frage nicht stellen, arbeiten oft härter und erbringen trotzdem schlechtere Ergebnisse für die Organisation. Die Frage führt auch dazu, dass sich der Fokus gewissermaßen weitet und der eigene Beitrag in einem größeren und umfassenderen Kontext verstanden wird. Es ist nicht das Ziel, Generalisten zu schaffen, sondern Spezialisten in die Lage zu versetzen, ihre Beiträge zum Ganzen wirkungsvoll zu erbringen, genau wie in einem Orchester. Der wirkungsvolle »Generalist« ist also ein Spezialist, der eine Verbindung zwischen seinem Spezialwissen und anderen Wissensgebieten herzustellen vermag.

Aufgaben und Denkanstöße:

- Welchen Beitrag leisten Sie zum Ganzen in Ihrer Organisation?
- Wo ist aus Sicht des *Ganzen* eine bessere Leistung erforderlich und was müssen wir dafür konkret tun?
- Wo kann sich jeder *einzelne* Bereich verbessern und welche Wirkung hätte dies auf das Ganze?

SICH AN ERGEBNISSEN ORIENTIEREN

Eine Stunde mit Sheryl Sandberg

Es klingt wie eine Selbstverständlichkeit, sich im Geschäftsleben an Ergebnissen zu orientieren. Doch in der Praxis ist das keineswegs immer der Fall – etwa weil sich Menschen, vereinfacht gesprochen, stärker darauf konzentrieren, was sie vorne reinstecken, als darauf, was hinten herauskommt. Oder weil es in ihrem Unternehmen schlicht keine vernünftige Messung des Outputs gibt. Vor diesem Hintergrund kann die herausragende Ergebnisorientierung von *Sheryl Sandberg* (*1969) auch für andere Manager sehr lehrreich sein. Persönlich gilt die US-Amerikanerin als eine der wohlhabendsten Frauen der Welt, das US-Magazin *Forbes* schätzt ihr Vermögen 2017 auf 1,55 Milliarden Dollar. Sie studierte an der renommierten Harvard Business School, arbeitete bei der Unternehmensberatung McKinsey, war Stabschefin im US-Finanzministerium und ist seit 2008 Co-Geschäftsführerin beim Technologieriesen Facebook. Dort, aber auch bei ihrem früheren Arbeitgeber McKinsey, baute Sandberg ein profundes Wissen über die Bewertung von Ergebnissen durch die umfassende Analyse von Daten auf. Speziell in der extrem schnellen Welt von Technologiekonzernen ist es unerlässlich, aufgrund belastbarer Fakten in kürzester Zeit weitreichende Entscheidungen zu treffen.

Gerade bei Rückschlägen zeigt sich, ob es gelingt, selbst dann noch diesen klaren Blick auf die Ergebnisse zu richten. Auch das hat Sandberg in beeindruckender Weise gezeigt, nachdem ihr Ehemann 2015 überraschend verstarb. Mithilfe ihres Firmenchefs Mark Zuckerberg hat sie es geschafft, ihre umfangreichen Aufgaben vollumfänglich zu meistern. Später hat sie sogar das Buch *Option B* geschrieben, mit dem sie anderen Menschen, die ebenfalls einen Schicksalsschlag erlitten haben, Hilfestellung bietet. Die gleiche Bestimmtheit und Ergebnisorientierung legte Sandberg an den Tag, um bei Facebook im Jahr 2018 einen massiven Datenskandal aufzuarbeiten (Millionen Nutzerdaten waren widerrechtlich in die Hände einer dubiosen politischen Analysefirma gelangt).

Beim Führen von Unternehmen oder auch einzelner Abteilungen kommt es – wie erwähnt – nur auf die Resultate an. Das hört sich so banal an, aber man ist erstaunt, dass für viele Menschen, die in einer Organisation arbeiten, eher der *Input* als der *Output* die zentrale Größe zu sein scheint. Was man bei den Menschen beobachten kann, die konstant bemerkenswerte Leistungen erbringen, ist die konsequente Orientierung an Ergebnissen – nicht an ihren Mühen, dem Stress oder dem Input. Eines der sichtbarsten Zeichen dafür ist beispielsweise, dass sie gerade dann, wenn es mühsam wird, sich eben nicht mit der bereits geleisteten Arbeit zufriedengeben, sondern jene Extraanstrengung an den Tag legen, die das Ergebnis erreichen lässt. Sie »gehen die Extrameile« wie man das etwas umgangssprachlich sagen könnte. Auch suchen sie nicht nach Entschuldigungen und Ausreden, wenn etwas nicht geklappt hat, sondern sie wissen, dass man auch mit Niederlagen umgehen muss und dann eben nicht aufgibt. Das ist keine Garantie, dass sie alle gesetzten Ziele erreichen, aber die konsequente Orientierung an Ergebnissen als Grundregel bringt sie sehr weit – eben viel weiter als diejenigen, die sich weniger streng an diesen Grundsatz der Ergebnisorientierung halten. Sheryl Sandberg ist ein anschauliches Beispiel für jemanden, der wirklich in allen Bereichen seines Arbeitsgebiets nach den bestmöglichen Ergebnissen strebt. Bezeichnend daran ist, dass, wenn man *vom Gesamtergebnis her* auf den eigenen Beitrag zum Ganzen schaut, sich eben auch die Antworten verändern, was man können und leisten muss. Das zeichnet auch gute Führungskräfte aus: Sie orientieren sich an Ergebnissen und sehen darüber hinaus, wie diese Ergebnisse zum Gesamtresultat beitragen müssen.

Die Führung muss der Organisation eine Richtung geben. Dazu muss sie die *Business Mission*, den Zweck der Organisation, durchdenken und definieren, sie muss darauf aufbauend Ziele festlegen und dann die verfügbaren Ressourcen so organisieren, dass diese Ziele erreicht werden können. Die erzielten Ergebnisse geben anschließend Auskunft darüber, wie wirksam das Management tatsächlich war. *Jede Organisation wird stärker, wenn sie ihre Ziele klar definiert.* Die detaillierten Messungen, etwa der Klickraten oder Verweildauer bei Facebook, haben den Vorteil, dass die Resultate sehr genau mit den Vorgaben verglichen werden können. Das Team erfährt dadurch, wo es wirksam ist und wo es sich noch verbessern muss. Dieses Vorgehen legitimiert nicht nur die Richtigkeit von Entscheidungen, es macht die Organisation als Ganzes wirksamer, weil transparent wird, wo Verbesserungspotenziale liegen. Sorgen Sie in Ihrem Verantwortungsbereich also dafür, dass es klare Ziele gibt und auch klar definiert wird, anhand welcher Größen die Resultate gemessen und beurteilt werden.

Die Ziele sollten bei alledem wie folgt beschaffen sein: *Erstens* sollten sie nicht leicht zu erreichen sein. Wenn keine Anstrengung erforderlich ist, ist das Ziel falsch definiert. *Zweitens* sollten die erwünschten Resultate natürlich dennoch erreichbar sein. Unrealistische Vorgaben sind nicht nur demotivierend, sie sind sogar schädlich, weil sie die Glaubwürdigkeit des Führens mit Zielen infrage stellen. *Drittens* sollten die zu erreichenden Ziele Relevanz besitzen. Sie sollten einen sinnvollen Beitrag zum Ganzen leisten. Es sollte einen Unterschied machen, ob das Ergebnis erlangt wird oder eben nicht. *Viertens* sollte das Ergebnis wenn möglich messbar sein, zumindest aber muss man den Grad der Zielerreichung beurteilen können.

Die Bereiche, in denen im Management von Organisationen Ziele definiert und Ergebnisse erlangt und beurteilt werden müssen, wurden im Kapitel mit Andy Grove angesprochen, zu beachten sind: *Marktstellung, Innovation, Produktivität, physische und finanzielle Ressourcen, Profitabilität, Leistung, Entwicklung und Einstellung von den Menschen in der Organisation sowie gesellschaftliche Verantwortung.*

Aufgaben und Denkanstöße:

- Konzentrieren Sie sich auf Ergebnisse anstatt auf Anstrengungen.

- Sind die Maßstäbe zur Leistungsbeurteilung in Ihrer Organisation die geeigneten und hinreichend klar definiert? Falls nicht, wie können Sie das ändern?

STÄRKEN NUTZEN

Eine Stunde mit Albert Einstein

Albert Einstein (1879–1955) spielte für sein Leben gern Geige: »*Ich denke oft in Musik. Ich lebe meine Tagträume in Musik. Ich sehe mein Leben in musikalischen Begriffen ... Ich weiß, dass mir die meiste Lebensfreude aus der Geige kommt.*«[85] Die Meinungen, wie gut Einstein Geige spielte, gingen allerdings auseinander. Die meisten vertraten die Auffassung, er spiele ziemlich schlecht. Etwas nachsichtigere Zeitgenossen attestierten ihm, er spiele mit viel Gefühl. Einstein entschloss sich vermutlich aus gutem Grund dazu, Physiker und nicht Musiker zu werden. Er fand aber einen Weg, wie er beide Interessen genießen konnte: Beruflich konzentrierte er sich auf seine Stärke, privat folgte er weiter seiner Leidenschaft – dem Geigenspiel. Dass er schlecht spielte, richtete dort keinen Schaden an. »*Die Musik*«, schrieb Einstein, »*wirkt nicht auf die Forschungsarbeit, sondern beide werden aus derselben Sehnsuchtsquelle gespeist und ergänzen sich bezüglich der durch sie gewährten Auslösung.*«[86]

So ist es auch eine der zentralen Aufgaben von Führungskräften, die Leistungsfähigkeit der Organisation dadurch zu steigern, dass sie Stärken nutzen. Drei Bereichen sollten Sie hierbei besondere Beachtung schenken: Nutzung Ihrer eigenen Stärken, Nutzung der Stärken Ihrer Mitarbeiter und Nutzung der Stärken der Organisation.

1. Die eigenen Stärken nutzen

Der erste Schritt zur Wirksamkeit ist, dass Sie Ihre *eigenen Stärken ermitteln.* Besehen Sie sich die von Ihnen in der Vergangenheit erbrachten Leistungen und die dabei erzielten Ergebnisse und versuchen Sie, ein Muster zu erkennen. Welche Dinge sind Ihnen relativ leichtgefallen, während andere bei der gleichen Aufgabe wesentlich mehr Mühe gehabt hätten? Wo haben Sie großartige Ergebnisse erzielt, auch im Vergleich zu anderen? Mithilfe der Feedback-Analyse, wie sie im Kapitel *Feedback etablieren* mit James Watt beschrieben wird, können Sie Ihre Stärken recht zuverlässig erkennen.

Wenn sie Ihnen dann bewusst sind, gilt es, sich voll auf diese Stärken zu konzentrieren. Bringen Sie sich in eine Lage, in der Ihre Stärken zum Einsatz kommen können. Suchen Sie sich in Ihrer Organisation entsprechende Aufgaben. Finden Sie aber auch heraus, welche Aufgaben Sie meiden sollten, weil Sie dort keine Stärken haben. Entscheiden Sie eindeutig, was Sie nicht tun sollten. Konzentrieren Sie sich darauf, mit Ihren Stärken zu arbeiten. Des Weiteren müssen Sie *konsequent an Ihren Stärken arbeiten.* Herausragende Führungskräfte unterscheiden sich von mittelmäßigen gerade darin, dass sie ständig versuchen, sich weiter just in dem Gebiet zu verbessern, in dem sie bereits sehr gut sind. Dies trifft auf Manager ebenso zu wie auf Musiker, Sportler, Politiker oder Mediziner. Wo Ihnen Fähigkeiten fehlen und was Sie verbessern sollten, werden Sie aus der Feedback-Analyse recht schnell ersehen. Wenn Ihnen Wissen fehlt, das Sie zur Entfaltung Ihrer Stärken benötigen, ergänzen Sie es. Indem Sie die benötigten Fähigkeiten und das erforderliche Wissen aufbauen, wird es Ihnen gelingen, Ihre Stärken zur vollen Wirkung zu bringen.

Abschließend sollten Sie außerdem noch darauf achten, dass Sie Ihre *Stärken im Einklang mit Ihren Werten* einsetzen. Albert Einstein hat sein Leben lang darunter gelitten, dass er einen Beitrag zum Bau der Atombombe geleistet und damit gegen seine pazifistischen Ideale verstoßen hat. *»Doch die Wahrscheinlichkeit«*, sagte Einstein, *»dass die Deutschen (…) am selben Problem arbeiten dürften, hat mich zu diesem Schritt gezwungen.«*[87] Nach dem Zweiten Weltkrieg setzte er sich intensiv für Abrüstung und Frieden ein und unterzeichnete kurz vor seinem Tod ein Manifest gegen Kernwaffen.

2. Die Stärken der Mitarbeiter nutzen

Eine gute Leistung können Sie nie erzielen, wenn Sie von *Schwächen* ausgehen, egal, ob es Ihre eigenen, die Ihrer Kollegen oder die Ihres Chefs sind. Leistung kommt zustande, indem Sie Stärken produktiv machen. Das ist ein wesentlicher Zweck von Organisationen, hier liegen die großen Chancen und Potenziale. Wenn Sie Mitarbeiter führen, müssen Sie diese in die Lage versetzen, gemeinsam eine Leistung zu erbringen. Der wirksamste Weg ist es, Menschen so einzusetzen, dass sie ihre *Stärken nutzen* können und ihre *Schwächen* gleichzeitig *irrelevant* werden. Ein Slogan, der diese Einstellung wunderbar ausdrückt, wurde in Amerika verwendet, um Behinderte bei der Suche nach einem Arbeitsplatz zu unterstützen:

»It's the abilities, not the disabilities, that count.«[88] Und kein Slogan gibt dies besser wieder als der einer amerikanischen Behindertenorganisation: *»Don't hire a person for what they can't do, hire them for what they <u>can</u> do.«*[89] Kann man etwas Besseres und Menschlicheres über den Einsatz von Menschen sagen?

Sie müssen andererseits aber auch Ihre Schwächen und die Ihrer Mitarbeiter kennen, um sich beziehungsweise Ihre Mitarbeiter nicht dort einzusetzen, wo Schwächen zum Tragen kommen könnten. Dies führt nicht nur zu schlechten Ergebnissen für den Einzelnen, es schadet auch der Organisation als Ganzes. Beachten Sie: Gerade Menschen mit großen Stärken haben fast immer auch große Schwächen. »*Wo die Berge hoch sind, sind die Täler tief*«, sagt der Volksmund zu Recht. Nun sollen Sie als Führungskraft Menschen nicht verändern, sofern das überhaupt möglich und vertretbar wäre, sondern Menschen in Organisationen so einsetzen, dass *bereits vorhandene Stärken* genutzt werden. Personalentscheidungen für die Besetzung von Stellen oder die Übernahme von *Schlüsselaufgaben* müssen deshalb immer von dem ausgehen, was die konkrete Person kann, wo *ihre Stärken liegen* und welche *konkreten Anforderungen* in der aktuellen Situation an dieser Stelle beziehungsweise in diesem Assignment zu erfüllen sind. Nur wenn die Stärken der Person und die Anforderungen der Schlüsselaufgabe zur Deckung gebracht werden, wird die Personalentscheidung erfolgreich sein.

3. Die Stärken der Organisation entfalten

Genau wie es den meisten Menschen nicht vergönnt ist, auf vielen Gebieten stark zu sein, so sind auch Organisationen nicht auf vielen Gebieten gleichzeitig wirklich kompetent. Ganz im Gegenteil: Eine Vielzahl der gesündesten und stärksten Unternehmen der Welt sind hochgradig spezialisierte Weltmarktführer. Das sehr lesenswerte Buch von Hermann Simon, *Hidden Champions des 21. Jahrhunderts*, zeigt eine Fülle von Beispielen. Finden und entwickeln Sie die Stärken Ihrer Organisation – es sind die wenigen Kernkompetenzen, in denen der Schlüssel zum Erfolg liegt. Die Organisation muss zwar auf vielen Gebieten gute Leistungen erbringen, aber sie benötigt für einen nennenswerten Erfolg exzellente Leistungen in zumindest einem Bereich. Konzentrieren Sie deshalb die Anstrengungen der Organisation und schaffen Sie einen Bereich, in dem Sie den Bedarf am Markt besser befriedigen können als jeder andere Wettbewerber.

Albert Einstein musste sich übrigens nicht zuletzt wegen seiner herausragenden Stärken auf anderem Gebiet beim nicht ganz so perfekten Geigenspiel die eine oder andere spöttische Bemerkung gefallen lassen. Als er eines Nachmittags mit dem weltbekannten Pianisten Arthur Rubinstein einige Sonaten durchspielte, setzte er einmal zu spät ein, woraufhin ihn Rubinstein tadelte: »*Albert, können Sie nicht zählen?*«[90]

Aufgaben und Denkanstöße:

- Wo liegen Ihre Stärken? Nutzen Sie die Feedback-Analyse, um Ihre Stärken zu erkennen. Arbeiten Sie daran, Ihre Stärken auszubauen und zur Wirkung zu bringen.

- Konzentrieren Sie sich bei der Personalauswahl auf das, was ein Mitarbeiter kann. Bringen Sie die besonderen Stärken eines Mitarbeiters mit der zu erfüllenden Schlüsselaufgabe zur Deckung.

- Diskutieren Sie mit Ihren Kollegen die Frage: Was müssen wir gemeinsam tun, um die Stärken der Organisation besser zu nutzen und auszubauen?

MIT ZIELEN FÜHREN

Eine Stunde mit Gustav Mahler

Die Uraufführung der achten Sinfonie von *Gustav Mahler* (1860–1911) im September 1910 in München war ein grandioses Ereignis mit sage und schreibe 1 030 Mitwirkenden, darunter auch Mahler selbst, der es sich nicht nehmen ließ, die Premiere selbst zu leiten. Die eigentliche Entdeckung der Sinfonien Mahlers für Konzertsaal und Schallplatte erfolgte allerdings erst in den 1960er-Jahren im Zuge einer regelrechten *Mahler-Renaissance*. Ausgelöst wurde diese unter anderem durch die Wiener Rede von Theodor W. Adorno zu Mahlers 100. Geburtstag im Jahre 1960 sowie durch das vehemente Eintreten des großen Dirigenten Leonard Bernstein. Die damals geweckte Begeisterung für Mahler hält bei Dirigenten und Publikum bis heute an. Nach der Vollendung der achten Sinfonie jedenfalls schrieb Gustav Mahler voller Begeisterung einen Brief am 18. August 1906 an den Dirigenten Willem Mengelberg:

»Ich habe soeben meine Achte vollendet – es ist das Größte, was ich bis jetzt gemacht habe. Und so eigenartig in Inhalt und Form, dass sich darüber gar nicht schreiben lässt. Denken Sie sich, dass das Universum zu tönen und zu klingen beginnt. Es sind nicht mehr menschliche Stimmen, sondern Planeten und Sonnen, welche kreisen ...«[91]

Wie man den Genuss einer köstlichen Speise, die Schönheit eines Bildes oder das Hochgefühl beim Hören einer wunderbaren Oper kaum in Worte fassen kann, so gelang es auch dem Komponisten selbst nicht, sein Werk angemessen zu beschreiben. Es ist nur zu erleben. So berichteten denn auch die Augen- und Ohrenzeugen der Uraufführung, unter ihnen auch der Schriftsteller Thomas Mann, von der überwältigenden Wirkung dieser Aufführung. Wie kam diese Wirkung zustande? Warum funktioniert so etwas? Wie muss man eine Aufführung leiten, damit eine solche Perfektion mit 1 030 Personen entsteht?

Im Management lautet das »Geheimnis« für eine vergleichbare Meisterleistung *Management by Objectives and Selfcontrol*. Das *Führen mit Zielen und Selbstkontrolle* versetzt Hunderte von Musikern und ihren Dirigenten, quasi ihren CEO, in die Lage, zeitgleich mit absoluter Präzision selbst komplexeste Stücke brillant aufzuführen. Sämtliche Spezialisten können ihren Beitrag wirkungsvoll erbringen, weil sie *eine gemeinsame Partitur* haben.

Das ist nichts anderes als eine bildliche Beschreibung für das Vorgehen, mit dem man Ziele in einer Organisation nutzen kann.

Ziele geben den Menschen in einer Organisation die Information, die sie benötigen, um ihre Beiträge als Spezialisten wirkungsvoll leisten zu können. Durch das *Führen mit Zielen* wird den Menschen in einer Organisation klar, welche Erwartungen die Führung an die Ergebnisse der gesamten Organisation hat, aber zugleich auch, welche sie an jeden Bereich und an jeden Spezialisten hat, der ein Teil des Ganzen ist.

Klar definierte Ziele geben darüber hinaus jedem Mitarbeiter die Möglichkeit, diese Erwartungen mit seiner eigenen Leistung selbst zu vergleichen, weil sie ihn in die Lage versetzen, *Selbstkontrolle* auszuüben. In Organisationen, in denen die Wissensarbeit eine zentrale Rolle einnimmt, kommt diesem Umstand eine herausgehobene Bedeutung zu: Ein Vorgesetzter kann einem Spezialisten oft gar nicht sagen, *wie* er die Aufgabe auszuführen hat, genauso wie nur wenige Dirigenten gut Geige spielen können, geschweige denn, dass sie dem Ersten Geiger zeigen könnten, wie er es zu machen hätte. Der Dirigent kann anleiten und dadurch das Wissen und die Fähigkeiten eines Geigers im Dienste des Ganzen für wundervolle Musik nutzen, aber der Geiger braucht Ziele und die Möglichkeit zur Selbstkontrolle, um die Vorgaben umsetzen zu können.

Die Bedeutung des *Führens mit Zielen und Selbstkontrolle* kann gar nicht hoch genug eingeschätzt werden, denn es *versetzt Menschen in die Lage, ihre Leistung selbst zu steuern.* Innerhalb der gesetzten Grenzen hat die Führungskraft die Freiheit, so zu entscheiden, wie sie es für richtig hält. Dies führt nicht nur zu besseren Leistungen, es erhöht auch die Motivation.

Das Führen mit Zielen und Selbstkontrolle zwingt Führungskräfte dazu, *hohe Ansprüche* an sich selbst zu stellen. Viel eher werden Sie Ihre Mitarbeiter dadurch nämlich überfordern als unterfordern. Das Konzept geht davon aus, dass Menschen nicht nur Verantwortung übernehmen, sondern auch einen Beitrag und eine Leistung erbringen *wollen*. Vielleicht werden Sie hie und da eine Enttäuschung erleben, aber in der großen Mehrheit der Fälle werden Sie genau das zurückerhalten, was Sie sich erhoffen: *verantwortungsvolles Verhalten, wertvolle Beiträge* und *gute Leistungen*. Sie legen damit auch einen der wesentlichen Grundsteine für eine gesunde Unternehmenskultur. Eine Kultur, die auf Vertrauen, Verantwortung, Ergebnisorientierung und Leistung beruht.

Damit Ziele wirksam sind, müssen sie eine ganze Reihe von Forderungen erfüllen: *Sie müssen immer aus dem Unternehmensziel abgeleitet* werden sowie *klar und eindeutig* formuliert sein. Sie sind immer mit einem konkreten Termin verbunden, bis zu dem das Ziel erreicht werden soll, und es wird stets einer *Person konkret zugeordnet,* die für die Erreichung des Ziels verantwortlich ist. »*Was macht wer bis wann?*«, lautet die zentrale Frage, aus der sich die zielführenden Maßnahmen ergeben.

Auch zu definieren ist, anhand *welcher Ergebnisse* die Zielerreichung *gemessen* werden soll. Wenn man die Ergebnisse quantifizieren kann, ist das hilfreich. Häufig ist eine exakte Quantifizierung der Zielerreichung weder möglich noch sinnvoll. In diesem Fall müssen Sie bestimmen, mit welchen Kriterien die Erreichung beurteilt wird, denn eine Beurteilung ist auch dann möglich, wenn man nicht exakt messen kann.

Für ein wirksames Führen mit Zielen und Selbstkontrolle muss den Führungskräften also mehr mitgeteilt werden als nur die Ziele. Sie benötigen zusätzlich eine regelmäßige Rückmeldung über den aktuellen Stand der Zielerreichung, sie benötigen *Information.* Und dies so zeitnah, dass sie alle erforderlichen Anpassungen vornehmen können, um die Zielerreichung sicherzustellen. Nur wenn ihnen diese Information vorliegt, können sie ihre Leistung *selbst* beurteilen und nur dann kann Selbstkontrolle funktionieren.

Das Führen mit Zielen und Selbstkontrolle ist eines der wichtigsten Elemente wirksamer Führung. Jeder in der Organisation leistet seinen spezifischen Beitrag, aber jeder leistet andere Beiträge. Durch das Führen mit Zielen und Selbstkontrolle werden diese unterschiedlichen Beiträge auf ein gemeinsames Ziel ausgerichtet. Es führt Einzelleistungen zu einer Gesamtleistung zusammen. Es hält Menschen in der Organisation an, das Ganze zu sehen, den Blick darauf zu lenken, was nur gemeinsam geschafft werden kann: eine herausragende Gesamtleistung. Auch Mahler führte seine achte Sinfonie mit *einer* Partitur und jeder Einzelne wusste, was zu tun war.

Aufgaben und Denkanstöße:

- Führen Sie Ihren Verantwortungsbereich mit Zielen und Selbstkontrolle.

- Was können Sie morgen tun, damit die Selbstkontrolle stärker genutzt wird und wirksamer funktioniert?

SORGFÄLTIG PLANEN

Eine Stunde mit Napoleon Bonaparte

Obwohl sie niemals so verliefen, wie er es eigentlich vorgesehen hatte, ließ sich *Napoleon Bonaparte* (1769–1821) nicht davon abhalten, jeden einzelnen seiner Feldzüge mit äußerster Genauigkeit zu planen. Diese umfassende Planung und das damit verbundene gründliche Durchdenken aller denkbaren Szenarien ermöglichten ihm zahlreiche Erfolge.

Er genoss großes Ansehen als Feldherr und Truppenführer. Seine Truppen verehrten ihn sehr, seine Gegner versuchten, es ihm gleichzutun. Er nutzte die mannigfaltigen Möglichkeiten der Kriegstechnik und baute sie virtuos in seine Pläne ein: Schnelle Märsche, überraschende Truppenkonzentrationen an strategisch entscheidenden Orten und die systematische Verwendung der Artillerie waren nur einige der Erfolgsfaktoren.

Bedeutende Kriegsherren haben der gründlichen Vorbereitung und Planung ihrer Feldzüge immer viel Aufmerksamkeit geschenkt. Dies gilt für Caesar ebenso wie für Friedrich den Großen oder auch Sunzi (Sun Tsu), der in *Die Kunst des Krieges* den Rat gibt, zunächst sorgfältig zu planen und erst dann zu handeln. Friedrich der Große schrieb mit *Unterricht des Königs von Preußen an die Generäle seiner Armeen* die erste zusammenhängende Abhandlung der Moderne zur strategischen Theorie und Praxis, ein Dokument, das Friedrich kurz nach dem Siebenjährigen Krieg verfasste und bis zu seinem Tod im Jahr 1786 immer wieder überarbeitete. Seine Strategiegrundsätze befassten sich größtenteils mit Planung und Organisation.

Der wichtigste Stratege der Moderne war der preußische Offizier Carl von Clausewitz. In nahezu allen Militärakademien gehört sein Buch *Vom Kriege* noch heute zur Standardlektüre der Kadetten. Clausewitz wandte, stark von Kant und anderen deutschen Philosophen der Aufklärung beeinflusst, Methoden wie die kritische Argumentation auf den Krieg an. Hierbei verknüpfte er Theorie und Praxis des Krieges und setzte sich mit psychologischen und moralischen Aspekten des Krieges auseinander. Er schreibt: *»Ist aus den Verhältnissen des Staates einmal bestimmt, was der Krieg soll und was er kann, so* *ist der Weg dazu leicht gefunden; aber diesen Weg unverrückt zu verfolgen, den Plan durchzuführen, nicht durch tausend Veranlassungen tausendmal davon abgebracht zu werden: das erfordert, außer einer großen Stärke des Charakters, eine große Klarheit und Sicherheit des Geistes […].«*[92] Das ist eine Kombination von Eigenschaften, die Clausewitz nur den allerwenigsten zugesteht.

Eine zentrale Ursache für die Schwierigkeiten, dem Plan treu zu bleiben, ist ein Phänomen, das Clausewitz als *Friktion* bezeichnet:

»Es ist alles im Kriege sehr einfach, aber das Einfachste ist schwierig. Diese Schwierigkeiten häufen sich, und bringen eine Friktion hervor, die sich niemand richtig vorstellt, der den Krieg nicht gesehen hat. […] So stimmt sich im Kriege, durch den Einfluss unzähliger kleiner Umstände, die auf dem Papier nie gehörig in Betrachtung kommen können, alles herab, und man bleibt weit hinter dem Ziel.«[93]

Diese unvorhersehbaren unzähligen kleinen Umstände – die Friktion – gefährden also die Umsetzung des Plans. Daraus leitet Clausewitz aber nicht ab, dass man nicht planen solle – im Gegenteil. Einer der herausragenden Schüler von Clausewitz, Helmuth von Moltke, schrieb, dass kein Plan die erste Feindberührung überlebe, und er schrieb dies vor dem Hintergrund, dass er selbst doch gerade berühmt für sein Planungsgeschick war.

Für Sie als Führungskraft heißt das: *Gehen Sie davon aus, dass jeder Plan sich ändern wird.* Aber nur, wenn Sie durch sorgfältige Planung und Vorbereitung die Situation immer wieder *gründlich bis zu Ende durchdacht* haben, inklusive aller denkbaren Szenarien, werden Sie in der Lage sein, auf alle Unwägbarkeiten, die zwangsläufig auftauchen werden, flexibel im Denken und anpassungsfähig in der Umsetzung zu reagieren.

Machen Sie es sich zum Prinzip, *Ziele*, *Mittel* und *Maßnahmen* gemeinsam zu betrachten. Sie erreichen dadurch mehrere Dinge gleichzeitig: *Erstens* erlangen Sie ein tieferes Verständnis nicht nur für ein gegebenes Problem als solches, sondern auch für Ihre Organisation als Ganzes; *zweitens* gelangen Sie zu realistischeren Zielen, weil die wichtigsten Ressourcen, die Sie zu Erreichung des Ziels benötigen, von Beginn an mitberücksichtigt werden, und *drittens* denken Sie mehr und mehr in größeren und ganzheitlichen Zusammenhängen – also wie ein Unternehmer.

Beachten Sie zusätzlich auch Folgendes: Oft wird die langfristige Planung als eine bloße unkritische Fortschreibung der aktuellen Zustände und Trends behandelt – und dies natürlich mit positivem Ausblick. Machen Sie es anders: Überlegen Sie einmal, ob Ihre heutigen Märkte, Kunden, Produkte, Dienstleistungen und Technologien morgen nicht ganz anders aussehen könnten. Wenn dem so ist, dann beginnen Sie mit dieser neuen Zukunft *jetzt*. Die Zukunft entsteht heute. Jeder langfristige Plan verwirklicht sich schließlich größtenteils durch eine Vielzahl von kurzfristigen Entscheidungen und Plänen. Und umgekehrt kann eine kurzfristige Entscheidung nur dann richtig getroffen werden, wenn sie einen Beitrag zum langfristigen Plan leistet. Wenn Sie bei diesen Überlegungen Ziele, Mittel und Maßnahmen gemeinsam betrachten, haben Sie einen entscheidenden Schritt vollzogen, *realistische* Ziele für die Zukunft zu definieren und diese dann auch tatsächlich erreichen zu können.

Es gibt eine sehr bewährte Methode, wie Sie Ihre Fähigkeit zu entscheiden und zu planen kontinuierlich verbessern können: Nutzen Sie *Feedback*. Vergleichen Sie Ihre *ursprünglichen Erwartungen*, als Sie eine Entscheidung getroffen und einen entsprechenden Plan formuliert haben, mit den *tatsächlichen Ergebnissen*. Dazu müssen Sie Ihre Entscheidung, die beabsichtigten Maßnahmen und Ihre damit verbundenen Erwartungen mitsamt den Gründen, die Sie dazu bewogen haben, vorab schriftlich festhalten. Diese Aufzeichnungen vergleichen Sie hinterher mit den Ergebnissen. Wenn Sie das konsequent machen, werden Sie mit der Zeit zu einem wirklich kompetenten Entscheider und auch Ihre Fähigkeiten, realistische Pläne zu entwickeln, werden sich verbessern.

Aufgaben und Denkanstöße:

- Was müssen Sie bei einer aktuell anstehenden Entscheidung tun, um sorgfältiger zu planen?
- Überdenken Sie Ihre Standards und Ihren Anspruch, wenn es um Vorbereitung und Planung geht.

IM EINKLANG MIT DEN EIGENEN WERTEN HANDELN

Eine Stunde mit Winston Churchill

»*Ich habe nichts zu bieten als Blut, Mühsal, Tränen und Schweiß. Uns steht eine Prüfung von allerschwerster Art bevor. Wir haben viele, viele lange Monate des Kämpfens und des Leidens vor uns. Sie werden fragen: ›Was ist unsere Politik?‹ Ich erwidere: ›Unsere Politik ist, Krieg zu führen, zu Wasser, zu Lande und in der Luft, mit all unserer Macht und mit aller Kraft, die Gott uns verleihen kann; Krieg zu führen gegen eine ungeheure Tyrannei, die in dem finstern Katalog der menschlichen Verbrechen unübertroffen bleibt. Das ist unsere Politik.‹ Sie fragen: ›Was ist unser Ziel?‹ Ich kann es in einem Wort nennen: ›Es ist Sieg, Sieg um jeden Preis, Sieg trotz allen Terrors, Sieg, egal, wie lang und schwer der Weg sein mag; denn ohne Sieg gibt es kein Überleben‹.*«[94] – Winston Churchill (1874–1965) am 13. Mai 1940 in seiner ersten Rede als britischer Premierminister

Das große *Nein*, welches er Hitler im Zweiten Weltkrieg entgegenstellte, war die Voraussetzung dafür, dass sich der Lauf der Geschichte änderte. Es war seine gewaltige Redekraft, die im britischen Volk die Entschlossenheit zum bedingungslosen Widerstand freisetzte. Ohne Churchill wäre dieses Nein nicht gerufen worden. Winston Churchill gab Europa das Vertrauen in die Richtigkeit vernünftigen Handelns, er verkörperte eine moralische Autorität und er stärkte den Glauben an Werte.

Wenn man sich seine entscheidende Rolle in der Weltgeschichte vergegenwärtigt, scheint es aus heutiger Sicht kaum vorstellbar, dass jemand anderes seinen Platz hätte einnehmen können. Anfang 1939 war dies jedoch keineswegs selbstverständlich. Nach einer militärischen und politischen Karriere mit großen Höhen und Tiefen war er von 1929 bis 1939 ohne politisches Amt. Erst nach Ausbruch des Zweiten Weltkriegs wurde er erneut Erster Lord der Admiralität. Als am 9. Mai 1940 die Frage drängte, wer Nachfolger von Premierminister Neville Chamberlain werden sollte, wollte niemand Churchill: nicht der König, nicht Chamberlain, keine der drei großen Parteien. Alle zogen Edward Halifax vor, und Churchill weigerte sich, seinen Anspruch anzumelden. Auch als Chamberlain Churchill an diesem Tag fragte, ob er in der Regierung Halifax einen Ministerposten übernehmen würde, schwieg Churchill – er schwieg sehr lange. Dieses Schweigen konnte schlechterdings kaum als Zustimmung gedeutet werden. Chamberlain hatte keine andere Wahl, als Halifax fallen zu lassen und Churchill zu akzeptieren, da eine Regierung völlig ohne Churchill vom britischen Volk zu diesem Zeitpunkt nie akzeptiert worden wäre. Churchill setzte sich durch »*und innerhalb weniger Stunden waren alle, die sich Churchill widersetzt hatten, zutiefst dankbar, dass Sie unterlegen waren*«, schrieb Peter de Mendelssohn über diesen Zeitpunkt. »*Der redegewaltigste Mann seiner Zeit, nie um ein treffendes Wort, eine mitreißende Wendung verlegen, hatte sich durchgesetzt, indem er schwieg.*«[95]

Wie war es möglich, dass das britische Volk Churchill in dieser schicksalsentscheidenden Stunde einen unbegrenzten Vertrauenskredit entgegenbrachte? Man findet folgende faszinierende Antwort: Das britische Volk war unbesehen bereit, »*die lange Liste der Torheiten, Missgriffe und Fehlurteile Churchills zu vergessen, obwohl gerade seine ärgsten Torheiten seiner Unfähigkeit, dieses Volk zu verstehen, entsprungen waren. Das Volk war bereit, weil es instinktiv erfasste, dass Churchill unbedingter als irgendein anderer politischer Führer seine eigene tiefinnerste, unausgesprochene Weigerung verkörperte, sich Hitler-Deutschland zu unterwerfen.*« Churchills tiefe Überzeugung verkörperte für das Volk das, was er selbst »Weltverantwortlichkeit« nannte. Gibt es historisch ein überzeugenderes Beispiel der Kraft gelebter Werte?

Genau wie Menschen Werte haben, haben auch Organisationen Werte. Jede Organisation benötigt die Selbstverpflichtung, das *Commitment* der Menschen, die für diese Organisation arbeiten, auf *gemeinsame Werte* und *auf die Erreichung gemeinsamer Ziele*. Ohne diese freiwillige Selbstverpflichtung kann die Organisation ihre Kraft nicht entfalten und nicht dauerhaft funktionieren. Eine der wichtigsten Aufgaben der Unternehmensführung ist es, diese Werte zu *durchdenken*, sie als verbindlich *festzusetzen* und sie *vorzuleben*. Insbesondere Letzteres ist wichtig, denn wenn Menschen einen Unterschied zwischen dem, was gesagt wird, und dem, was getan wird, feststellen, richten sie sich nach dem, was man ihnen vorlebt.

Dies ist einer der Gründe, warum gerade für Führungskräfte vorbildliches Verhalten so wichtig ist: Das Verhalten prägt das *Vertrauen* der Menschen in die Führung der Organisation. Je höher die Führungskraft steht, umso wichtiger ist diese Vorbildfunktion. Bei Großkonzernen erhält die Forderung nach vorbildlichem Verhalten der Manager sogar ein noch größeres Gewicht, dessen sich jeder Spitzenmanager bewusst sein muss. Topführungskräfte wirken nicht nur auf die Menschen innerhalb ihrer Organisation, sondern sie prägen das Bild, das die Öffentlichkeit über die Wirtschaft und über das Berufsbild des Managers hat. Ein Fehlverhalten hat in diesem Fall nicht nur intern eine schädliche Wirkung, in der Öffentlichkeit nährt es auch den Boden der Wirtschaftsfeindlichkeit und schürt das Misstrauen gegenüber Managern. Selbst Einzelfälle können durch großes Medieninteresse schon den Eindruck erwecken, es handle sich bei unredlichem Verhalten in den Führungsetagen um einen Normalzustand. Die daraus resultierende negative Stimmung gegenüber höheren Führungskräften kann eine moderne Gesellschaft nicht wollen. Schließlich ist sie zu ihrer Entwicklung auf möglichst viele kompetente Personen angewiesen, die dem Management im Allgemeinen positiv gegenüberstehen.

Einen weiteren wichtigen Punkt muss man berücksichtigen: Man kann durchaus davon ausgehen, dass zwischen der Leistung an der Unternehmensspitze und der Leistung der Mehrheit der Mitarbeiter stets ein weitgehend konstanter Abstand besteht. Wird also der Leistungsstandard an der Spitze gehoben, steigt auch das Gesamtniveau. Wenn Werte von der Unternehmensspitze nicht ernst genommen werden, wie kann man dann erwarten, dass die Menschen in der Organisation anders handeln? Wenn an der Spitze ein schwaches Leistungsvorbild gegeben wird, wie kann man dann Leistung, gar Spitzenleistungen von den Mitarbeitern erwarten?

Die Personalentscheidungen für höhere Führungspositionen haben weitreichende Auswirkungen. Sie setzen den Standard für die gesamte Organisation. Deshalb achten die Führungskräfte und Gremien, die für diese Entscheidungen verantwortlich sind, besonders darauf, an der Spitze hohe Standards zu setzen. Es gibt keinen direkteren Weg, die Leistungskraft der gesamten Organisation zu steigern.

Ein Grund, warum Bill Gates, Steve Jobs, Jack Welch, Michael Dell, Larry Ellison, Jeff Bezos und ähnliche Topkräfte so wertvoll für ihre Organisationen sind, ist, dass sie gewissermaßen den Takt und das Leistungsniveau für ihre Organisation vorgeben, ja sie strahlen sogar auf die ganze Branche aus. Sie entscheiden maßgeblich über die Business Mission, definieren Ziele und Werte und prägen die Organisation durch ihr Vorbild. Damit eine Organisation wirksam ist, müssen die *gemeinsamen Werte*, die *Business Mission* und die *Ziele* den Menschen klar sein. Dafür müssen sie nicht nur einfach und verständlich sein, sondern sie müssen auch *immer wieder bestärkt* werden.

Auch für die Wirksamkeit des Einzelnen sind Werte überaus bedeutsam. Ihre eigenen Werte und die Werte der Organisation sollten miteinander *kompatibel* sein. Sie müssen nicht identisch sein, aber die eigenen Werte müssen zum Wertegefüge der Organisation passen; ein Wertekonflikt führt für den Einzelnen fast zwangsläufig zur Frustration, als Folge werden die individuellen Leistungsressourcen mit hoher Wahrscheinlichkeit nicht vollständig ausgeschöpft, weswegen die Ergebnisse dann immer hinter den Möglichkeiten zurückbleiben.

Beantworten Sie deshalb für sich die Frage: *Was sind meine Werte?* Klarheit über die Antwort bringt Ihnen einen zweifachen Nutzen: So, wie ein Konflikt Sie daran hindern kann, Leistung zu erbringen, kann das Handeln im Einklang mit Ihren Werten eine starke Quelle von Kraft und Motivation sein. Es gibt einen im Grunde recht simplen, wenngleich nicht immer offensichtlichen Zusammenhang zwischen Stärken, Leistung und Werten: Wo ein Mensch *Stärken* hat, werden ihm *gute Leistungen leichtfallen*; das ist auch unmittelbar nachvollziehbar. Das sagt aber noch nichts darüber aus, ob der Einsatz dieser Stärken auch zu seinen Werten passt, und dies wiederum wird häufig übersehen. Wie in einem anderen Kapitel beschrieben, bescherte es Albert Einstein sein Leben lang ein schlechtes Gewissen, einen Beitrag zur Atombombe geleistet zu haben. Seine Stärken kamen auf einem Gebiet zum Einsatz, das fundamental seinen pazifistischen Werten entgegenstand.

Wenn Sie in Situationen geraten, in denen ein Konflikt zwischen Ihren Stärken und Ihren Werten besteht, orientieren Sie sich immer an dem Grundsatz, dass Sie nur dann die erforderlichen Kraft- und Leistungsreserven mobilisieren können, wenn Sie im Einklang mit Ihren Werten handeln. Dasselbe gilt, wenn Sie zu einem gegebenen Zeitpunkt in der Nutzung der Stärken einfach keinen *Sinn* zu erblicken vermögen, sodass Ihnen jede investierte Minute als Zeitverschwendung erscheint. Befassen Sie sich auch hier mit Ihren Werten. Das Thema Sinn wird noch gesondert im Kapitel mit Viktor Frankl aufgegriffen. Sorgen Sie für Übereinstimmung zwischen dem, was Sie tun, und dem, was Ihnen wichtig ist, und Sie werden die positiven Auswirkungen an Ihren Ergebnissen ablesen können.

Auf zahlreichen Fotos zeigt uns Winston Churchill siegesgewiss sein inzwischen legendär gewordenes Victory-Handzeichen. Er nutzte es ab etwa August 1941. Diese vergleichsweise kleine Geste versinnbildlicht das, woran er glaubte, wofür er kämpfte. Er war sich sicher, dass das, was er anstrebte, das war, wofür es sich zu kämpfen lohnte. Diese Überzeugung trug er durch das »V« für jeden sichtbar in die Welt hinaus. Stehen Sie ein für Ihre Werte!

Aufgaben und Denkanstöße:

- Was sind Ihre Werte?

- Welche Werte werden in Ihrer Organisation hochgehalten? Falls es dabei zwischen Sollzustand und Istzustand Abweichungen gibt: Was müssen Sie gemeinsam in der Organisation konkret tun, damit sich dies
  ändert?

- Verlangen Sie dort vorbildliches Verhalten und hohe Leis-
  tungsstandards, wo Sie es beeinflussen können.

- Bringen Sie starke, kompetente Leute an die Spitze, um das
  Gesamtniveau zu steigern.

SICH MIT GUTEN LEUTEN UMGEBEN

Eine Stunde mit Jack Welch

Jack Welch (*1935) wurde mit 45 Jahren jüngster CEO in der Geschichte von General Electric (GE). Während seiner 20 Jahre an der Spitze des Konzerns, von 1981 bis 2001, führte er viele bahnbrechende Neuerungen im Management des Unternehmens ein, die von zahlreichen anderen Unternehmen kopiert wurden. Seine Fähigkeiten als Manager machten ihn legendär; die Zeitschrift *Fortune* kürte ihn einst zum *Manager of the Century*, *Financial Times* nannte ihn einen der drei am meisten bewunderten Unternehmensführer. Die Tatsache, dass GE aktuell in einem Turnaround steckt und 2018 sogar aus dem Elite-Aktienindex Dow Jones gefallen ist, tut der Leistung Welchs keinen Abbruch. Die Auslöser der Krise, die viele Jahre nach seinem Abschied und unter nachgefolgten CEOs entstand, hat ihren Ursprung vor allem in der Finanzkrise nach dem Jahr 2008. Seither ist die Finanzsparte des Konzerns, GE Capital, stark eingedampft und es ist nicht klar, wie hoch die Risiken in der Bilanz noch sind.

Vermutlich könnte der Konzern gerade jetzt wieder einen Manager wie Welch brauchen, der für Bürokratie und veraltete Formen der Unternehmensleitung wenig übrig hatte. Die Radikalität, mit der er bestehende Dinge infrage stellte und neu ausrichtete, machten ihm häufig keine Freunde, die Ergebnisse hingegen gaben ihm (fast) immer recht.

Er machte die gute Ausbildung von Führungskräften zu einem Markenzeichen des Unternehmens, womit er die Tradition seiner sieben Vorgänger fortsetzte. Er persönlich engagierte sich selbst als CEO mit größtem Einsatz für die Ausbildung der Nachwuchsführungskräfte, unter anderem indem er sich häufig im Ausbildungszentrum in Crotonville und bei vielen Veranstaltungen weltweit einbrachte. Die Qualität der Führungskräfte von GE und deren Ausbildung sind bis heute maßgeblich geprägt durch seinen Einfluss, ein Maßstab an Professionalität und Wirksamkeit im besten Sinne guten Managements.

Eine seiner ganz großen Stärken zu seiner aktiven Zeit bestand darin, sich mit wirklich guten Leuten zu umgeben. Personalentscheidungen sind das wichtigste Steuerungsinstrument für die Entwicklung eines Unternehmens. Die Menschen, die in der Organisation arbeiten, bestimmen, wie leistungsfähig die Organisation als Ganzes ist. Die Qualität der Mitarbeiter bestimmt *die Qualität der Leistung für den Kunden,* sie bestimmt aber auch, wie *effizient* und wirksam innerhalb der Organisation vorgegangen wird. Darüber hinaus sind es die Menschen in der Organisation, die die Werte im Unternehmen leben, durch sie wird sichtbar, welchen Stellenwert Integrität und Vertrauen haben, sie prägen die *Kultur,* die in einem Unternehmen gepflegt wird.

In einer Wissensgesellschaft kommt die wichtigste Ressource, das Wissen, mit den Mitarbeitern in die Unternehmen hinein und wird dort zum Nutzen des Kunden umgesetzt. Organisationen, die *nicht* für die Umsetzung der in jedem Leitbild nachzulesenden Werte sorgen, werden von den Mitarbeitern, die ihren Arbeitsplatz wählen können, verlassen werden. Das Problem ist, dass diejenigen, die es sich aussuchen können, immer die Guten sind. Diese zu verlieren kann sich heute keine Organisation mehr leisten.

Das Ausmaß der Fluktuation ist dabei weniger entscheidend als die Frage, *wer* die Organisation verlässt. Wenn es viele gute Leute sind, ist das ein Alarmsignal, das von der Unternehmensspitze sehr ernst genommen werden muss. Meiner Einschätzung nach werden gerade die guten Leute einer *gesunden Unternehmenskultur,* einer Kultur von Vertrauen, Integrität, Offenheit, Leistungsorientierung, Professionalität, Wirksamkeit, Verantwortung und gelebter menschlicher Gemeinschaft künftig einen höheren Stellenwert einräumen, denn warum sollten die Guten, die die Wahl haben, in welcher Organisation sie ihr Geld verdienen, sich mit einer unbefriedigenden Unternehmenskultur abfinden, wenn sie diese nicht ändern können?

Jack Welch hat auf eine so verstandene Unternehmenskultur immer größten Wert gelegt und sich in seinen 20 Jahren als CEO sehr für deren praktische Umsetzung eingesetzt. Er wusste, dass er seine ambitionierten Pläne für das Unternehmen nur mit wirklich guten Leuten würde realisieren können. Grundvoraussetzung für die Verwirklichung einer solchen Kultur, mit der ja auch eine gesteigerte Leistungsfähigkeit der Organisation einhergeht, ist eben eine *konsequente Personalpolitik.*

Bei jeder Personalentscheidung muss einem konsequenten Prozess gefolgt werden. Nicht »*Menschenkenntnis*« steht im Vordergrund, sondern ein nüchterner, gewissenhafter Prozess, der mit der nötigen Zeit und Gründlichkeit durchlaufen wird. Die Grundprämissen hierfür wollen wir uns im Folgenden genauer ansehen, während wir den eigentlichen Prozess im Kapitel mit Jakob Fugger vertiefen werden.

1. Grundprämisse: Gut wofür?

Gehen Sie von der Grundprämisse aus, dass es nicht *allgemein* gute Leute gibt. Die Frage darf nicht lauten: *Ist das ein guter Mitarbeiter?* Stattdessen müssen Sie fragen: *Wofür ist dieser Mitarbeiter gut?* Wirksame Führungskräfte zeichnen sich dadurch aus, dass sie die Stärken von Menschen produktiv machen, entsprechend zielen Stellenbesetzungen und Beförderungen immer darauf ab, Stärken zu nutzen und Schwächen irrelevant zu machen. Da Menschen immer nur ganz wenige Stärken haben, muss man diese Stärken zunächst herausfinden, damit man die Person anschließend dort einsetzen kann, wo genau diese Stärke gebraucht wird. Finden Sie also das *eine* Gebiet heraus, auf dem ein Mensch wirklich etwas Bemerkenswertes leistet; suchen Sie nicht nach Personen, die auf vielen Gebieten lediglich passabel sind. Wenn über das Gebiet Klarheit besteht, dann setzen Sie die Person auch dort ein und verlangen Sie von ihr, dass sie das, was sie kann, gut umsetzt.

2. Grundprämisse: Person und Assignment müssen zusammenpassen

Für die Besetzung einer Stelle stellt sich nicht die Frage, was im Allgemeinen dort zu tun ist, sondern welcher konkrete *Schlüsselauftrag*, welches Assignment dort zu lösen ist. Je nachdem, wie sich dieser konkrete Auftrag für die nächsten rund 15 bis 24 Monate ausnimmt, werden gegebenenfalls ganz unterschiedliche Stärken erforderlich sein. *Die Person und das Assignment müssen zusammenpassen* – das ist eines der wichtigsten »Geheimnisse« wirksamer Personalentscheidungen. (Im Kapitel mit General George Patton gehen wir weiter ins Detail.)

3. Grundprämisse: Immer zwischen mehreren Kandidaten wählen

Ziehen Sie bei der Personalauswahl immer (!) mehrere Kandidaten ernsthaft in Erwägung. Wenn nicht *mindestens drei bis fünf Kandidaten* für eine zu besetzende Stelle infrage kommen, treffen Sie *keine Entscheidung* – Sie bestätigen lediglich eine Person, Sie haben aber nicht gewählt. Jack Welch hat die Härte und den Druck, die ein solcher Prozess für Spitzenpositionen mit sich bringt, jahrelang am eigenen Leib erfahren. Sein Vorgänger, Reg Jones, seinerseits neun Jahre als Chairman und CEO an der Spitze von GE, ließ die Entscheidung, wer sein Nachfolger werden sollte, lange Zeit offen, wobei sich Welch letztlich in einem harten, aber fairen Prozess gegen seine zwei noch verbliebenen Mitbewerber durchsetzte. Als er seinerseits über seine Nachfolge zu entscheiden hatte, waren ebenfalls mehrere Topkandidaten im Rennen, von denen am Ende Jeff Immelt als Chairman und CEO gewählt wurde. Dass diese Entscheidungen oft nicht leichtfallen, sollte selbstverständlich sein; für Welch war die Wahl seines Nachfolgers eine der schwersten, die er je zu treffen hatte, nicht wegen der Person, für die er sich aus guten Gründen entschieden hatte, sondern unter anderem deshalb, weil er zwei geschätzten Topkandidaten, mit denen er lange zusammengearbeitet hatte, absagen musste.

4. Grundprämisse: Es gibt keine unwichtigen Personalentscheidungen – für Personalentscheidungen nimmt man sich Zeit

Personalentscheidungen trifft man gründlich und gewissenhaft oder gar nicht. Alfred Sloan jr., langjähriger CEO von General Motors, wurde einmal von Peter F. Drucker gefragt, wie er es sich leisten könne, vier Stunden auf die Entscheidung für die Besetzung einer eher unbedeutenden Stelle zu verwenden. Sloan entgegnete: *»Dieses Unternehmen bezahlt mir ein stolzes Gehalt dafür, dass ich wichtige Entscheidungen treffe, und dafür, dass ich sie richtig treffe. […] Wenn wir nicht vier Stunden darauf verwenden würden, einen Mann an eine Stelle, und zwar die richtige, zu bringen, würden wir 400 Stunden damit verbringen, unseren Fehler wieder in Ordnung zu bringen – und diese Zeit hätte ich nicht.«* Sloan schloss mit der Bemerkung: *»Die Entscheidung über Personen ist die einzig wirklich wichtige. Sie denken und jeder denkt, das Unternehmen könne ›bessere‹ Leute haben – das ist Unfug. Alles, was es tun kann, ist, die Menschen an die richtige Stelle zu bringen – und dann wird es Leistung erbringen.«*[96]

5. Grundprämisse: Man muss sich mit Leuten umgeben, die besser und schlauer sind als man selbst

Nach Meinung von Jack Welch war es immer ein Zeichen besonderer Kompetenz, wenn sich Führungskräfte mit Mitarbeitern umgeben, die besser und schlauer sind als sie selbst. Er selbst griff, wann immer GE in einer schwierigen Situation war, zu seiner *»Spezialmethode«: »Ich rief die besten und engagiertesten Leute zusammen, die ich auf allen Ebenen des Unternehmens – und manchmal auch außerhalb – finden konnte. Und ich bat sie unmissverständlich um ihre offene Meinung. Es kam mir darauf an, dass das Problem von allen möglichen Seiten vorbehaltlos angegangen wurde, damit wir anschließend mit der vorhandenen Information gemeinsam nach Lösungsmöglichkeiten suchen konnten.«*[97]

Diese Diskussionen verliefen in der Regel ausgesprochen kontrovers. Die aufgeworfenen Fragen und Meinungsdifferenzen führten dazu, nicht nur die wirklich wichtigen Themen zu erkennen, sondern auch die zugrunde gelegten Annahmen zu überdenken. Zentral ist dabei, dass es nicht darum ging, wer *recht hatte*, sondern *was richtig war*.

Wirksame Führungskräfte umgeben sich mit starken Leuten, weil Widerstand für gute Entscheidungen unabdingbar ist. Die Beispiele, die Sie in Büchern und Biografien von Topführungskräften finden können, sind zahllos: Bill Gates ließ sich bezüglich seiner Internetstrategie komplett infrage stellen; Alfred Sloan jr. brach Sitzungen bei GM ab, wenn bei wichtigen Entscheidungen kein Dissens aufkam; Helmut Maucher hat bei Nestlé immer die Bedeutung der Einbeziehung von Mitarbeitern betont. Die Liste ließe sich beliebig fortsetzen. Meinungsverschiedenheiten zu wollen, um zu besseren Entscheidungen zu kommen, ist eben ein wesentlicher Teil kompetenten Managements. Wer Jasager um sich schart, ist keine kompetente Führungskraft. Achten Sie darauf: Gute Leute werden ein Unternehmen verlassen, in dem Jasager erwünscht sind.

6. Grundprämisse: Die guten Leute brauchen Freiräume

Wenn Jack Welch gute Leute gefunden hatte, ließ er ihnen viel Freiraum, die Bereiche zu leiten, für die sie verantwortlich waren. Bedingung war immer, dass sie die »*GE Culture*«, ein stehender Begriff im Unternehmen, mit Leben füllten und dabei vor allem dem GE-Grundsatz nach ständiger Veränderung und Verbesserung folgten.

7. Grundprämisse: Integrität ist unverzichtbar

Integrität alleine reicht selbstverständlich nicht aus, um etwas zu leisten. Fehlt sie aber, kann sie durch nichts aufgewogen werden. Für Jack Welch war die Frage nach der Integrität einer Person immer mit die erste, die er sich bei Personalentscheidungen stellte.

Wenn Sie die wirklich guten Leute irgendwann gefunden haben, wird es Ihnen bei dem einen oder anderen vielleicht so gehen wie dem Komponisten Sergej Rachmaninow, als er den jungen Pianisten Vladimir Horowitz seine Komposition Klavierkonzert Nummer drei spielen hörte. Voller Zufriedenheit und Erleichterung sagte Rachmaninow damals: »*Ich muss nun nicht mehr spielen.*«[98]

Heute widmet sich Jack Welch mit seiner Frau Suzy Welch der Aufgabe, einen Beitrag zur Verbreitung von gutem Management zu leisten, seine Bücher und Vorträge dazu sind weltweit erfolgreich.

Aufgaben und Denkanstöße:

- Werden die sieben genannten Grundprämissen in Ihrer Organisation gelebt? Wenn nicht: Was können Sie konkret tun, damit sich dies ändert?

- Was müssen Sie tun, um wirklich gute Leute für Ihre Organisation anzuziehen und zu halten? Was ist die erste Maßnahme, die Sie zu diesem Zweck umsetzen werden?

- Setzen Sie sich dafür ein, dass in Ihrer Organisation Führungsprinzipien und Verhaltensstandards formuliert werden, nach denen gearbeitet werden soll. Wenn sie existieren, aber nicht gelebt werden, stoßen Sie eine Diskussion an, was Sie gemeinsam tun können, damit eine gesunde Unternehmenskultur entsteht.

EINE KULTUR DER WIRKSAMKEIT ERSCHAFFEN

Eine Stunde mit Herb Kelleher

Es wird viel über den lockeren, unterhaltsamen und familiären Stil der Unternehmenskultur von *Southwest Airlines* gesprochen, aber dabei wird das Wichtigste übersehen: Hinter all diesem steht eine Kultur der *Professionalität und Wirksamkeit*, wie sie ihresgleichen sucht. Der ehemalige CEO *Herb Kelleher* (*1931) hat eine *Unternehmenskultur* geschaffen, in der *Kundennutzen, Leistung* und *Verantwortung* allerhöchste Priorität genießen. Hier liegt das »*Geheimnis*«, nirgends sonst. Allein die Tatsache, dass Southwest Airlines viele Jahre nach Kellehers Abschied im extrem harten Luftfahrtgeschäft noch eine eigenständige, erfolgreiche Firma ist, die gegenüber zahlreichen weitaus größeren (oft aus Fusionen hervorgegangenen) Airline-Konzernen bestehen kann, spricht für die Nachhaltigkeit seines Managementansatzes.

In der Berichterstattung über das Unternehmen und seinen exzentrischen CEO lässt sich dabei häufig ein besonderer Fokus auf die unkonventionelle Unternehmenskultur ausmachen. Oftmals wird suggeriert, dass gerade dies das *Wesentliche* des Unternehmenserfolgs sei. Genau das ist aber falsch. *Im Markt und beim Kunden* ist das Unternehmen nicht *wegen* des Unkonventionellen in seiner Kultur erfolgreich, sondern *wegen* erstklassiger Leistungen.

Hier liegt eine Verwechslung vor, die in der landläufigen Meinung über wirksames Management häufig anzutreffen ist: Anstatt darauf zu achten, *was* getan wird, konzentriert man sich darauf, *wie* geführt wird. Der *Stil* der Unternehmensführung ist jedoch für den Unternehmenserfolg relativ unerheblich, was schon aus der einfachen Tatsache hervorgeht, dass es sehr viele exzellente und erfolgreiche Airlines gibt, die zwar ebenfalls professionell und erfolgreich, aber vom Stil her *anders* geführt werden. Viele sind größer als Southwest Airlines und bedienen komplexere Flugrouten um den gesamten Globus, nicht nur in den USA. Das schmälert nicht die Leistung von Southwest, aber es lenkt den Blick auf die richtigen Dinge.

Das Tragen von Freizeitkleidung in der Hauptverwaltung, Feiern zu jedem erdenklichen Anlass, Humor des Kabinenpersonals und Sicherheitsinstruktionen in Form von Stand-up-Comedy schaffen sicher eine besondere Unternehmenskultur. Ich schließe nicht aus, dass dies im speziellen Fall von Southwest auch einen gewissen Beitrag zum Erfolg leistet, aber es kann mit Sicherheit ausgeschlossen werden, dass dies für den Erfolg ganz allgemein das Wesentliche ist oder dass es auch auf andere Unternehmen übertragen werden kann.

Kunden einer Fluglinie wollen sicher und pünktlich (und bei Southwest auch noch preisgünstig) ankommen. Es geht um Professionalität und exzellente Leistungen, nicht um das Tamtam drum herum. Oder würden Sie in ein Flugzeug steigen, das von einem sehr witzigen, aber dafür inkompetenten Piloten geflogen wird? Und wie oft darf Ihr Gepäck verloren gehen, bevor Sie die Airline wechseln?

Beeindruckend an Southwest sind nicht die Eigenheiten der Unternehmenskultur, sondern die *Leistungsbilanz*. Seit das amerikanische Verkehrsministerium im Jahr 1987 damit begann, die Kundenzufriedenheit in der Luftfahrt zu erfassen, war Southwest an der Spitze der gesamten Industrie mit der niedrigsten Anzahl an Beschwerden im Verhältnis zu den beförderten Passagieren bei gleichzeitig hervorragenden finanziellen Ergebnissen. Herb Kellehers Worte dazu: »*Wir sagen unseren Mitarbeitern: ›Kümmert euch nicht um den Gewinn. Denkt über den Kundenservice nach.‹ Der Gewinn ist ein Nebenprodukt des Kundenservice. Er ist kein Ziel an sich. Der Gewinn ist etwas, das durch unsere Anstrengungen und durch die Art, wie wir uns gegenseitig und die Welt da draußen behandeln, entsteht.*«[99]

Die Ergebnisse dieser auf Kundennutzen, Leistung und Verantwortung ausgerichteten Unternehmensführung können sich sehen lassen: Viele Jahre in Folge führte die Airline das Ranking zur Unternehmensreputation der Zeitschrift *Fortune* an. *Forbes* listete das Unternehmen als verlässlichste amerikanische Fluglinie. Aus einer Studie von *TIME.com* ging Southwest als freundlichste Fluglinie hervor, und die *Business Week* führte das Unternehmen mehrfach auf der Liste »Customer Service Champs«. Das ist nur eine kleine Auswahl der Erfolge, die noch durch die Tatsache übertroffen werden, dass Southwest in seiner volatilen Branchen rund 40 Geschäftsjahre lang ohne Unterbrechung Gewinne vermelden konnte.

Hinsichtlich der Unternehmenskultur kann man von Herb Kelleher und Southwest Airlines sehr viel lernen, nämlich wie man eine *Kultur der Professionalität, der Wirksamkeit, der Leistung, der Verantwortung und des Vertrauens* schafft. So eine Unternehmenskultur ist aber nichts anderes als das *Ergebnis von wirksamem Management. Oder anders herum: Wirksames Management erzeugt eine wünschenswerte Unternehmenskultur.*

Indem man sich zum Ziel setzt, Professionalität, Wirksamkeit und Leistung zu bieten, ist man beim Thema wirksame Führung. Und so betrachtet wird das Thema Unternehmenskultur auch sehr gut *operationalisierbar*. Es gibt dann eine ganze Menge von Dingen, die man konkret tun kann, um eine für die Organisation förderliche Unternehmenskultur aufzubauen. Die Struktur, der das vorliegende Buch folgt, ist entlang jener drei Bereiche aufgebaut, über die man sich für eine Kultur der Wirksamkeit Gedanken machen muss: *Management von Organisationen, Management von Innovationen und Management von Personen.* Beim Thema Unternehmenskultur sind es eben nicht einige wenige Dinge alleine, die eine wünschenswerte Unternehmenskultur entstehen lassen, es ist vielmehr das professionelle Beherrschen der drei Bereiche mit ihren vielen Modulen und deren Zusammenspiel. Eine Kultur der Wirksamkeit ist letztlich das Ergebnis aus der Qualität der Bausteine und dem funktionierenden Zusammenspiel.

»*Be close to your products, be close to your people and be close to your customers.‹ Wenn man dies befolgt, kann man schon nicht mehr alles falsch machen!*«[100], sagte Helmut Maucher, langjähriger Leiter von Nestlé, einmal im Kontext der Aufgaben der Unternehmensführung und der Unternehmensentwicklung. Sie können dies aber auch als Kern einer Unternehmenskultur betrachten, die auf Wirksamkeit, Leistung, Professionalität und Verantwortung ausgerichtet ist.

Aufgaben und Denkanstöße:

- In welchem der drei Bereiche *Management von Organisationen, Management von Innovationen* und *Management von Personen* können Sie den größten Schritt hin zu einer Kultur der Wirksamkeit machen, wenn Sie diesen Bereich verbessern möchten? Was werden Sie jetzt konkret tun?

- Mit funktionierender *bereichsübergreifender* Zusammenarbeit können Sie einen großen Beitrag zu einer Kultur der Wirksamkeit leisten. Stellen Sie bei einer der nächsten Klausurtagungen Ihrer Führungskräfte die folgende Frage in den Mittelpunkt: »*Was müssen wir gemeinsam tun, damit wir eine Unternehmenskultur der Wirksamkeit etablieren?*« Wenn Sie die Diskussion entlang der genannten drei Bereiche führen, werden Sie sehr weit kommen.

MENSCHEN FÖRDERN UND ENTWICKELN

Eine Stunde mit David Packard

Mit einem Startkapital von 538 Dollar gründeten *David Packard* (1912–1996) und *Bill Hewlett* im Jahr 1939 die Hewlett-Packard Company. Mustergültig für eine Hightech-Legende begann das Unternehmen in *Palo Alto* im Silicon Valley in einer Garage. Diese steht noch heute in der Addison Avenue 367 nahe der Universität von Stanford und ist ein historisches Wahrzeichen, dessen Gedenkstein die ehrwürdige Aufschrift *»Birthplace of ›Silicon Valley‹«* trägt. Von Beginn an gaben die beiden Gründer ihren Mitarbeitern sehr große Freiräume, was für die damalige Zeit alles andere als eine typische Form der Unternehmensführung war. *»Wir erkannten, dass Mitarbeiter mehr leisten, wenn man ihnen die Gelegenheit gibt, ihre Begabungen und Fähigkeiten zu nutzen«*[101], sagte David Packard später einmal dazu. Mit den weitreichenden Kompetenzen, die er den Mitarbeitern einräumte, war er einer der Pioniere dessen, was man heute mit dem Modewort »Empowerment« beschreiben würde. Treffender und in vielerlei Hinsicht besser spricht man davon, dass Packard eine *Unternehmenskultur der Leistung und Verantwortung* lebte, lange bevor dies von der Mehrheit der wirksam und effizient geführten Unternehmen übernommen wurde. In der von ihm und Bill Hewlett etablierten Kultur legte er immer großen Wert auf die Förderung von Menschen. Dass man ihnen große Aufgaben und Verantwortung übertrug, war ein ganz wesentlicher Bestandteil davon.

Für die Darstellung in diesem Kapitel standen sehr viele Menschen zur Auswahl, eben weil das Fördern von Menschen ein so elementarer Bestandteil guter Führung ist. So war es beispielsweise eine der großen Stärken von Winston Churchill, dass er bis ins höchste Alter junge Politiker intensiv förderte. Der berühmte Mozart-, Bruckner und Mahler-Dirigent Bruno Walter war bekannt für sein Engagement bei der intensiven Förderung der Musiker in seinen Orchestern, eine Eigenschaft, die er mit allen herausragenden Dirigenten teilte. Aber auch viele Musiker selbst widmen sich der Förderung von Kollegen und Nachwuchskünstlern. So war der weltbekannte »Wundergeiger« Yehudi Menuhin ein höchst engagierter Pädagoge, der seinen Schülern die eigene technische Vollendung zu vermitteln suchte, gepaart mit dem größtmöglichen persönlichen Ausdruck in den Interpretationen. Aber auch General George Marshall, der sich in unzähligen Fällen für die Förderung und Entwicklung von Menschen einsetzte, wäre infrage gekommen. Eine der weitreichendsten Entscheidungen von Marshall war es beispielsweise, dass er den noch jungen Major Dwight Eisenhower ganz bewusst Mitte der 1930er-Jahre in der Kriegsplanung arbeiten ließ. Durch diese Arbeit wurde Eisenhower selbst zwar kein herausragender Stratege, aber er entwickelte ein systematisches, strategisches Verständnis. Vor allem aber bekam er Respekt vor Strategie und ein Verständnis für die Wichtigkeit dieses Themas. Dies half ihm, als er selbst General und später Präsident der Vereinigten Staaten war, Teams zu strategischen Themen mit den besten Leuten des Landes zu besetzen. Generell war es eine seiner großen Stärken, herausragende Teams aufzubauen.

Die Beispiele für das gezielte und erfolgreiche Fördern von Menschen sind zahllos. Es definiert ja gerade die gute und wirksame Führungskraft, dass sie sich persönlich um das Thema Förderung von Menschen kümmert. Sie sind die wichtigste Ressource, die eine Organisation überhaupt hat. David Packard ist vor allem deshalb ein besonders geeignetes Beispiel, weil man in fast jeder Organisation der Welt ein Produkt findet, das ohne sein Verhalten und die Beachtung seiner Prinzipien nicht hätte entstehen können.

Nun aber konkret zur Umsetzung. Folgende Aspekte sollte man bei der Entwicklung und Förderung von Menschen immer im Blick haben:

1. **Organisationen entwickeln Menschen immer, entweder zum Guten oder zum Schlechten**

Werden Menschen in einer Organisation gefördert, haben sie die Chance, sich positiv zu entwickeln. Vernachlässigt man hingegen ihre Förderung, verkümmern ihre Fähigkeiten, Talente und letztlich auch ihre Einstellung, sie entwickeln sich also zum Schlechteren. Diesem Einfluss kann sich die Organisation gar nicht entziehen. Sowohl die *Organisation* selbst als auch die *Individuen* haben an der Förderung von Menschen ein Interesse: Wenn es um ihre eigene Leistungsfähigkeit, ihre Stärke und ihr Wachstum geht, ist die Organisation davon abhängig, kompetente Führungskräfte zu beschäftigen. Die Menschen ihrerseits sind für Leistung, Selbstentwicklung und Erfolg darauf angewiesen, dass die Förderung von Menschen einen hohen Stellenwert innerhalb der Organisation besitzt. Letztes Endes können sich Menschen immer nur selbst entwickeln, Motivation, Leistung und Ergebnisse müssen von der Person selbst kommen. Die Organisation kann aber Rahmenbedingungen schaffen, in denen die Selbstentwicklung erleichtert wird.

2. Große Aufgaben und hoher Anspruch

Menschen wachsen mit ihren Aufgaben. Die übertragenen Aufgaben sind deshalb auch das wichtigste Element, wenn man Menschen fördern und zu ihrer Entwicklung beitragen möchte, viel wichtiger als jeder Kurs, den man absolvieren könnte. Kurse sind ergänzende Werkzeuge, damit eine Aufgabe erfüllt werden kann.

Die übertragene Aufgabe sollte *größer* und *anspruchsvoller* sein als bisherige Aufgaben, die von der Person erfüllt wurden. Sie sollten die Person *fordern* und sie dazu anhalten, *bisherige Leistungsgrenzen infrage zu stellen.* Gerade wenn man eine Chance sieht, dass man diese Leistungsgrenzen überwinden kann, lohnen sich ja auch zusätzliche Anstrengungen, wie etwa die Absolvierung eines begleitenden Ausbildungsprogramms.

Vergegenwärtigen Sie sich, dass man Ansprüche *an die Leistung immer einfach senken kann, sie zu heben hingegen kommt fast etwas Unmöglichem gleich.* Sind hohe Standards allerdings fest etabliert und die Leute gewohnt, sich daran zu orientieren, bringen sich die Mitarbeiter meist gegenseitig dazu, sich daran zu halten. Gustav Mahler stellte beispielsweise extrem hohe Anforderungen an seine Musiker, so auch zu jener Zeit, als er Direktor der Wiener Hofoper war. Als Franz Joseph I., Kaiser von Österreich und König von Ungarn, einst bei einer Orchesterprobe unter der Leitung von Gustav Mahler zugegen war, stellte er derart unmenschlich hohe Ansprüche an die Instrumentalisten, dass der Kaiser ihn zu sich rufen ließ und fragte: *»Glauben Sie nicht, dass Sie hier zu weit gehen?«*, woraufhin Mahler entgegnete: *»Eure Majestät, meine Ansprüche sind nichts im Vergleich zu den Ansprüchen, die die Musiker an mich stellen, jetzt, wo sie so viel besser spielen.«*[102] Von einer Aufgabe über alle Maßen gefordert worden zu sein ist wieder eine der Gemeinsamkeiten, die man in den Lebensläufen erfolgreicher Menschen findet.

3. Stärken nutzen

Für die Förderung von Menschen muss man sich konsequent an den *vorhandenen Stärken* orientieren. Da man bei jungen Menschen in der Schulzeit noch nicht weiß, was sie in zehn oder 20 Jahren tun werden, muss man dafür sorgen, dass alle von der Schule vermittelten Grundlagenfähigkeiten angemessen beherrscht werden. An Schwächen wird dort dann auch entsprechend intensiv gearbeitet werden. In einer Organisation hingegen werden Menschen beschäftigt, weil sie ihre Stärken *zum Einsatz bringen* sollen, um mit ihnen *Leistungen zu erzielen*. Einen anderen Weg zur Leistung gibt es nicht. Bei der Förderung von Menschen muss man deshalb vor allem darauf schauen, dass sie ihre Stärken entwickeln; Fähigkeiten, Wissen und Verhalten werden in der Konsequenz folglich mit Blick auf bereits vorhandene Stärken ausgebaut. Schwächen hingegen werden nur insoweit zu verringern versucht, als sie der vollen Entfaltung der Stärken nicht einschränkend im Weg stehen.

4. Stelle und Vorgesetzter

Eng mit der Aufgabe und den Stärken verknüpft ist die Frage, auf welcher *Art von Stelle* sich eine Person am besten entwickeln kann. Die Stellenauswahl muss so getroffen werden, dass sie zur *Persönlichkeit* des Einzelnen passt. Man muss für die Förderung und Entwicklung überlegen, ob ein Mitarbeiter die besten Ergebnisse in einer *Linienposition* oder in einer *Stabsstelle* erzielt. Braucht sie viel *Routine* oder ein sehr *innovatives Umfeld* mit häufig neuen Impulsen? Arbeitet sie gut im Detail oder ist sie besser im *Konzeptionellen und Grundsätzlichen*? Arbeitet die Person gut alleine oder besser im *Team*? Nicht zuletzt hat auch der *Vorgesetzte* einen erheblichen Einfluss auf die Entwicklung von Menschen. Insbesondere wenn er erfolgreich ist, werden sich gerade die Jüngeren an ihm ein Beispiel nehmen. Charakterliche Integrität ist, wie in der Führung von Menschen immer, eine Voraussetzung.

Viele erfolgreiche Menschen hatten Vorbilder, an denen sie sich orientierten. Weil das Vorbild so stark wirkt, ist eben auch bei der Entwicklung einer Person darauf zu achten, dass ihr Vorgesetzter ein Vorbild sein kann. Nicht in einem allgemeingültigen, umfassenden Sinn, sondern bezogen auf die zu erfüllenden Aufgaben in der Organisation und im Hinblick auf professionelle Führung. Konkret sind damit gemeint: *fachliche Kompetenz, Leistungsbereitschaft, Professionalität, Einstellung zum Unternehmen, Übernahme von Verantwortung, gelebtes Vertrauen* und nicht zuletzt die bereits angesprochene *Integrität*.

5. Leistung und Entwicklung beurteilen

Wie oben angesprochen, entwickeln sich Menschen selbst. Die Verantwortung dafür liegt deshalb zum größten Teil bei der Person, die Organisation kann jedoch günstige Rahmenbedingungen schaffen, die es leicht machen, dass sie sich entwickeln. In regelmäßigen Abständen sollte man sich deshalb mit den Menschen, die man fördert, zusammensetzen und Bilanz ziehen. Im

Zentrum stehen dabei Fragen wie »*Was haben Sie sich vor einem Jahr vorgenommen und was davon haben Sie erreicht? Was ist Ihnen und uns dabei gut gelungen und was sollten wir deshalb in Zukunft ausbauen? Was sollten Sie lernen, um größeren Nutzen aus Ihren Stärken zu ziehen?*«.

Die genannten Punkte haben sich seit Langem bewährt, dennoch hat die gesamte Thematik nicht in allen Organisationen den ihr gebührenden Stellenwert. Die Förderung und Entwicklung von Menschen muss aber zu den grundlegenden Aufgaben einer jeden Führungskraft gehören und systematisch betrieben werden. Heute gehört Hewlett-Packard zu den größten Unternehmen der Welt, in der *Fortune-500-Liste* wird das Unternehmen seit Jahren an der Spitze geführt. In den 1990er-Jahren hatte das Unternehmen eine schwierige Phase, derer sich die beiden Gründer noch einmal selbst annahmen. Wiewohl Bill Hewlett und David Packard bereits auf ihren jeweils 80. Geburtstag zugingen, brachten sie sich umfassend in die Initiierung des Neuaufschwungs bei HP ein. Durch die *Back-to-Basics-Strategie* wollte das Unternehmen jene Innovationskraft zurückgewinnen, die es stark gemacht hatte. Dabei gingen die Unternehmensgründer höchstpersönlich zu ihrer altbewährten Methode der Gründerjahre zurück: *Management by Walking Around*. Gibt es ein schöneres Beispiel dafür, dass nicht alles unbedingt neu sein muss, um gut zu sein?

Aufgaben und Denkanstöße:

- Fördern und entwickeln Sie Ihre Mitarbeiter. Achten Sie darauf, dass sie große Aufgaben erhalten, Stärken nutzen, die Stelle und der Vorgesetzte zur Person passen und regelmäßig Leistung und Entwicklung beurteilt werden.

- Wenn Sie sich eigene Entwicklungsziele setzen, beurteilen Sie Ihre Fortschritte in regelmäßigen Abständen. Was werden Sie aufgrund dieser Erkenntnisse tun?

IN DIE AUSBILDUNG INVESTIEREN

Eine Stunde mit Alexander von Humboldt

Alexander von Humboldt (1769–1859) gehörte zu den angesehensten Wissenschaftlern seiner Zeit und wird heute wegen seiner breit gefächerten Interessen oft als der letzte Universalgelehrte bezeichnet. Dies allein ist aus Sicht des Managements noch nicht sonderlich bemerkenswert, dass er sein *umfassendes Wissen in den Dienst der Arbeit an seinem Werk stellte*, aber sehr wohl.

Nach seinem Studium mit naturwissenschaftlichen und technischen Schwerpunkten arbeitete er als Bergassessor und später als Oberbergmeister in den fränkischen Fürstentümern der Hohenzollern. Seine Idee war es, den ganzen südamerikanischen Kontinent, der für die Wissenschaft noch nahezu Neuland war, durch eine breit angelegte, selbst finanzierte und rein der Wissenschaft gewidmete Forschungsreise zu erschließen, die er im Sommer 1799 zusammen mit dem französischen Botaniker Aimé Bonpland antrat und die ihn ganze fünf Jahre in Anspruch nehmen sollte. In Madrid hatten sie zuvor das ungewöhnliche Privileg erwirkt, sich in Spanisch-Südamerika frei bewegen und ungehindert ihre Untersuchungen durchführen zu können, obwohl die spanischen Kolonien zuvor Fremden nicht zugänglich gewesen waren. Der Humanist verfolgte das Ziel, »*das Fremde mit Vernunft und durch geeignete Methoden in Bekanntes zu verwandeln*«[103]. Euphorisch formulierte er in einem Abschiedsbrief an einen Freund: »*Ich werde Pflanzen und Fossilien sammeln, mit vortrefflichen Instrumenten astronomische Beobachtungen machen können [...]; ich werde die Luft chemisch zerlegen ... Das alles ist aber nicht Hauptzweck meiner Reise. Auf das Zusammenwirken der Kräfte, den Einfluss der unbelebten Schöpfung auf die belebte Tier- und Pflanzenwelt, auf diese Harmonie sollen stets meine Augen gerichtet sein! Der Mensch muss das Große und Gute wollen.*«[104]

Um ihre Forschungen zu verwirklichen, transportierten Humboldt und Bonpland zahlreiche Instrumente Tausende Kilometer durch Südamerika. Sie unternahmen zahllose geografische Bestimmungen, verzeichneten rund 3 500 neue Pflanzenarten, untersuchten die exotische Tierwelt und studier-

ten Sitten und Geschichte der Einheimischen. Mit dem amerikanischen Präsidenten Thomas Jefferson, den er auf seiner Rückreise 1804 besuchte, diskutierte Humboldt die Idee zum Bau des Panamakanals; Jefferson lehnte
allerdings ab, weil er das Gelände für unbezwingbar hielt. Die vielen während seiner Reise gesammelten botanischen, geologischen und mineralogi-
schen Materialien wertete Humboldt nach seiner Rückkehr über Jahrzehnte hinweg aus und publizierte die Erkenntnisse in seinem 35-bändigen Werk
Voyage aux régions équinoxiales du noveau continent.[105] In der letzten großen
Schaffensphase seines Lebens schuf er überdies seinen fünfbändigen Kosmos, in dem er den Versuch unternahm, in einem ganzheitlich-kosmolo-
gischen Ansatz das Wissen seiner Zeit über die Beschaffenheit der Erde zu-
sammenzuführen.

Humboldt widmete sein Leben ausschließlich einer selbst gewählten, gewaltigen Aufgabe. Diese vollkommene Selbstverpflichtung auf ein bestimm-
tes Werk ist charakteristisch für all jene Menschen, die Herausragendes geleistet haben. Bei seiner Tätigkeit kombinierte er stets ein *breit gefächertes
Wissensfundament* mit einer *klaren fachlichen Konzentration*. Dieses umfassende Wissen war vielen Zeitgenossen Vorbild. Als Gesprächspartner war er
auf so vielen Gebieten bewandert, dass Goethe ihn als »*nicht enden wollen-
de Quelle des Wissens*«[106] rühmte. »*Solche Vielseitigkeit des Geistes!*«[107], soll
der große Dichter verzückt ausgerufen haben. Für uns ist dabei von Interesse, dass über die fachliche Qualifikation hinaus das, was man traditionell als
Allgemeinbildung bezeichnet, in Zukunft (wieder) einen hohen Stellenwert
erlangen wird.

Aus dem Titel des Kapitels geht hervor, man solle *in die Ausbildung* investieren. Ob Sie auch in *Bildung* investieren wollen, ist eine *persönliche* Entscheidung. Zwingend für Ihre Ergebnisse als Führungskraft ist es *nicht*. Ar-
gumente für eine solide Bildung sollen dennoch nach den nun folgenden
Ausführungen zur Ausbildung dargelegt werden. Es ist sinnvoll, zwei Bereiche zu unterscheiden, in denen Menschen ausgebildet werden, um dadurch
in einer Organisation wirksam zu sein. Einerseits geht es dabei um die *Ausbildung im Managementwissen*, andererseits um die *Ausbildung im Fach- und
Sachwissen*.

Der systematische Aufbau von *Fach- und Sachwissen* wird nicht infrage
gestellt, genauso wenig wie Weiterbildungen in diesem Bereich. Wer im Ge-
sundheitswesen, in Bildung, Kultur oder Verwaltung, auf dem Gebiet der In-
formationstechnologie, im Handels- oder Finanzsektor oder wo auch immer
beruflich tätig ist oder dort tätig werden möchte, wird sich das für den jewei-

ligen Beruf erforderliche Fach- und Sachwissen aneignen. Mit großer Selbstverständlichkeit wird dieses Fach- und Sachwissen immer wieder auf den
neusten Stand gebracht und vertieft. All dies ist ein Zeichen von beruflicher
Kompetenz und eben auch selbstverständlich.

Weit weniger selbstverständlich ist die gleiche systematische Vorgehensweise bei der *Ausbildung im Managementwissen*, die wenigsten Führungskräfte haben eine solche systematische Ausbildung durchlaufen. Sie haben
sich ihr naturwissenschaftliches, technisches, rechts- oder wirtschaftswissen-
schaftliches Hintergrundwissen angeeignet, aber über Managementwissen
haben sie in der Regel keine Kenntnisse in nennenswertem Umfang erlangt.
Umfangreicher Unterricht im *Managementwissen* findet an den Hochschu-
len in der Betriebswirtschaftslehre statt, sonst aber nicht. Wenn Personen als
Führungskräfte kompetent sind, dann deshalb, weil sie sich das erforderliche Managementwissen *zusätzlich* zu ihrer fachlichen und sachlichen Qualifikation beigebracht haben. Wenn man an einer wirksamen Organisation
und der eigenen persönlichen Wirksamkeit interessiert ist, dann muss man
auf die Ausbildung im Managementwissen besonderen Wert legen. Es geht
in einer Organisation ja nie um Fach- und Sachwissen *um seiner selbst willen*,
sondern um die *Anwendung* dieses Wissens, damit Resultate zum Nutzen für
die Kunden *bewirkt* werden. Dieses Wissen um die Anwendung des Wissens,
das Erreichen von Resultaten in einer Organisation aber ist *Managementwissen*. Man benötigt also beides. Organisationen und Personen, die hier einen
Schwerpunkt setzen, haben einen ganz klaren Wettbewerbsvorteil, da sie das
vorhandene Fach- und Sachwissen *wirksamer* und *effizienter* in der Praxis
zur Anwendung bringen.

Waren die ersten zwei Bereiche, *Ausbildung im Fach- und Sachwissen und
Ausbildung im Managementwissen*, erforderlich für die Wirksamkeit der Organisation, so ist die Ausbildung im Allgemeinwissen als dritter Bereich eine
persönliche Angelegenheit, die für die Wirksamkeit nicht zwingend notwendig ist. Sie können einen Bereich kompetent führen, ohne über eine nennenswerte Allgemeinbildung zu verfügen. Es fällt aber auf, dass einige der
besten Unternehmen dem Thema offensichtlich eine Bedeutung beimessen.
So lesen Sie in den *Management- und Führungsprinzipien* von Nestlé unter
der Überschrift »*Eigenschaften und Merkmale eines Nestlé-Managers*«, dass
neben der Berufsausbildung, den Fähigkeiten und der praktischen Erfahrung unter anderem explizit »*breit angelegte Interessen*« sowie »*eine gute Allgemeinbildung*« zu den Auswahlkriterien für Führungspersönlichkeiten ge-
zählt werden.[108]

Eine gute Allgemeinbildung anzustreben war für die Großeltern der heute jung im Beruf stehenden Menschen noch eine Selbstverständlichkeit. In der Generation, die vor dem Zweiten Weltkrieg ihren Schulabschuss machte, hatte bei den fähigsten Schülern Allgemeinbildung einen hohen Stellenwert, sie wurde als Teil der eigenen Identität gehegt und gepflegt. Das ist heute weit weniger ausgeprägt und selbstverständlich. Gerade die heutige Wissensgesellschaft benötigt jedoch gebildete Menschen. Nicht als Selbstzweck, nicht um ein humanistisches Bildungsideal zu verwirklichen, sondern um die Realität besser zu verstehen und besser zu bewältigen. Die Allgemeinbildung muss dabei helfen, sich in unterschiedliche Disziplinen, Kulturen und Religionen hineinzudenken und Zusammenhänge zu erkennen. Eine Organisation braucht keine Universalgebildeten, die viele Disziplinen souverän beherrschen, sie braucht Menschen, die zumindest ein Grundverständnis auf mehreren Wissensgebieten mitbringen und sich orientieren können. All dies muss dazu beitragen, dass Entscheidungen gut und wirksam getroffen, Risiken rechtzeitig erkannt und Chancen genutzt werden. Je höher die Position der Führungskraft innerhalb der Organisation ist, umso wichtiger werden diese Fähigkeiten. Probleme und Chancen sind eben immer nur aus ihrem Kontext heraus zu sehen und zu verstehen.

Um es nochmals explizit zu trennen: Sie können das Management Ihres Bereiches und Ihr Fachgebiet bestens im Griff haben, ohne über eine herausragende Allgemeinbildung zu verfügen. Einschränkend sei aber angemerkt, dass insbesondere höhere Führungskräfte zunehmend Hintergrundwissen und damit auch Verständnis für andere Disziplinen aufbringen müssen, um wirksame Entscheidungen zu treffen. Veränderungen in einem Sektor oder in einer Branche werden häufig ausgelöst von Innovationen in einer anderen Branche oder Disziplin. Dieses Wissen aus unterschiedlichen Branchen zu nutzen wird für Führungskräfte zunehmend an Bedeutung gewinnen. Eine kontinuierliche Weiterbildung und Erweiterung des eigenen Horizonts kann deshalb nur von Vorteil sein. Im Umkehrschluss wird aber auch von Ihnen verlangt, die eigene Spezialdisziplin anderen zugänglich und verständlich zu machen, damit diese Menschen auch von Ihrem Wissen profitieren. Wenige Menschen haben uns so eindrucksvoll vorgelebt, wie das Lernen auf der einen und das Lehren auf der anderen Seite zusammenwirken können, wie Alexander von Humboldt.

Aufgaben und Denkanstöße:

- Was tun Sie für Ihre Aus- und Weiterbildung und welche konkreten Ziele wollen Sie damit erreichen?

- Was tun Sie für die Erweiterung Ihres Horizonts? Wo kann Ihnen dieses Wissen nützlich sein?

WEISE GESPRÄCHSPARTNER SUCHEN

Eine Stunde mit Camille Pissarro und Paul Cézanne

Camille Pissarro (1830–1903) war einer der wichtigsten Vorkämpfer des französischen Impressionismus und Neoimpressionismus. Als Mentor und Lehrer hatte er großen Einfluss auf jüngere Maler wie *Paul Cézanne* (1839–1906), Paul Gauguin und Vincent van Gogh. Pissarro suchte stets den Austausch mit den führenden Künstlern seiner Zeit. Bereits während seiner künstlerischen Ausbildung in Paris als Privatschüler von Lehrern der École des Beaux-Arts sowie der Académie Suisse lernte er um 1860 nicht nur Paul Cézanne, sondern auch Claude Monet und Jean-Baptiste Armand Guillaumin kennen; Guillaumin und van Gogh verband später eine enge Freundschaft. Er selbst war unter anderem Schüler von Camille Corot, an dessen Figurendarstellungen sich später Edgar Degas, Georges Braque und Pablo Picasso orientierten. 1865 malte Pissarro gemeinsam mit Alfred Sisley und Auguste Renoir im Wald von Fontainebleau in der Natur. Ebenso wie Monet und Renoir entwickelte er diese Freilichtmalerei konsequent weiter und experimentierte mit zunehmend helleren, weniger gebrochenen Farben und einem skizzenhaften Farbauftrag. Die in dieser Zeit entstandenen Bilder, wie etwa *Landschaft bei Louveciennes*, hatten entscheidenden Anteil an der Entstehung des Impressionismus.

Auch stand er im Austausch mit Künstlern außerhalb seiner Disziplin, so war beispielsweise der Schriftsteller Émile Zola ein Fürsprecher seiner Kunst. Pissarro besuchte regelmäßig Treffen der »Batignolles«-Gruppe um Édouard Manet, bei denen Maler und Kritiker über die Avantgardekunst diskutierten. Nach seiner Rückkehr aus dem Londoner Exil während des Deutsch-Französischen Krieges 1870 bis 1871 begab er sich in einen intensiven Austausch mit Paul Cézanne. Gemeinsam entwickelten sie eine zunehmend unkonventionelle Freilicht- und Landschaftsmalerei.

Für Cézanne selbst, der nicht nur ein streitbarer Künstler war, der sich immer wieder mit dem Pariser Kunstbetrieb anlegte, sondern der auch zu Lebzeiten oft missverstanden und verhöhnt wurde, war Pissarro schon früh

eine wichtige Bezugsperson und ein Vorbild. Unter der Anleitung und Führung von Pissarro besann er sich auf die notwendigen handwerklichen Fähigkeiten und verfeinerte seinen Umgang mit dem impressionistischen Vokabu-
lar. Ganz in mittelalterlicher Tradition kopierte Cézanne zunächst Bilder von
Pissarro, aber schon bald entwickelte sich eine befruchtende Zusammenarbeit,
in der beide voneinander lernten und stundenlang in »Vater Pissarros« Haus
ihre Ansichten und Theorien diskutierten. »*Pissarro war wie ein Vater zu mir,
ein Mann, den ich um Rat fragte, und manche dachten, er sei der liebe Gott für
mich*«[109], sagte Cézanne. Aber wie alle guten Mentoren riet Pissarro Cézanne
davon ab, seine (Pissarros) Arbeiten immer nur steril zu kopieren.

Cézanne gilt heute als einer der größten Maler der Kunstgeschichte und Weg-
bereiter neuer Stilrichtungen wie Fauvismus und Kubismus. Zum Beispiel findet
man in den Bildern des Fauvismus von Henri Matisse Anlehnungen an Cézanne, und Georges Braque malte mit Pablo Picasso im Sommer 1908 in L'Estaque
den Spuren von Cézanne folgend geometrisierte Landschaften, die heute als Geburtsstunde des Kubismus gelten. Für den genannten Henri Matisse war Camille Pissarro nicht nur Inspiration, sondern auch ein wertvoller Berater, der ihm
beispielsweise empfahl, in London die Werke von William Turner zu studieren.

Pissarro war aber nicht nur Lehrer und Mentor, er engagierte sich auch
stark für seine Auffassung von Kunst. Aus Protest gegen die konservative
Kunstpolitik und Salonjury gründete Pissarro gemeinsam mit Edgar Degas,
Claude Monet, Auguste Renoir und anderen eine Künstlerinitiative, die zwischen 1874 und 1886 insgesamt acht Gruppenausstellungen avantgardisti-
scher Maler organisierte. Die Mitglieder der Gruppe wurden von dem Kritiker Louis Leroy spöttisch als »Impressionisten« bezeichnet, eine Anspielung
an ein ausgestelltes Bild von Monet mit dem Titel *Impression, Sonnenauf-
gang*. Die Bezeichnung Impressionisten blieb und sicherte Leroy einen festen
Platz in der Kunstgeschichte. Pissarro war, neben Degas, auch weiterhin eine treibende Kraft in der Künstlergemeinschaft, in die er auch zahlreiche jüngere Künstler einführte, so auch Cézanne, Gauguin, Seurat und Signac.

Pissarro führte aber nicht nur viele Künstler zusammen und war ein wertvoller Mentor und Lehrer für Jüngere, er ließ sich auch selbst von ihnen inspirieren, darunter in ausgesprochen prägnanter Weise vom fast 30 Jahre jüngeren Georges Seurat. Von Seurat stammte die nach intensiven Studien neu
entwickelte Technik, die später als neoimpressionistisch bezeichnet werden
sollte. Im Jahr 1885 machte Paul Signac, neben Seurat einer der bedeutendsten Neoimpressionisten, Camille Pissarro und Georges Seurat miteinander
bekannt. Seurat hatte zu diesem Zeitpunkt sein Werk *Sonntagnachmittag*

auf der Insel Grande Jatte nahezu vollendet. Pissarro war so beeindruckt davon, dass er die später neoimpressionistisch genannte Malweise sofort übernahm – nicht allerdings ohne den jüngeren Kollegen bei dieser Gelegenheit einige willkommene handwerkliche Ratschläge zu geben.

Einige halten Pissarro heute für einen der besten Lehrer in der Malerei und sehen in ihm den Prototyp des Mentors, der einen Großteil seiner Energie für die Förderung junger Künstler aufwendet, sich aber gleichzeitig nicht zu fein war, von seinen Protegés und Schülern zu lernen.

Was kann man nun bezogen auf das Management von Camille Pissarro lernen? Was hier an Pissarro und den ihm verbundenen Künstlern illustriert wurde, ist etwas, das man in allen Disziplinen, gesellschaftlichen Bereichen und natürlich auch in der Führung von Organisationen sehen kann: die Bedeutung von *Vorbildern, Mentoren, Lehrern und vertrauensvollen Gesprächspartnern.*

Doch man muss differenzieren, denn längst nicht alle Menschen, die Großes geleistet haben, konnten oder wollten auf Mentoren und Lehrer zurückgreifen. Viele haben sich völlig eigenständig entwickelt. Auch auf Gesprächspartner legten nicht alle einen gesteigerten Wert. Selbst Cézanne war über weite Strecken seines Lebens ein ausgesprochener Einzelgänger, für den Pissarro eher die Ausnahme von der Regel war. Vorbilder hingegen, und das geht aus zahlreichen Biografien hervor, hatte nahezu jeder.

Aus diesem Kapitel ist das die *erste* und vielleicht wichtigste Lehre: *Vorbilder waren und sind für viele große Persönlichkeiten eine treibende Kraft.* Üblicherweise wird dies einseitig darauf bezogen, dass Jüngere sich Ältere zum Vorbild nehmen, was sicher auch der Regelfall sein dürfte und ja auch für das Verhältnis zwischen Cézanne und Pissarro gegolten hat. Pissarro zeigt uns aber gleichzeitig, dass eine Lehrer-Schüler-Beziehung auch umgekehrt ausgerichtet sein kann, hat er sich selbst doch nachhaltig vom neoimpressionistischen Stil des eine ganze Generation jüngeren Seurat inspirieren lassen.

Auch wenn nicht alle Großen die Möglichkeiten, die ein Mentor eröffnet, nutzten, kommen doch die wenigsten ganz ohne Lehrer oder Förderer aus. Selbst Michelangelo hatte die Familie der Medici und sechs Päpste, die ihn förderten, insbesondere auch Papst Julius II., der ihm mit anspruchsvollsten Aufgaben große Chancen bot. Dass der Papst Michelangelo zumindest phasenweise eher gehasst haben muss (und andersherum), ist ein anderes Thema, gefördert hat er ihn in jedem Fall.

Jack Welch wies immer wieder auf die Wichtigkeit hin, die die Mentoren bei seiner eigenen Karriere und in seinem Leben gehabt haben. Dabei streicht er einen wichtigen Punkt heraus: »*Anscheinend suchen die Menschen immer den einen richtigen Mentor, der ihnen bei ihrem beruflichen Aufstieg helfen soll. Aber aus meiner Erfahrung weiß ich, dass es nicht einen richtigen Mentor gibt. Es gibt viele richtige Mentoren.*«[110] Eine Erfahrung, die viele Sportler, Künstler, Wissenschaftler, Wirtschaftsführer und Politiker bestätigen würden.

Als dritte Lehre sollten Sie sich merken, dass auch die Bedeutung von inspirierenden *Gesprächspartnern* keinesfalls unterschätzt werden darf. Für viele Künstler, mit denen Pissarro in Verbindung stand, war er weder Lehrer noch Mentor, vielleicht noch nicht einmal Vorbild, sondern eher ein vertrauensvoller und, wenn nötig, kritischer Gesprächspartner. Das mag alltäglich erscheinen, ist aber spätestens dann bemerkenswert, wenn man das hohe Niveau berücksichtigt, auf dem er den Kontakt und insbesondere auch die konstruktiv-kritische Auseinandersetzung suchte.

Die Diskussionsrunde um Édouard Manet und auch die von Pissarro mitinitiierte Runde der Impressionisten pflegten jenen kritischen Dialog, wie ihn auch wirksame Führungskräfte suchen und wie er in gut geführten Beiräten stattfindet. Ganz schlicht formuliert: *Die Besten suchen sich Kritiker.* Sie wollen, dass man ihre Positionen, Ansichten und Theorien infrage stellt, da sie wissen, dass man nur durch diesen kritischen Dialog zu solchen *Lösungen* gelangt, die *in der Sache besser* sind. Ob diese Funktion, wie in der Wirtschaft häufig, ein Beirat oder Aufsichtsorgan erfüllt, oder ob ein informeller Gesprächskreis beziehungsweise geschätzte Freunde dies leisten, ist dabei zweitrangig, für die Sache ist eine derartige Runde an sich schon höchst wertvoll. Kompetente Führungskräfte stellen sich bewusst diesem kritischen Dialog.

Wichtig ist, dass diese Menschen unabhängig sind, das waren ja auch die Kreise, die sich Pissarro suchte. Dieser unabhängige Rat kann nicht nur für die Organisation sehr wertvoll sein, bei praktisch allen Großen der Geschichte können Sie in den Biografien nachlesen, dass sie stets bestimmten Menschen ein besonderes Vertrauen entgegenbrachten und bei ihnen eine zusätzliche Meinung oder einen guten Rat einholten.

Gutes Management ist eben viel alltäglicher, als es manche uns glauben machen wollen. Bezogen auf die Arbeit eines Beirats oder Aufsichtsorgans ist und bleibt es aber bedeutsam, dass dessen Sitzungen nicht einem »Schaulaufen« oder einem netten, aber im Kern wirkungslosen Zusammentreffen gleichkommen, sondern dass hier eine ernsthafte kritische Auseinandersetzung stattfindet, was gar nicht so selbstverständlich ist. Für die Wirksamkeit dieser Gremien und Gesprächskreise engagieren sich die Besten in jedem Fall sehr stark.

Wie weichenstellend der Rat für einige der besten Köpfe der Wirtschaft gewesen ist, können Sie aus folgenden Beispielen ablesen. Die Zeitschrift *Fortune* fragte in diesem Zusammenhang einmal prominente Wirtschaftsführer: »*Was war der beste Rat, den Sie je bekommen haben?*« Vielleicht kann der eine oder andere Ratschlag ja auch Ihnen einmal nützlich sein.[111]

- Howard Schultz, Chairman und CEO von Starbucks: »*Erkenne die Fähigkeiten und Eigenschaften, die du nicht hast, und stelle Menschen ein, die sie haben.*«
- Warren Buffett, Chairman von Berkshire Hathaway: »*Du hast nicht recht, weil andere deiner Meinung sind, sondern weil deine Fakten richtig sind.*«
- Alan G. Lafley, Chairman von Procter & Gamble: »*Bringe den Mut auf, an einer schweren Aufgabe dranzubleiben.*«
- Richard Branson, Gründer der Virgin-Gruppe: »*Mache dich lächerlich, ansonsten wirst du nicht überleben.*« (Dieser Rat stammte von einem befreundeten Unternehmer und sollte eine mögliche Strategie aufzeigen, wie er gegen das riesige Werbebudget von British Airways ankommen könne.)
- Andy Grove, ehemaliger Chairman und CEO von Intel: »*Wenn jeder weiß, dass etwas richtig ist, weiß niemand auch nur irgendetwas.*«
- Jack Welch, ehemaliger Chairman und CEO von General Electric: »*Sei du selbst.*«
- Jim Collins, Managementautor: »*Wirkliche Disziplin zeigt sich im Nein zu den falschen Chancen.*«
- Peter F. Drucker, Pionier der Managementlehre: »*Get good – or get out.*« (Ein Chef sagte dies zu ihm, als Drucker selbst etwa 20 Jahre alt war.)
- Ted Turner, Gründer von CNN: »*Beginne jung.*«
- Hector Ruiz, ehemals Chairman und CEO von AMD: »*Umgib dich mit integren Menschen und stehe ihnen dann nicht im Weg.*«
- Herb Kelleher, Gründer und ehemals Chairman und CEO von Southwest Airlines: »*Respektiere die Menschen aufgrund dessen, was sie sind, nicht wegen ihrer Titel.*«

Aufgaben und Denkanstöße:

- Welche Gesprächspartnerschaften pflegen Sie?
- Verwenden Sie Ihre Zeit dafür, eine interessierte Person zu sein – nicht eine interessante.

STELLE UND SCHLÜSSELAUFGABE DEFINIEREN

Eine Stunde mit General George Patton

General *George S. Patton* (1885–1945) zählt zu den erfolgreichsten Generälen des Zweiten Weltkriegs. Nach dem Angriff auf Pearl Harbor und dem darauffolgenden Eintritt der Vereinigten Staaten in das Kriegsgeschehen führte er unter dem Oberbefehl von General Dwight Eisenhower die amerikanische Einsatztruppe in der Operation *Torch* bei der Großlandung in Nordafrika im November 1942 erfolgreich an. Danach kommandierte er die 7. US-Armee während der Landung auf Sizilien im Juli 1943 und darüber hinaus noch bis 1944, als er den Auftrag zur Führung der 3. US-Armee in Frankreich erhielt, wo er ganz entscheidend zum Erfolg der Alliierten beitrug. In Anerkennung seiner Leistungen im Zweiten Weltkrieg wurde ihm die hohe Auszeichnung des Vier-Sterne-Generals zuteil.

Trotz all dieser Erfolge und seiner ausgewiesenen Kompetenz als Truppenführer war Patton alles andere als unumstritten. Immer wieder erregte er durch mangelndes Feingespür für politische Diplomatie den Ärger der Öffentlichkeit und nicht zuletzt auch den von General Eisenhower. General George Marshall hielt in entscheidenden Momenten seine schützende Hand über Patton, obwohl auch er manches eher kritisch sah. Darüber hinaus verwendete er sich stark für Pattons Beförderung zum Vier-Sterne-General. Marshall wusste, dass Patton zwar ein schwieriger General war, der jedoch für die 1942 und später zu bewältigenden Situationen und die Aufgabe der beste Mann war. Patton ist ein Musterbeispiel für jemanden, bei dem *Person* und *Assignment*, der Schlüsselauftrag, perfekt zusammenpassten. Dies wiederum ist eines der wichtigsten »Geheimnisse« wirksamer Personalentscheidungen, wie im Kapitel mit Jack Welch bereits erwähnt. General George Marshall war ein wahrer Meister im Treffen wirksamer Personalentscheidungen. Im Zweiten Weltkrieg hatte kaum jemand derartig viele und wichtige Personalentscheidungen zu treffen wie er. Die Treffsicherheit seiner Entscheidungen trug maßgeblich zum Sieg der Alliierten bei und führte nicht zuletzt auch dazu, dass er sich als Einziger im Kreis von Roosevelt, Churchill und Stalin als gleichberechtigt respektierter Partner etablieren konnte. Unter Berücksichtigung der Grundprämissen, die Sie bei Jack Welch kennengelernt haben, ging er zumeist nach folgendem Schema vor:

1. Schritt: Das Assignment durchdenken

Marshall durchdachte immer sehr gründlich die *Assignments*. Als Assignment bezeichnet man jene Schlüsselaufgabe, die für die nächste überschaubare Periode die höchste Priorität hat. Eine solche Periode wird häufig 15 bis 24 Monate umfassen, was aber nur zur groben Orientierung dienen soll, weil ihr genauer Umfang immer vom jeweiligen Auftrag abhängt. Ganz allgemein kann man erfahrungsgemäß die folgenden anderthalb Jahre recht gut überblicken. Während die *Stelle* und die *Stellenbeschreibung* für eine lange Zeit unverändert bleiben können, verändert sich das *Assignment* häufiger. Die *Stellenbeschreibung* definiert die Aufgaben, die aufgrund von organisatorischen Gesichtspunkten in dieser Stelle zusammengefasst sind und von denen man erwartet, dass sie von dieser Stelle auf unbestimmte Zeit zu erfüllen sind. Hiermit sind aber noch keine Prioritäten verbunden, denn diese werden erst mit dem Assignment definiert. Wichtig ist, dass durch das Assignment eine Konzentration erfolgt, weshalb auch möglichst wenige Schwerpunktaufgaben vom betreffenden Mitarbeiter zu erledigen sein sollten. Im Idealfall wird ihm nur *ein* Assignment zugewiesen; je mehr es sind, desto größer ist die Gefahr der Verzettelung.

2. Schritt: Immer mehrere Kandidaten in Betracht ziehen

Marshall achtete darauf, immer mehrere Kandidaten in Erwägung zu ziehen, wobei sein Hauptaugenmerk immer darauf lag, dass *Person* und *Assignment* zusammenpassten. Nicht ob Person und Stelle im allgemeinen Sinne zusammenpassen, sondern ob der Kandidat in Bezug auf den konkret *anstehenden Schlüsselauftrag* der geeignete ist, war die Frage. Hier liegt in der heutigen Praxis der Unternehmensführung häufig das Problem, denn das Konzept, *Stellen* mit Blick auf konkrete *Assignments* zu besetzen, ist immer noch nicht überall verbreitet. Wo es hingegen konsequent angewendet wird, entstehen innerhalb relativ kurzer Zeit leistungsstarke Einheiten und Organisationen.

3. Schritt: Leistungsausweise studieren

Da Leistung nur auf der Basis von *Stärken* entstehen kann, versuchte Marshall immer, die Stärken der Kandidaten herauszufinden. Gerade George Patton ist hierfür ein hervorragendes Beispiel: Für Marshall und Eisenhower war 1942 klar, dass man Pattons Stärken in der *Truppenführung* für das unmittelbar anstehende Assignment im Rahmen der Operation *Torch* (Landung in Marokko und Algerien) brauchen würde und dass diese Fähigkeiten auch in der Folgezeit von besonderer Wichtigkeit sein würden. Dies bestätigte sich später unter anderem in der Operation *Overlord* bei der Landung in der Normandie.

Seine eingangs erwähnten Schwächen interessierten Marshall nur insofern, als er die Person eben nicht dort einsetzte, wo diese Schwächen von Relevanz gewesen wären. Damit konnte er gelegentliche Entgleisungen von Patton zwar nicht verhindern, was die britische und amerikanische Presse natürlich aufgriff, er konnte den Schaden aber begrenzen. Vor allem aber konnte Marshall auf diese Weise sicherstellen, dass die jeweilige *Schlüsselaufgabe* mit höchster Kompetenz vom am besten geeigneten Mann der US-Armee erfüllt wurde.

4. Schritt: Mit ehemaligen Mitarbeitern und Vorgesetzten der potenziellen Kandidaten sprechen

Marshall war der Ansicht, dass er die besten und zuverlässigsten Informationen über die Person aus informellen Gesprächen mit Vorgesetzten und Kollegen erhalten könnte, weswegen er immer mit diesen Personen sprach, bevor er eine Personalentscheidung traf.

5. Schritt: Sicherstellen, dass die ausgewählte Person das Assignment verstanden hat

Für Marshall war es von allergrößter Bedeutung, dass die Person das Assignment 100-prozentig verstanden hatte, weshalb er hierauf besonderes Augenmerk legte. In der Praxis hat es sich bewährt, den ausgewählten Kandidaten das Assignment zunächst gründlich durchdenken und es dann schriftlich niederlegen zu lassen. 100 Tage später stellte man diese Zusammenschrift des Assignments noch einmal auf den Prüfstand, um sicherzustellen, dass der Auftrag tatsächlich auch mit fortgeschrittener Detailkenntnis richtig formuliert und verstanden wurde.

6. Schritt: Umsetzung des Assignments steuern und kontrollieren
Umsetzungsstarke Führungskräfte legen größten Wert auf ein systematisches Follow-up. Spätestens alle zwei Monate sollten Sie die Fortschritte vor Ort selbst in Augenschein nehmen und den Stand der Umsetzung mit dem betreffenden Mitarbeiter diskutieren. Stellen Sie dabei unbedingt fest, ob am Assignment und somit an der Priorität gearbeitet wird oder ob das Tagesgeschäft wieder überhandgenommen hat. Vertrauen Sie hierbei nicht allein auf die standardmäßigen Berichte, *gehen Sie hin* und *schauen Sie es sich persönlich an.*

7. Schritt: Die volle Verantwortung für Fehlentscheidungen übernehmen
Marshall gehörte zu jenen Generälen, die vehement die Auffassung vertraten, dass *ein Soldat das Recht auf ein kompetentes Kommando habe.* Er traf deshalb alle Personalentscheidungen mit größtem Bedacht. Bei Fehlentscheidungen übernahm er immer die volle Verantwortung. Er selbst kümmerte sich dann darum, dass der Soldat seiner bisherigen Position enthoben wurde, und überließ diese Arbeit nicht anderen. Das bedeutete aber nicht, dass dieser Soldat die Organisation aufgrund der schlechten Leistungen verlassen musste, da er als Vorgesetzter ja *selbst* den Fehler begangen hatte, ihn in eine Position zu bringen, die nicht zu seinen Stärken passte. Dass er seine Fehler rasch und konsequent korrigierte, verschaffte ihm viel Glaubwürdigkeit und Vertrauen.

Aufgaben und Denkanstöße:

- Stellen Sie sicher, dass Sie Klarheit über das Assignment haben, bevor Sie über eine Stellenbesetzung diskutieren.

- Stellen Sie sicher, dass die Person mit ihren nachweislich vorhandenen Stärken zum Assignment passt.

- Wie werden die genannten sieben Schritte in Ihrer Organisation umgesetzt? Wo haben Sie Verbesserungspotenzial, was müssen Sie konkret tun?

WIRKSAME ZUSAMMENARBEIT ETABLIEREN

Eine Stunde mit Joe Biden

Selbst der zweitmächtigste Mann der Welt hat immer noch einen Chef. Bis auf eine kleine Minderheit hat in einer Gesellschaft jeder einen Vorgesetzten. Personen, die keinen Chef haben, bilden eine vergleichsweise kleine Schicht, beispielsweise ein selbstständiger Anwalt, Arzt oder Consultant, selbstständige Handwerker, der geschäftsführende Eigner eines Unternehmens oder ein Professor an der Universität. Im Verhältnis zur abhängig beschäftigten Bevölkerung ist das ein geringer Teil. *Joe Biden* (*1942), früherer Vizepräsident der Vereinigten Staaten von Amerika, wird Ihnen in diesem Kapitel einige wesentliche Dinge zeigen, auf die man achten sollte, wenn man mit seinem Chef wirksam zusammenarbeiten will.

Biden hat eine lange politische Karriere hinter sich. Im Jahr 1973 zog er als einer der jüngsten Senatoren der Geschichte in den US-Kongress ein, heute ist er einer der erfahrensten amerikanischen Politiker. Diese umfassende politische Erfahrung war sicherlich einer der maßgeblichen Gründe, warum Barack Obama ihn zum Vizepräsidenten ernannte. Als solcher hat er gemäß der Verfassung den Vorsitz im Senat, der zweiten Kammer des Parlaments. Sollte der Präsident ausfallen, rückt der Vizepräsident an dessen Stelle. Dies geschah beispielsweise im Jahr 1945, als Harry Truman den Platz des verstorbenen Franklin D. Roosevelt einnahm. Truman besaß quasi keinerlei außenpolitische Erfahrung, da ihn Roosevelt kaum in diese Thematik involviert hatte. Umso beeindruckender ist die Leistung von Truman, der dieses Amt in der schwierigen Schlussphase des Zweiten Weltkriegs übernommen hatte und auch in den Jahren danach in jeder Hinsicht kompetent weiterführte. Ein weiteres Mal rückte ein Vizepräsident in das höchste Amt nach, als Lyndon B. Johnson die Aufgaben des am 22. November 1963 ermordeten John F. Kennedy übertragen wurden. Bei Joe Biden besteht kein Zweifel daran, dass er das Amt des Präsidenten hätte kompetent übernehmen können. Vom Präsidenten hängt es in der Regel ab, wie viel politischen Spielraum er seinem Stellvertreter lässt.

Was hätte Joe Biden nun tun können, wenn er an wirksamer Zusammenarbeit mit Kollegen und Mitarbeitern interessiert ist? Und was hätte er tun können, um seinen Chef Barack Obama zu führen? Entgegen der landläufigen Annahme, es seien nur die Chefs für die Führung ihrer Mitarbeiter verantwortlich, muss nämlich *auch ein Chef geführt werden*. Neu ist das zwar keineswegs, Peter F. Drucker schrieb hierüber bereits ausführlich 1967 in *The Effective Executive*, wobei sich der Gedanke bereits 1954 in *The Practice of Management* in seinen Überlegungen zu den Themen Organisation und Zusammenarbeit fand. Dennoch wird diese Tatsache viel zu wenig gelehrt, gerade auch nicht von Chefs, die im Grunde das höchste Interesse daran haben müssten, wie wir noch sehen werden.

Aber nicht nur den Chef, auch *Kollegen* muss man führen, was oft nicht gesehen wird und was weit schwieriger ist, als *Mitarbeiter* zu führen, denen gegenüber man ja letztlich immer noch weisungsbefugt ist. Da Mitarbeitern dies bewusst ist, lassen sie es gar nicht dazu kommen, dass ihr Vorgesetzter ihnen eine Weisung erteilen müsste. Kommt es häufiger vor, dass der Chef mit Weisungen führt, liegt ohnehin ein grundsätzlicheres Problem auf einer der beiden Seiten vor. Um wirksame Zusammenarbeit in der Praxis umzusetzen, seien Ihnen die folgenden vier Punkte empfohlen:

1. Listen der Abhängigkeiten erstellen

Für die Wissensgesellschaft charakteristisch ist, dass die meisten Menschen in einer Organisation heute sogar mehrere Chefs haben; sie haben ihren direkten Vorgesetzten, in Projekten beispielsweise aber auch den Projektleiter, der ihnen in dieser Funktion vorgesetzt ist. Diese Personen sind bei ihrer eigenen Arbeit von Ihren Ergebnissen abhängig. Aber auch Sie werden Ihrerseits von anderen abhängig sein. Es ist sehr empfehlenswert, sich als ersten Schritt zwei Abhängigkeitslisten anzulegen. Die erste trägt die Überschrift »*Personen, von denen ich abhängig bin (in Bezug auf meine Ergebnisse)*«, die zweite »*Personen, die von mir abhängig sind (in Bezug auf ihre Ergebnisse)*«.

Solche Listen sollten nicht auf die Abhängigkeiten innerhalb der eigenen Organisation begrenzt bleiben. Viele Partnerschaften im Geschäftsleben scheitern, weil Abhängigkeiten *außerhalb* der eigenen Organisation zu wenig berücksichtigt und ernst genommen werden. Achten Sie also gezielt auf Kunden, Joint Ventures, strategische Partnerschaften und Ähnliches, wo unter Umständen wechselseitige Abhängigkeitsverhältnisse zwischen Ihnen und anderen bestehen. Ihre Abhängigkeiten enden definitiv nicht an der Unternehmensgrenze. Viele wissen das zwar, handeln aber nicht dementsprechend, worin für Sie eine leicht zu nutzende Chance liegt, sich einen Vorteil zu verschaffen. Die Fragen, die Sie dann mit den Personen auf Ihren Listen besprechen sollten, lauten:

- *Was kann ich tun und was benötigen Sie, damit Sie Ihre Arbeit wirksam erledigen können?*
- *Was tue ich oder was tun wir in unserer Abteilung, das es Ihnen schwer macht, zu Ihren Ergebnissen zu kommen?*

Lassen Sie Ihren Gesprächspartner auch wissen, was Sie *Ihrerseits* für Ihre Ergebnisse von ihm benötigen. Meistens wird er diese Frage ohnehin selbst stellen. Aktualisieren Sie diese Abhängigkeitslisten mindestens einmal im Jahr sowie bei jedem Stellenwechsel, bei Stellenveränderungen und neuen Schlüsselaufträgen.

2. Den Chef wirksam machen

Der wichtigste Grundsatz für eine gute Zusammenarbeit mit Ihrem Chef lautet: *Machen Sie Ihren Chef wirksam.* Achten Sie auf die Arbeitsmethodik Ihres Chefs und richten Sie sich danach. Es wird Ihnen nicht gelingen, Ihren Chef zu ändern. Wenn Sie sich bei dem einen oder anderen Punkt nicht ganz sicher sind, machen Sie etwas ganz Einfaches: Fragen Sie! Fragen Sie Ihren Chef, wie er die Dinge haben will. Unter Umständen steht Ihnen eine nicht ganz angenehme Phase der Eingewöhnung bevor, aber nur so werden Sie wirksam.

Eingangs hatten wir festgehalten, dass es sowohl von Obama als auch von Biden klug war, die Zusammenarbeit als Präsident und Vizepräsident einzugehen. Noch bevor Biden ernannt wurde, äußerte er sich kritisch gegenüber Obamas mangelnder außenpolitischer Erfahrung. In einem Interview sagte Biden, dass Obama John McCain auf allen Gebieten überlegen sei, *»mit einer Ausnahme: die politische Erfahrung. Da meinen die Leute, dass man mehr davon haben sollte.«*[112] Genau diese langjährige Erfahrung besonders auch in der Außenpolitik war und ist wiederum Joe Bidens große Stärke. Damit Obama als Präsident *wirksam* werden konnte, brauchte er genau solche Partner, die ihm halfen, seine Stärken zu nutzen, und ihre Stärken dann dort einbrachten, wo sie bei ihm noch nicht so gut ausgeprägt waren. Das »Geheimnis« guter Führungskräfte ist, dass sie ihren Chef wirksam machen. Das Geheimnis gilt aber auch für Kollegen, Mitarbeiter und sonstige Personen auf Ihrer Abhängigkeitsliste.

3. Informationen austauschen

Damit der Chef wirksam sein kann, muss er wissen, was der aktuelle Stand der Dinge ist. Er muss informiert sein. Er muss wissen, was Ihre Ziele sind und wo Ihre Prioritäten liegen. Sie dürfen nicht vergessen, dass Ihr Chef seinerseits auch einem Vorgesetzten gegenüber verantwortlich ist und diese Information braucht, um ein realistisches Bild der Lage zu haben und zu vermitteln. Selbstbewusst sagte Joe Biden, »*er werde für Obama der ›oberste Ratgeber‹ sein. Bei jeder wichtigen Entscheidung, die er trifft, werde ich im Raum sein*«[113]. Unter dem Gesichtspunkt eines guten Informationsflusses, der für gute und wirksame Entscheidungen unentbehrlich ist, kann man dies nur begrüßen. Für die anderen Personen auf Ihrer Abhängigkeitsliste ist der Informationsfluss natürlich ebenso bedeutend.

4. Den Chef nicht unterschätzen

Es gibt einen Grund, warum er Ihr Chef ist und nicht Sie seiner. Gerade jüngere Mitarbeiter haben mit dem Gedanken oft ihre Schwierigkeiten. Es ist sehr leicht zu erkennen, was der Chef alles nicht kann, es braucht aber viel mehr Erfahrung, die Stärken des Chefs zu erkennen und schätzen zu lernen. Als Grundhaltung kann man den Jüngeren nur empfehlen, den intensiven Kontakt zur älteren Generation zu suchen. Geschichtlich war es immer so, dass Wissen und Erfahrung von einer Generation an die nächste weitergegeben wurden, warum sollte das heute nicht mehr nützlich sein?

Unterschätzen Sie Ihren Chef nicht. Wenn Sie persönlich immer wieder Schwierigkeiten mit Ihrem Chef haben sollten, so hat Jack Welch einen guten Rat für Sie, der es auf den Punkt bringt: »*Im Allgemeinen benehmen sich Vorgesetzte gegenüber Menschen, die sie mögen, respektieren und brauchen, nicht ablehnend, geschweige denn verletzend. Wenn Ihr Chef also vor allem Ihnen gegenüber schwierig ist, können Sie ziemlich sicher davon ausgehen, dass er eine eigene Sicht der Dinge hat und diese Sicht etwas mit Ihrer Arbeitsauffassung oder Leistung zu tun hat.*«[114] Denken Sie also über Ihre Leistung und Einstellung nach.

Aufgaben und Denkanstöße:

- Erstellen Sie die zwei erläuterten Abhängigkeitslisten, die erste mit der Überschrift »*Personen, von denen ich abhängig bin (in Bezug auf meine Ergebnisse)*«, die zweite »*Personen, die von mir abhängig sind (in Bezug auf ihre Ergebnisse)*«.

- Sprechen Sie mit den Personen auf den Listen und diskutieren Sie die weiter oben genannten Fragen.

- Machen Sie die Personen auf Ihren Abhängigkeitslisten wirksam und halten Sie sie auf dem Laufenden.

- Suchen Sie das Gespräch mit Menschen aus einer anderen Generation.

DIE WICHTIGSTE BEFÖRDERUNG ERKENNEN

Eine Stunde mit Barack Obama

Die meisten Menschen glauben, die Beförderung an die Spitze einer Organisation sei die wichtigste Beförderung. Hinterfragen Sie dies einmal kritisch und lernen Sie vom früheren US-Präsidenten *Barack Obama* (*1961), der von 2009 bis 2017 amtierte.

Ohne Zweifel ist die Beförderung in den Kreis der Topführungskräfte großartig für Menschen, die Karriere machen wollen. Anstatt dies als die *wichtigste* Beförderung zu sehen, schlage ich vor, dies als die *höchste* Beförderung einzustufen. Bei Entscheidungen über diese obersten Führungspositionen wählt das Management aus einer kleinen, bereits vorausgewählten Gruppe. Für den Betroffenen selbst ist die höchste Beförderung oft auch die letzte. Am anderen Ende des Spektrums wird aber ebenso die erste Beförderung überbewertet, auch wenn sie für die Karriere großen Einfluss haben mag. *Die entscheidende Beförderung ist die Aufnahme in den Kreis jener Personen, aus denen die zukünftigen Topführungskräfte ausgewählt werden müssen.* Denn in der Hierarchie einer jeden Organisation gibt es einen Punkt, ab dem sich die Pyramide schlagartig verengt. Unterhalb dieses Punktes haben große Organisationen oft 30 bis 40 geeignete Kandidaten, um eine Stelle zu besetzen; für Positionen oberhalb kommen jedoch meist nur noch drei bis vier Kandidaten infrage. Deshalb ist genau *hier* die entscheidende Beförderung zu suchen.

Seien Sie sich bei Ihrer eigenen Karriereplanung bewusst, dass Karrieren, insbesondere die von Wissensarbeitern, sich immer weniger dadurch auszeichnen werden, *wie oft* oder *weit nach oben* befördert wurde, sondern zunehmend dadurch, wie bedeutsam die Aufgaben sind, die Sie übernehmen werden, also keine *career by promotion*, sondern eine *career by big tasks*. In einer Organisation kann nicht jeder Vorstand werden, aber sehr viele Menschen können sehr wichtige Aufgaben übernehmen und damit enorme Beiträge leisten. Wenn Sie an Karriere und vielleicht zusätzlich an einem sinnerfüllten Berufsleben interessiert sind, lohnt es sich, über solche großen Aufgaben nachzudenken und diese zu suchen.

Wenn Sie zu den Personen gehören, die darüber entscheiden, wer in den Kreis jener Personen aufgenommen wird, aus dem später die zukünftigen Topführungskräfte rekrutiert werden, kommt Ihnen die große Verantwortung zu, die *richtigen* Personen auszuwählen, was wichtiger und anspruchsvoller ist, als häufig für diese Gruppe angenommen wird. Die Entscheidung, welche Schlüsselaufgabe wem zugewiesen wird, und – mehr noch – wer befördert wird, hat allergrößte Signalwirkung innerhalb und außerhalb der Organisation. Nichts zeigt klarer, *wofür die Organisation steht*, was sie *verlangt* und was sie *wertschätzt*. Wenn Ihnen eine wirksame Organisation und eine gesunde Unternehmenskultur am Herzen liegen, konzentrieren Sie sich auf die *Leistung* und den *Charakter* der Mitarbeiter und nicht darauf, ob sie Ihnen sympathisch sind.

Was hat dies nun mit Barack Obama zu tun? Nun, betrachten Sie seine Karriere doch einmal aus dem oben skizzierten Blickwinkel. Sie werden schnell erkennen, dass die Weichen für die *Möglichkeit*, Präsident der Vereinigten Staaten zu werden, zu einem viel früheren Zeitpunkt gestellt wurden, als die meisten glauben. Sie wurden nicht erst gestellt, als er seine *Kandidatur* für das Amt des Präsidenten öffentlich bekannt gab oder als er in den Vorwahlen von der Demokratischen Partei zum Kandidaten nominiert wurde, von der *Wahl* selbst gar nicht erst zu reden. Spätestens seit seinem Amtsantritt als Senator von Illinois im Januar 2005 gehörte er nämlich schon zum Kreis jener Personen, die für das höchste Amt infrage kamen. Wobei man diesen Zeitpunkt auch noch deutlich früher ansetzen kann, und zwar in seiner Zeit als Mitglied im Senat des Staates Illinois. Auf die *nationale* politische Bühne katapultierte er sich 2004 mit seiner fulminanten Rede auf dem Nominierungsparteitag der Demokraten in Boston, auf dem damals John Kerry zum Präsidentschaftskandidaten gekürt wurde.

Überlegen Sie also, an welcher Stelle Weichen für Ihre Karriere gestellt werden. Meist ist dies früher, als man auf den ersten Blick vermutet. Suchen Sie nach großen Aufgaben, wenn Sie an beruflicher Entwicklung interessiert sind, und zwar *ohne* dafür eine Beförderung zu erwarten – wenn Sie den Job gut machen, können Sie ohnehin fast nicht verhindern, dass man Sie weiter fördern will.

Durchdenken Sie aber auch sehr genau, in welche Richtung Sie die Weichen stellen. Viele Menschen lassen sich zu einer Karriere verführen, weil ihnen die Macht, die Statussymbole oder die gesellschaftliche Anerkennung verlockend erscheinen. Wenn die Art der Tätigkeiten, der zu erwartende Druck und die Entbehrungen auf privater Seite nicht zu Ihrem Wertegefüge oder Ihrer Vorstellung von einem sinnerfüllten Leben passen, sollten Sie die Weichen anders stellen. Prüfen Sie also für sich sehr genau, ob Sie wirklich Manager werden wollen. Es gibt viele hochkarätige Fachspezialisten, die sich bewusst gegen eine Führungsaufgabe entschieden haben, um weiterhin mehr in ihrem Fachgebiet arbeiten zu können, anstatt Führungsaufgaben wahrnehmen zu müssen.

Viele Menschen schauen zu einseitig auf die positiven Seiten der neuen und größeren Aufgabe. Bedenken Sie aber, dass mit der Anerkennung vor allem auch Verantwortung verbunden ist, der Sie gerecht werden müssen. Dies ist eine sehr große Chance, aber Sie müssen für sich klären, ob Sie diese Verantwortung übernehmen wollen und können.

Aufgaben und Denkanstöße:

- Konzentrieren Sie sich auf die Leistung und den Charakter Ihrer Mitarbeiter, nicht darauf, ob Sie sie mögen. Nutzen Sie Ihren Einfluss, um dafür zu sorgen, dass die *richtigen* Leute höhere Führungspositionen übernehmen – es sind jene, die das repräsentieren, wofür die Organisation steht.

- Welche großen Aufgaben sollten Sie übernehmen?

INTEGRITÄT LEBEN

Eine Stunde mit General George Marshall

General *George Marshall* (1880–1959) erhielt 1953 als erster *Berufssoldat* den Friedensnobelpreis für das nach ihm benannte wirtschaftliche Hilfs- und Aufbauprogramm der USA für Westeuropa – den Marshallplan. Für seine Integrität wurde er in aller Welt hoch geschätzt.

Seine militärische Laufbahn begann er 1897 als 17-Jähriger, bereits ein Jahr später nahm er am Spanisch-Amerikanischen Kolonialkrieg auf den Philippinen teil. Im Ersten Weltkrieg leitete er in Frankreich militärische Operationen der US-Armee. 1936 wurde er zum Brigadegeneral berufen und 1939 zum Generalstabschef der US-Armee befördert. In dieser Funktion übernahm er auch die Leitung der Vorbereitungen für die mögliche Teilnahme der USA am Zweiten Weltkrieg. Als die USA Ende 1941 in den Krieg eintraten, wurde Marshall verantwortlich für die Ausbildung, Organisation und Stationierung der US-amerikanischen Truppen. Seine Leistungsbilanz in der Personalauswahl während dieser Zeit ist beispielgebend für gutes Management. Er verantwortete Hunderte Entscheidungen zur Besetzung von Führungspositionen, deren Qualität einen maßgeblichen Beitrag zum Erfolg der alliierten Streitkräfte leistete.

Als enger Berater von Franklin D. Roosevelt nahm Marshall auch an den Konferenzen der Alliierten in Casablanca, Québec, Teheran, Jalta und Potsdam teil. 1944 wurde Marshall zum *General of the Army* ernannt, Oberbefehlshaber der US-Armee, eine Auszeichnung, die in der Geschichte der USA nur sehr selten verliehen wurde.

Nach dem Zweiten Weltkrieg machte ihn der neu gewählte Präsident Harry Truman zum Sonderbotschafter für China. Hierbei wurde er unter anderem mit Vermittlungsversuchen zwischen Mao Zedong und dem verfeindeten Chiang Kai-shek betraut, ein Auftrag, der nicht nur höchste Glaubwürdigkeit auf beiden Seiten, sondern auch großes Vertrauen in seine Person voraussetzte. Als amerikanischer Außenminister von 1947 bis 1949 initiierte er das bereits angesprochene Europäische Wiederaufbauprogamm, besser bekannt als Marshallplan. Eine herausragende Managementleistung, durch die er große Beiträge zur Überwindung von Interessengegensätzen leistete. Als diese Hilfe im Jahr 1952 endete, lag die Industrieproduktion in Westeuropa bereits über dem Vorkriegsstand. Im Kabinett von Truman arbeitete er in den Jahren 1950 und 1951 noch als Verteidigungsminister der USA. Außer dem Friedensnobelpreis von 1953 erhielt er für seine besonderen Verdienste um die europäische Einigung 1959 zudem den Internationalen Karlspreis zu Aachen.

Eine für das Management zentrale Eigenschaft wollen wir uns im Zusammenhang mit George Marshall genauer anschauen: *Integrität*.

Marshall übte seine Funktionen als Generalstabschef, Sonderbotschafter und Minister unter innen- und außenpolitisch schwierigsten Bedingungen aus. Teils schlug ihm nicht nur Gegnerschaft, sondern gar offene Feindschaft entgegen, wie vom republikanischen Politiker Joseph McCarthy, der ihn indirekt des Verrats bezichtigte.

Die besondere Wertschätzung und Stellung von Marshall wird vielleicht dadurch am deutlichsten, dass Roosevelt, Churchill und Stalin ihn als viertes Mitglied in ihrem Kreis auf Augenhöhe akzeptierten. Churchill selbst wunderte sich einmal, »*ob vielleicht er [Marshall] nicht der größte Römer von ihnen allen war*«[115]. Welch hohes Lob von einem solch ausgewiesenen Historiker, der später den Nobelpreis für Literatur maßgeblich aufgrund seiner historischen Darstellungen erhalten sollte.

Marshall begegnete den unterschiedlichsten Interessengruppen stets mit *Gradlinigkeit* und *Offenheit*. Sein Umgang mit Mitarbeitern, Kollegen und Vorgesetzten, aber auch mit zutiefst verfeindeten Parteien war gekennzeichnet durch *Aufrichtigkeit und Integrität*. Deshalb schenkten ihm die Menschen nahezu uneingeschränktes Vertrauen und es gelang ihm, immer wieder Dialog und Konsens bei größten Interessengegensätzen herbeizuführen. Der Marshall-Biograf Ed Cray fasst die Vertrauenswürdigkeit, mit der George Marshall identifiziert wurde, in die Formulierung »*Marshall had become an icon of integrity*«[116].

Man kann sich im Management *Fähigkeiten* und *Wissen* aneignen, aber *Integrität* kann man nicht lernen, die muss man mitbringen. Für Manager ist Integrität eine grundlegende Voraussetzung. Das Management hat auf das Ausmaß der in einer Organisation vorhandenen Integrität nur wenige, dafür aber ganz wesentliche Einflussmöglichkeiten, namentlich über das gegebene *Vorbild*, über die *Personalauswahl* und über klare *Verhaltensregeln*.

1. Die Vorbildfunktion der Führung

Menschen in Organisationen orientieren sich an den Standards, die von der Spitze gesetzt und vor allem vorgelebt werden. Was man im Englischen als »*the Spirit of the Organization*« bezeichnen würde, entsteht ganz oben in der Organisation. Eine Unternehmenskultur der Integrität, Leistungsorientierung und Verantwortlichkeit muss von dort ausgehen. Da es keinen Weg gibt, mangelnde Integrität zu kompensieren, müssen die Standards, die hier verlangt werden, hoch sein. Wo dieses positive Vorbild fehlt, wird die Organisation keine wirksame, vertrauensvolle Unternehmenskultur aufbauen können.

2. Die Personalauswahl

Die kompromisslose Orientierung an Integrität zeigt sich nirgends deutlicher als in der Personalauswahl. Sie ist Test und Beweis gleichermaßen, ob das, was gefordert wird, auch getan wird. Eine einfache, aber sehr tief greifende Frage ist: »*Würde ich wollen, dass mein Sohn oder meine Tochter für diesen Menschen arbeitet? Würde ich wollen, dass meine Kinder sich an diesem Vorbild orientieren?*« Da besonders starke Führungskräfte, gerade wenn sie erfolgreich sind, durch ihr Beispiel prägen, muss man abwägen, inwieweit es zu verantworten ist, dass die Organisation, insbesondere die jüngeren Menschen, sich nach diesem Vorbild ausrichten. Menschen, die ein unvertretbares Vorbild geben, gehören nicht in Führungspositionen, so intelligent oder erfolgreich sie auch seien. Organisationen, die bei der Integrität Kompromisse machen, sind schon auf der schiefen Bahn.

3. Klare Verhaltensregeln

In Organisationen braucht man klare, verlässliche Verhaltensregeln, die auch tatsächlich durchgesetzt werden. Wo man sich auf diese Regeln, aber auch auf ein gegebenes Wort oder eine Zusage nicht verlassen kann, wird das Vertrauen in die Organisation und ihre Führung zerstört. Umgekehrt schafft die Gewissheit, dass *Verlässlichkeit* und *Vorhersehbarkeit des Handelns* vorhanden sind, jene *Robustheit des Vertrauens*, die notwendig ist, um die unvermeidlich auftretenden Fehler souverän zu verkraften. Menschen vergeben viele Schwächen und Fehler, aber nicht das Fehlen von Integrität. Sie verzeihen es weder der Person selbst, dass sie nicht integer gehandelt hat, noch verzeihen sie es der Führungskraft, dass sie eine Person mit mangelnder Integrität zu ihrem Vorgesetzten gemacht hat, noch dass man diese Person in der Führungsposition belässt. Die Glaubwürdigkeit der Führung ist von der Ernsthaftigkeit, mit der sie unbedingte Integrität einfordert, maßgeblich abhängig.

Aufgaben und Denkanstöße:

· Schauen Sie bei Personalentscheidungen auf Integrität. Fragen Sie sich, ob Sie wollen würden, dass Ihre Kinder für diese Person arbeiten.

· Wenn Sie Ihrerseits eine neue Stelle antreten, bilden Sie sich eine Meinung, ob Sie sich an dem Vorbild Ihres Chefs orientieren wollen.

· Leisten Sie Ihren Beitrag, damit Integrität in Ihrer Organisation gelebt wird.

GUTE PERSONALENT-SCHEIDUNGEN TREFFEN

Eine Stunde mit Jakob Fugger

Jakob Fugger d. J. (1459–1525), später von aller Welt »Jakob Fugger der Reiche« genannt, wurde in Augsburg als Sohn eines wohlhabenden Kaufmanns geboren, der unter anderem ein Münzprägeunternehmen im Tiroler Silberminenrevier betrieb. Im Alter von 14 Jahren wurde Fugger nach einem Aufenthalt in Rom in die familieneigene Niederlassung nach Venedig entsandt, wo er vor allem Buchführung studieren sollte. Er studierte aber auch alles, was ihm an politischer, ökonomischer und kirchlicher Theorie und Praxis begegnete, wobei er sich offensichtlich als sehr talentierter Schüler erwies, dem auch die raffiniertesten Kombinationen, Techniken und Manipulationen nicht verborgen blieben. In der Dynamik der oberitalienischen Renaissance konnte er sein vorhandenes Talent voll entfalten: »*Ein Lehrling zog nach Rom und Venedig. Ein junger Meister seiner Kunst ist aus Italien nach Augsburg heimgekehrt*«[117], wurde über ihn später preisend geschrieben.

Im Jahr 1485 übernahm er die Leitung der Innsbrucker Niederlassung, wo er insbesondere die Investitionen im Kupfer- und Silberbau ausweitete und Maximilian I., dem späteren Kaiser des Heiligen Römischen Reichs, Geld lieh. Ab 1495 erschloss er weitere Minen in Ungarn und Schlesien und hatte um 1500 praktisch eine Monopolstellung in der europäischen Kupferindustrie. Der Handel mit Kupfer und Silber führte ihn fast automatisch zur Münzprägung und zum Bankenwesen. Seine Gewinne aus anderen Industriezweigen wie Manufaktur, Bergbau und Handel nutzte er zum Aufbau seines Bankkapitals, ähnlich wie dies auch andere mittelalterliche Handelsfürsten taten, allen voran Cosimo de' Medici. Da viele der ab 1507 immer größeren Kredite an Maximilian I. als Hypotheken auf Ländereien der Krone gewährt und viele davon niemals getilgt wurden, ging auch umfangreicher Landbesitz an Fugger über. Der enge Kontakt mit dem Kaiser verschaffte ihm nicht zuletzt auch Zugang zu anderen profitablen Kunden und, was besonders wichtig war, den besonderen Schutz Maximilians I. Dies bedeutete in Zeiten von Unsicherheit und Wandel in der Politik einen nicht unerheblichen Vorteil gegenüber der Konkurrenz.

Zäh, zielstrebig und nicht selten rücksichtslos trieb Jakob Fugger die Expansion seines Unternehmens voran. Nationale Grenzen und die vielfältigen Hoheitsrechte der jeweiligen Landesherren waren für ihn lästige Handelshindernisse, die es nur mit Scharfsinn zu überwinden galt. So baute er kontinuierlich Außenposten an strategisch wichtigen Punkten in Europa auf, womit das weitverzweigte Informations-, Verkehrs- und Handelsnetz seines Unternehmens zusehends stärker, mächtiger und einflussreicher wurde. Um 1510 hatte Fugger Niederlassungen unter anderem in Frankfurt, Antwerpen, Leipzig, Breslau, Wien, Ofen (dem heutigen Budapest), Venedig, Rom, Lyon und Madrid. Und bereits 1505 beteiligte er sich an der Finanzierung von Expeditionen der Portugiesen, obwohl er sich insgesamt bei den risikoreichen Entdeckungsreisen und Kolonialplänen auffallend zurückhielt. Sein Ziel war kein geringeres, als die erste weltumspannende Handelsorganisation zu schaffen – den ersten multinationalen Konzern der Weltgeschichte.

Was war nun dafür entscheidend, dass dieser Traum verwirklicht werden konnte? Ein solches System konnte nur funktionieren, indem er kompetente Personen vor Ort hatte, die nicht nur ihr Handwerk beherrschten, sondern auch vertrauensvoll in seinem Sinne handelten. In einer Zeit, in der man nicht auf Telefon, Videokonferenz und Flugzeug zurückgreifen konnte, war er auf die Personalauswahl in höchstem Maße angewiesen. Fugger musste den Personen vor Ort weitreichende Autonomie einräumen und größtes Vertrauen entgegenbringen, worin ein nicht zu unterschätzendes unternehmerisches Risiko für ihn lag. Schließlich konnte er nur mit einiger zeitlicher Verzögerung Kenntnis über falsche Entscheidungen, handwerkliche Fehler und nicht tolerierbares Verhalten dieser Mitarbeiter erlangen. Schauen wir also auf Möglichkeiten, die eine gute Personalauswahl unterstützen, deren er sich vielleicht bediente, wenn er auch sicher nicht diese Begriffe verwendete.

Im Kapitel mit General George Patton hatten wir die Schritte kennengelernt, derer sich George Marshall für seine lange Historie erfolgreicher Personalentscheidungen bediente:

1. Das Assignment durchdenken.
2. Immer mehrere Kandidaten in Betracht ziehen.
3. Leistungsausweise studieren.
4. Mit ehemaligen Mitarbeitern und Vorgesetzten sprechen.
5. Sicherstellen, dass die Person das Assignment verstanden hat.
6. Umsetzung des Assignments steuern und kontrollieren.
7. Volle Verantwortung für Fehlentscheidungen übernehmen.

Auch bei *Jack Welch* haben Sie wichtige Aspekte zur Personalauswahl kennengelernt. Bei Jakob Fugger schauen wir jetzt auf Vertrauen als Schlüssel zur Personalauswahl und »*das kleine schwarze Büchlein*«, eines der Geheimnisse wirksamer Entscheider in Personalfragen.

1. Vertrauen als Schlüssel

Kaiser Wilhelm II. bat dereinst Albert Ballin, den Gründer der Reederei Hapag und Deutscher Lloyd, um einen Rat: »*Was ist das Wichtigste, was ich zu beachten habe, wenn ich jemanden in eine Schlüsselposition bringen möchte?*« Ballin entgegnete: »*Können Sie diesem vertrauen? Würden Sie Ihren Sohn für diesen Mann arbeiten lassen?*«[118]

Nicht nur für Albert Ballin stand diese Frage im Vordergrund, auch Georg von Siemens, Gründer der Deutschen Bank und Vetter des Unternehmensgründers Werner von Siemens, stellte die Frage, ob er einem Menschen vertrauen könne, in den Mittelpunkt. Und auch bei Peter F. Drucker nimmt das Thema eine ganz zentrale Stellung ein. So schilderte er einen Beratungsauftrag, im Laufe dessen er regelmäßig mit dem Topmanagement eines Unternehmens, das großen Bedarf an Managern für die Führung der Geschäfte in Russland, Estland, China, Thailand und anderen Ländern hatte, über Fragen des Managementpersonals diskutierte: »… und die Schlüsselfrage ist am Ende immer: *Kann ich ihr oder ihm als Person vertrauen? Wird sie oder er schlechte Nachrichten verkünden? Wenn Dinge nicht gut laufen, wird sie/er die Bücher frisieren?* Die ultimative Frage lautet: *Wird sie oder er zu mir kommen und sagen, das Beste sei, sie oder ihn entweder zu entlassen oder die Niederlassung zu schließen? Kann ich ihm oder ihr vertrauen, dass sie/er im Interesse des Unternehmens die Geschäfte führt?*«[119]

Dass Jakob Fugger auf der Suche nach Menschen sein musste, denen er vertraute, steht außer Frage, da dies in höchstem Maße in seinem eigenen Interesse war. Dass er selbst allerdings kein Musterbeispiel für Vertrauenswürdigkeit war, zeigt die 1519 mit über 850 000 Dukaten an Bestechungsgeldern finanzierte Wahl Karls V. zum Kaiser.

Vor dem Hintergrund des alten Managementgrundsatzes, dass *sich die Mitarbeiter am Vorbild ihres Chefs orientieren,* war sein eigenes Verhalten vielleicht nicht ganz unschuldig daran, dass auch er selbst immer wieder von seinen Faktoren – wie man die Personen nannte, welche die Handelsniederlassungen leiteten – hintergangen wurde; sein erfolgreicher Faktor in Rom, Johannes Zink, ist eines von vielen Beispielen. Als das Verhalten von Zink in Rom gar zu undurchsichtig wurde, stellte Fugger ihm einen Assistenten und

Aufpasser zur Seite, den Nürnberger Engelhard Schauer. Es dauerte allerdings nur ein paar Jahre, und Schauer hatte sich seinerseits am Vorbild seines Vorgesetzten orientiert und wirtschaftete bald selbst mehr in die eigene Tasche als in die seines Arbeitgebers.

2. Das »kleine schwarze Büchlein«

Ein hochwirksames, leider viel zu wenig verwendetes Vorgehen im Zusammenhang mit Personalentscheidungen besteht darin, systematisch auf *kritische Vorfälle*, auf »*Critical Incidents*«[120], zu achten, diese zu notieren und vor allem dann diese Erkenntnisse im Rahmen von Personalentscheidungen zu berücksichtigen. Dieses Vorgehen darf mit einigem Recht als eines der wirklich noch bestehenden Geheimnisse wirksamer Führungskräfte bezeichnet werden, denn es wird höchst selten verwendet. Ihm liegt die Beobachtung zugrunde, dass verhängnisvolle und folgenschwere Ereignisse, die durch menschliches Versagen verursacht werden, *Vorboten* haben. Kleine Beinahe-Unfälle, Beinahe-Kollisionen und Beinahe-Vorfälle, die üblicherweise nicht ernst genommen, vielleicht noch nicht einmal registriert werden, weil »alles noch mal gut gegangen ist«. Diese *Beinahe-Ereignisse* sind aber wichtige Informationsquellen, das Verhalten in kritischen Situationen frühzeitig und vorausschauend zu erkennen.

Wirksame Führungskräfte nutzen deshalb ein »*kleines schwarzes Büchlein*«, um diese kritischen Vorfälle systematisch zu notieren. Isoliert betrachtet sind sie kaum von Belang, über die Jahre ergibt sich allerdings ein recht zuverlässiges Bild über die Persönlichkeit und den Charakter eines Menschen.

In das Büchlein notieren die erfolgreichen Entscheider in Personalfragen aber noch zwei weitere wesentliche Dinge: Sie achten auf die Ergebnisse, die diese Menschen im Laufe des Lebens erlangt haben, und sie berücksichtigen die Art, *wie diese Menschen mit ihren Fehlern umgegangen* sind. Zu gegebener Zeit haben diese wirksamen Führungskräfte dann eine solide Grundlage, auf der sie ihre Personalentscheidung treffen können.

Damit man allerdings zuverlässige Schlüsse über die Personen ziehen kann, muss man ihnen *schwierige Aufgaben* stellen. Man muss ihnen »große Jobs«, das heißt Stellen mit *anspruchsvollen Assignments*, übergeben«, an denen sie ihr Wissen, ihre Fähigkeiten und ihre Stärken unter Beweis stellen können. Wichtig ist, dass es sich um echte Aufgaben handelt, die zunehmend größer und anspruchsvoller werden, Aufgaben aus der Realität und nicht Aufgaben aus Assessment-Centern.

Lesen Sie, welche Bedeutung Helmut Maucher, fast 20 Jahre an der Spitze des Nestlé-Konzerns, »*echten Jobs*« beimisst, und vor allem auch, wie er den Aspekt des Vertrauens betont: »*Was die Ergebnisse [von professionellen Assessment-Centern] betrifft, so bin ich etwas skeptisch. Sie sind meistens nicht gut, da die Assessment-Center zu theoretisch vorgehen. Viel sinnvoller sind Beurteilungen auf der Grundlage von Gesprächen mit Vorgesetzten und einigen anderen erfahrenen Mitarbeitern, mit denen die entsprechenden Mitarbeiter zu tun hatten (um so ein falsches Urteil, welches durch einen zu stark subjektiven Eindruck des Vorgesetzten entstehen kann, zu vermeiden). Checklisten und Beurteilungskriterien müssen dabei natürlich sein, aber grundsätzlich sollte bezüglich der Auswahl und Bewertung von Mitarbeitern gelten: ›Look more in their eyes than in their files!‹*«[121]

Wenn Sie sich des »kleinen schwarzen Büchleins« zum Notieren Ihrer Beobachtungen bedienen, erschließen Sie für sich eines der wertvollsten Werkzeuge für gute Personalentscheidungen. Welches System Jakob Fugger im Einzelfall auch genutzt haben mag, *sicher ist, dass er ein systematisches Vorgehen gehabt haben muss.* Der Aufstieg seines Unternehmens wäre ohne viele gute Personalentscheidungen nicht möglich gewesen.

Aufgaben und Denkanstöße:

- Etablieren Sie einen Prozess, mit dem Sie gute Leute finden und auswählen.
- Nutzen Sie ein »kleines schwarzes Büchlein«.
- Stellen Sie die folgenden Fragen: Können Sie dieser Person vertrauen? Würden Sie Ihren Sohn oder Ihre Tochter für diese Person arbeiten lassen?

ZEIT KLUG VERWENDEN

Eine Stunde mit Stephen Hawking

Zeit ist der limitierende Faktor für Leistung schlechthin. Zeit ist vollkommen unersetzlich in Ihrem Leben. Da alles, was Sie tun, Zeit verlangt, sind Ihre Leistung und Ihre Wirksamkeit unmittelbar abhängig davon, *wie* Sie Ihre Zeit verwenden. Wenn Sie Ihre Zeit nicht führen, werden Sie auch nichts anderes wirksam führen können. Der wirksame Umgang mit der Zeit ist die Grundlage, auf der große Leistungen erst entstehen können. Wenn Menschen, die Herausragendes geleistet haben, etwas gemeinsam ist, dann die Tatsache, dass sie stets penibel darauf achteten, wie sie ihre Zeit verwendeten.

Stephen Hawking (1942–2018) galt als größtes mathematisches Genie seiner Zeit. In seinen Arbeiten beschäftigte sich der britische Mathematiker und Astrophysiker mit dem Ursprung und der Entwicklung des Kosmos. Im Jahre 1988 veröffentlichte er seinen populärwissenschaftlichen Bestseller *Eine kurze Geschichte der Zeit*, in dem er die Entstehung des Universums beschreibt. Sein Ziel war es, Relativitäts- und Quantentheorie zu einer einheitlichen *Weltformel* zu verbinden. Trotz seiner schweren Behinderung hat sich Hawking nicht davon abbringen lassen, Herausragendes für die Wissenschaft zu leisten. Aufgrund seiner beruflichen, aber insbesondere auch wegen seiner menschlichen Leistungen ist er vielen ein inspirierendes Vorbild. Kurz nach seinem 21. Geburtstag erfuhr Hawking, dass er eine unheilbare Krankheit hatte, die wahrscheinlich innerhalb weniger Jahre zum Tode führen würde. Er schrieb über sich selbst: »*Bevor meine Krankheit diagnostiziert worden war, war ich sehr gelangweilt vom Leben. Es schien nichts zu geben, das es wert war, getan zu werden. Aber kurz nachdem ich aus dem Krankenhaus kam, träumte ich, dass ich hingerichtet würde. Ich realisierte plötzlich, dass es viele lohnende Dinge gab, die ich tun könnte, wenn ich verschont bliebe. […] Und tatsächlich, obwohl dort eine Wolke über meiner Zukunft hing, entdeckte ich zu meiner Überraschung, dass ich das Leben in der Gegenwart mehr genoss als zuvor.*«[122]

Schwer kranke oder behinderte Menschen liefern einen beeindruckenden Beweis, welch außergewöhnliche Wirksamkeit sie durch den weisen Umgang mit ihrer Zeit erreichen. Harry Hopkins, Vertrauter und enger Berater von US-Präsident Franklin D. Roosevelt im Zweiten Weltkrieg, ist ein weiteres Beispiel. Den schwer kranken Hopkins kostete jede Bewegung größte Mühe, sodass er nur alle paar Tage wenige Stunden lang arbeiten konnte. Dies zwang ihn, alle Tätigkeiten zu unterlassen, die nicht vollkommen unverzichtbar waren. Hopkins behielt auf diese Weise seine herausragende Wirksamkeit trotz schwerster Krankheit, wenige nur haben in jenen Jahren in Washington so viel bewegt wie er. Winston Churchill nannte Hopkins später bewundernd »*Lord Root-of-the-Matter*«.[123]

Wenn Sie Ihre Wirksamkeit steigern wollen, müssen Sie beim Umgang mit Ihrer Zeit beginnen. Vergegenwärtigen Sie sich, dass Sie alle wichtigen Ressourcen mehren können: Geld können Sie sich beschaffen, Mitarbeiter können Sie anstellen. Zeit aber können Sie nicht vermehren. Sie können sie nicht lagern und auch nicht zurückgewinnen, vergangene Zeit bleibt vergangen. Zeit ist *immer* knapp, wenn Sie Leistung erbringen wollen. Viele erfolgreiche Führungskräfte arbeiten beim Zeitmanagement mit folgenden Schritten:

1. Ermitteln Sie, wohin Ihre Zeit geht.
2. Eliminieren Sie Dinge, die Ihre Zeit verschwenden.
3. Delegieren Sie, was Sie nicht selbst tun müssen.
4. Achten Sie auf die wirksame und effiziente Nutzung der Ihnen zur Verfügung stehenden Zeit.
5. Bündeln Sie Ihre verfügbare Zeit, um an Schlüsselaufgaben zu arbeiten.

1. Ermitteln Sie, wohin Ihre Zeit geht
Es gibt nur einen Weg herauszufinden, wofür Sie Ihre Zeit verwenden: Schreiben Sie *alle* Ihre Tätigkeiten akribisch genau über vier Wochen am Stück auf.

Achten Sie darauf, dass Sie diese Aufzeichnungen jeder Aktivität kontinuierlich über den gesamten Tag hinweg führen und nicht erst am Abend nachtragen; lassen Sie sich gegebenenfalls von einem Assistenten unterstützen. Durch diese ganz exakten, minutengenauen Aufzeichnungen aller Details können Sie herausfinden, wo Ihre Zeit wirklich bleibt. Am Ende dieser vier Wochen überdenken und überarbeiten Sie die Verwendung Ihrer Zeit. Sie werden über die Ergebnisse oft erstaunt sein.[124]

2. Eliminieren Sie Dinge, die Ihre Zeit verschwenden
Suchen Sie das im ersten Schritt erstellte Logbuch nach Dingen ab, die *überhaupt* nicht getan werden müssten, also einfach nur Ihre Zeit verschwenden.

Stellen Sie sich dazu bei allen Aktivitäten die Leitfrage »*Was würde passieren, wenn das überhaupt nicht getan würde?*«. Wenn Sie zur Antwort gelangen, dass nichts geschehen würde, streichen Sie diese Tätigkeit in Zukunft.

3. Delegieren Sie, was Sie nicht selbst tun müssen

Wie jede Führungskraft werden auch Sie bei der Analyse Ihres Logbuchs erkennen, dass es einfach nicht genug Zeit gibt, um all die Dinge zu tun, die Sie für wichtig halten – von den Dingen, die Sie gerne tun möchten, ganz zu schweigen. Delegieren Sie alles, was ein anderer tun kann, nur so können Sie an den wichtigen Dingen arbeiten. Die meisten Menschen tauschen *Zeit gegen Geld*, machen Sie es genau umgekehrt und tauschen Sie *Geld gegen Zeit*. Wenn Sie es klug anstellen, werden Sie am Ende mehr von beidem haben. Genau so machen es nämlich sehr wohlhabende Menschen. Wenn Sie glauben, dass Sie sich das nicht leisten können, fangen Sie nur ganz klein an. Sie werden sehen, es lohnt sich, wenn Sie die gewonnene Zeit klug investieren. Vor allem ändert sich auch Ihr Denken, Sie suchen nach Chancen, Ihre Fähigkeiten produktiver einzusetzen.

4. Achten Sie auf die wirksame und effiziente Nutzung der Ihnen zur Verfügung stehenden Zeit

Die verwendete Zeit besser zu nutzen ist ein ganz wesentlicher Schlüssel. Machen Sie es sich zur Gewohnheit, ständig Ihre Arbeitsmethodik weiter zu verbessern. Das ist keineswegs ein Thema nur für jüngere Führungskräfte. Wenn Sie Top-Performer beobachten, werden Sie erkennen, dass sie in diesem Bereich höchste Ansprüche an sich stellen und sich immer weiter perfektionieren. Bei vielen Spitzenkräften erkennen Sie dieses Verhalten, fast möchte man sagen diese Leidenschaft, besser zu werden, bis ins höchste Alter.

Nutzen Sie Literatur zum Thema oder schauen Sie sich Bewährtes von anderen Managern ab; Sie brauchen das Rad nicht neu zu erfinden, schaffen Sie lieber Ihre ganz *persönliche* Arbeitsmethodik. Lassen Sie sich nicht erzählen, es gäbe eine ideale Arbeitsmethodik für alle; wer das behauptet, hat schlicht keine Ahnung. Keine zwei Menschen arbeiten gleich!

Prüfen Sie bei diesem Schritt auch, welchen Beitrag Sie zu besseren Abläufen in Ihrer Organisation leisten können, und verlangen Sie von Ihren Mitarbeitern Professionalität bei der Nutzung der verfügbaren Zeit. Professionelles Sitzungsmanagement, Verwendung von Routinen, Standardabläufen und Checklisten, durchdachte Informationsflüsse sowie Zuordnung von Verantwortlichkeiten sind nur ganz wenige Beispiele dafür. Prüfen Sie auch, wie Sie selbst die Zeit Ihrer Kollegen, Mitarbeiter und Chefs verwenden. Fragen Sie

Ihre Kollegen ab und an: »*Was tue ich, das Ihre Zeit vergeudet, ohne dass es zu Ihren Ergebnissen beiträgt?*«

Für die Arbeit mit Ihrem Chef gehen Sie von der Grundprämisse aus, dass *eine Minute* bei Ihrem Chef *zehn Minuten* Vorbereitungszeit von Ihrer Seite verlangt. Wenn Sie Chef sind, verlangen Sie dies von Ihren Mitarbeitern. Wenn Sie das nicht kennen, mag es für Sie ungewöhnlich klingen. Die wirklichen Profis der Topführungskräfte arbeiten so, weil sie wissen, wie kostbar ihre Zeit ist. Sie werden nicht glauben, wie schnell Sie besser und produktiver werden, wenn Sie sich als Mitarbeiter so vorbereiten respektive als Chef so Ihre Zeit für wirklich Wesentliches nutzen können.

5. Bündeln Sie Ihre verfügbare Zeit, um an Schlüsselaufgaben zu arbeiten
Wenn Sie wirksam sein wollen, müssen Sie sich möglichst große Blöcke zusammenhängender Zeit einrichten. In diesen Zeiten arbeiten Sie dann konzentriert und ohne Unterbrechung an Ihren Schlüsselaufgaben. Bündeln Sie also die Zeit, die aus Ihren Aufzeichnungen als verfügbar und kontrollierbar hervorgeht, zu großen zusammenhängenden Zeiteinheiten. Wie Sie dabei vorgehen, wenn Sie Ihre verfügbare Zeit bündeln, ist nicht so wichtig – wichtig ist, dass Sie Ihre Zeit bündeln. Ob Sie dann einen oder mehrere Tage zu Hause arbeiten, Sitzungen auf zwei Tage in der Woche konzentrieren oder vormittags regelmäßig Zeit reservieren, ist nachrangig.

Nehmen Sie zusätzlich immer wieder auch eine langfristige Perspektive ein und legen Sie wichtige Eckwerte zwei bis drei Jahre im Voraus fest, dann können Sie selbst bei großer zeitlicher Beanspruchung grundlegende Änderungen vornehmen. Kurzfristig haben die meisten stark geforderten Manager keinen nennenswerten Einfluss mehr auf ihren Kalender.

Den Umgang mit der Zeit können Sie lernen, indem Sie konstant üben und sich immer wieder um eine weise Verwendung Ihrer Zeit bemühen. Betrachten Sie es spielerisch: *Übung macht den Meister!*

Aufgaben und Denkanstöße:

- Arbeiten Sie an Ihrem Umgang mit der Zeit. Durchlaufen Sie regelmäßig die genannten fünf Schritte als Grundlage für Ihre Wirksamkeit.
- Nutzen Sie Ihre Zeit weise.

DIE EIGENE ARBEITSMETHODIK PERFEKTIONIEREN

Eine Stunde mit Benjamin Franklin

Benjamin Franklin (1706–1790) gehört zu jenen Personen, von denen man mit Sicherheit sagen kann, dass sie auf höchst unterschiedlichen Gebieten Großes geleistet haben. Er war Politiker, Naturwissenschaftler und Schriftsteller, aber auch gelernter Buchdrucker, Zeitungsverleger und Erfinder. Er zählt zu den großen Akteuren der amerikanischen Unabhängigkeitsbewegung. Ab 1729 warb er in den von ihm herausgegebenen und weitverbreiteten Zeitschriften für seine aufklärerisch-puritanischen Ideale. Zunehmend engagierte er sich auch in der Politik, zunächst ab 1736 als Schriftführer und dann von 1751 bis 1764 als Mitglied des Parlaments von Pennsylvania. Er war an der Planung einer nordamerikanischen Union beteiligt und vertrat in den Jahren 1757 bis 1762 sowie 1764 bis 1775 die Interessen von Pennsylvania, Georgia, New Jersey und Massachusetts bei der britischen Krone in London. Ins kollektive Gedächtnis ist er als Mitverfasser und Mitunterzeichner der amerikanischen Unabhängigkeitserklärung von 1776 eingegangen. Als Gesandter erzielte Franklin in Frankreich große Erfolge, unter anderem 1778 mit dem Eintritt der Franzosen in den amerikanischen Unabhängigkeitskrieg und 1783, als er den Friedensvertrag mit Großbritannien aushandelte. Auch die amerikanische Verfassung von 1787 trägt seine Unterschrift.

Neben dieser beeindruckenden Tätigkeit auf politischem Gebiet widmete er sich in seinen umfangreichen naturwissenschaftlichen Untersuchungen unter anderem der Elektrizität, der Hydrodynamik, dem Magnetismus, der Wärmeleitung und der Wärmestrahlung. Er zeichnete die erste Karte des Golfstroms und empfahl, die Strömung für die Schifffahrt zu nutzen. Als Erfinder des Blitzableiters wurde er auch in Europa bekannt. Die Erfindung der Zwei-Stärken-Brille sowie der Glasharmonika gehen ebenfalls auf ihn zurück – für Letztere schrieben Mozart und Beethoven sogar Stücke. Auch als Schriftsteller fand er große Anerkennung: Er bevorzugte Kurzformen wie

Maxime, Essay und Satire, die er in einer humorvollen, eleganten und stets klaren Sprache verfasste. Seine viel gelesene Autobiografie wird bis heute verlegt.

Goethe bewunderte Franklin und sah in ihm ein vollkommenes Ideal von Schaffenskraft und Vielseitigkeit. Sollten Sie selbst ein solches Genie gepaart mit vergleichbaren Leistungen Ihr Eigen nennen, finden Sie sich wie Franklin vielleicht auch eines Tages auf dem amerikanischen 100-Dollar-Schein. Genialität ist leider nicht lernbar, aber Sie können etwas anderes von Benjamin Franklin lernen: *Arbeitsmethodik*. Diese hatte er nahezu perfektioniert, anders wären derartig vielseitige Leistungen gar nicht möglich gewesen.[125]

1. Grundsätzliches zur Arbeitsmethodik

Die Arbeitsmethodik ist, entgegen der weitverbreiteten Vorstellung von einer für alle optimalen Arbeitsweise, etwas höchst *Individuelles* und *Persönliches*. Genau wie jede Handschrift sich von jeder anderen unterscheidet, arbeiten keine zwei Menschen auf die exakt gleiche Weise, auch wenn beide eine sehr gute Arbeitsmethodik besitzen. Die Arbeitsmethodik hängt von den allgemeinen Rahmenbedingungen und den konkreten situativen Umständen ab, darunter:

- Aufgabengebiet,
- Kompetenzen,
- Verantwortlichkeiten,
- Reisebedarf,
- Mitarbeiterzahl,
- Arbeitsweise des Chefs,
- Zugriff auf ein Sekretariat,
- zur Verfügung stehende Infrastruktur,
- Unternehmensgröße,
- Organisationsform des Unternehmens,
- Branche,
- eigene Lebenssituation und Lebensphase.

Es gibt reichhaltig Literatur und Seminare zur Arbeitsmethodik; bewahren Sie sich den kritischen Blick, dass es eben *nicht* eine für *alle* gültige Methode gibt, und wählen Sie aus den Umsetzungsvorschlägen jene Dinge, die zu Ihnen persönlich passen. Womit man sich beschäftigen muss, kann man definieren, *wie* man etwas löst, kann man *nicht* allgemein für alle Personen definieren. Experimentieren und optimieren Sie, bis Sie eine für sich geeignete Lösung finden. Die wirklichen Top-Performer feilen bis ins hohe Alter an ihrer Arbeitsmethodik und passen sie immer wieder den Gegebenheiten an. Das überlassen sie genauso wenig dem Zufall wie die Art und Weise, nach der in ihrer Organisation gearbeitet wird, denn hier sorgen sie dafür, dass die Arbeitsmethodik höchsten Ansprüchen an Professionalität genügt.

2. Wie erbringe ich Leistung?

Erstaunlich viele Menschen wissen nicht, wie sie Leistung erbringen. Sie nutzen deshalb Arbeitsweisen, die nicht zu ihnen passen, und bleiben damit weit hinter ihren Möglichkeiten zurück. Häufig wissen sie nicht einmal, dass verschiedene Menschen unterschiedlich arbeiten, was insbesondere für Wissensarbeiter katastrophale Folgen hat, da hier falsche Arbeitsweisen praktisch immer schwache Leistungen bewirken. Beobachten Sie sich und finden Sie heraus, wie Sie Leistung erbringen und wie Sie gut arbeiten können. Sie werden sehen, mit etwas beruflicher Erfahrung ist das nicht schwer zu benennen, man muss sich dann nur konsequent organisieren – und für viele liegt hier die größere Herausforderung.

3. Wie nehme ich Informationen auf – durch Hören oder durch Lesen?

Als Erstes müssen Sie für sich herausfinden, ob Sie ein *Leser oder ein Zuhörer* sind, vom Typ, wie Sie Informationen aufnehmen. Dwight (Ike) Eisenhower war ein Leser. Zu seiner Zeit als Oberbefehlshaber der amerikanischen Truppen im Zweiten Weltkrieg stellten seine Mitarbeiter sicher, dass ihm alle Fragen, die ihm in der Pressekonferenz gestellt werden sollten, eine halbe Stunde vorher schriftlich vorlagen. Eisenhower hatte dann alles unter Kontrolle, mehr noch, in seinen Pressekonferenzen brillierte er mit seiner herausragenden Eloquenz. Als er später Präsident der Vereinigten Staaten war, folgte er zwei Zuhörern, Franklin D. Roosevelt und Harry Truman, und er machte den großen Fehler, *deren* Art Pressekonferenzen abzuhalten zu übernehmen, und er beharrte *nicht* mehr auf dem schriftlichen Einreichen der Fragen. Dies führte dazu, dass sich die Journalisten zunehmend feindselig darüber beklagten, dass er nie auf ihre Fragen antworte und über gänzlich andere Dinge rede. Eisenhower wusste offensichtlich nicht, dass er ein Leser war.

John F. Kennedy hingegen wusste dies sehr genau, weswegen er sich mit Personen umgab, die hervorragend schreiben konnten und ihm Themen schriftlich aufbereiteten, bevor er sie mit ihnen besprach. Franklin D. Roosevelt und Harry Truman wiederum waren sich darüber im Klaren, dass sie Zuhörer waren, und so sorgten sie dafür, dass man ihnen Dinge vortrug, erst danach beschäftigten sie sich mit den schriftlichen Ausarbeitungen. Truman ließ sich unter anderem durch tägliche Kurzvorträge und Diskussionen mit General George Marshall und Dean Acheson so gut in der Außenpolitik und in militärischen Angelegenheiten ausbilden, dass er zu einem wahren Meister auf diesen Gebieten wurde.

4. Wie lerne ich?

Es gibt viele verschiedene Wege, wie Menschen lernen. Einige lernen durch *Schreiben*, Winston Churchill beispielsweise, aber auch Ludwig van Beethoven, der Tausende von Seiten in Skizzenbüchern hinterließ. Andere lernen, indem sie *sich selbst sprechen* hören, viele exzellente Professoren, Juristen, Mediziner und Autoren lernen auf diese Weise, Peter F. Drucker gehört zu ihnen. Wieder andere lernen durch *Lesen*, wie der bereits erwähnte John F. Kennedy, die Nächsten durch *Zuhören*, wie viele Politiker, zum Beispiel Lyndon B. Johnson, der nach der Ermordung Kennedys Präsident wurde. Schließlich gibt es Menschen, die Dinge dadurch lernen, dass sie sie tun.

Die meisten Menschen wissen eigentlich, wie sie lernen, *aber sehr viele handeln nicht konsequent danach.* Wenn Sie wissen, dass Sie am besten lernen, wenn Sie sich selbst sprechen hören, müssen Sie sich so organisieren, dass Sie diesen Lernweg auch nutzen. Wenn Sie anders handeln, ist das in etwa so, als würden Sie mit links schreiben, obwohl Sie Rechtshänder sind. Der persönlichen Art gemäß zu lernen ist der Schlüssel zur Leistung; für Wissensarbeiter gilt dies noch verstärkt.

5. Wie arbeite ich?

Arbeiten Sie gut *mit anderen Menschen zusammen* oder arbeiten Sie am besten *alleine*? Falls Sie mit anderen Menschen gut arbeiten können, müssen Sie herausfinden, in welcher Form dies der Fall ist: Einige sind exzellente Führungspersönlichkeiten an der Spitze, Winston Churchill gehörte zweifellos zu ihnen. Andere sind nahezu geniale Führungskräfte, aber nicht ganz an der Spitze. So sagte General George Marshall über den herausragendsten amerikanischen Truppenkommandanten des Zweiten Weltkriegs, General George Patton, er sei »*der beste Untergebene, den die amerikanische Armee je hervorgebracht hat, aber er wäre der schlechteste Führer*«[126].

Sind Sie ein guter Entscheider oder ein guter Berater? Manche Menschen arbeiten exzellent als Berater, kommen aber nicht mit dem Druck zurecht, Entscheidungen verantworten zu müssen. Andere können Entscheidungen stark und selbstbewusst vertreten, brauchen aber Berater oder Gesprächspartner, um die Entscheidung umfassend zu durchdenken. Es gibt Menschen, die arbeiten herausragend als Mentoren, andere haben dazu schlicht gar keinen Zugang. Einige leisten als Mitarbeiter im Team unverzichtbare Beiträge, auf sich alleine gestellt bringen sie es jedoch kaum auf eine durchschnittliche Leistung. Arbeiten Sie gut unter *Zeitdruck* oder bringen Sie die besten Ergebnisse, wenn Sie Dinge in Ruhe bearbeiten können? Benötigen Sie ein gut *strukturiertes Umfeld* oder schöpfen Sie gerade aus sich ständig ändernden Situationen Kraft? In welche *Art von Organisation* passen Sie? Gehören Sie in eine große Organisation oder sind Sie am erfolgreichsten, wenn Sie in einer kleinen Organisation arbeiten? Dass Menschen in beiden Organisationsformen gleichermaßen hervorragend sind, ist äußerst selten. Manch einer kann einen Großkonzern so virtuos führen, wie ein Weltklassepianist sein Instrument zum Erklingen bringen kann, würde in einem Kleinbetrieb aber hoffnungslos versauern. Umgekehrt gilt genau das Gleiche. *Wo gehören Sie also hin?*

6.   Welche arbeitsmethodischen Hilfsmittel nutze ich? Wie effizient nutze ich sie?

Für dieses Themengebiet nutzen Sie am besten (sozusagen als arbeitsmethodische Hilfsmittel) die verfügbare Fachliteratur. Aus gutem Grund gibt es hier eine ganze Reihe von Büchern, in denen Sie alle erdenklichen Tipps und Tricks finden können. Nehmen Sie die dort dargelegten Ratschläge als Anregungen und erarbeiten Sie sich dann Ihre *persönliche Arbeitsmethodik*. Es gibt nicht den einen »richtigen« Weg – experimentieren Sie und finden Sie Ihren Weg. Themenbereiche, mit denen Sie sich in jedem Fall beschäftigen sollten, sind zum Beispiel:

- Zeitmanagement,
- Terminplanung und Terminvorbereitung,
- Verarbeitung von Inputs,
- Wiedervorlagesysteme,
- Wissensspeicherung und Wissensablage,
- Nutzung von Telefon, Telekonferenzen und anderen Kommunikationstechniken,
- Umgang mit dem Computer,
- Checklisten für Routineabläufe,
- Systeme zur Beziehungspflege,
- Zusammenarbeit mit einem Sekretariat und in diesem Zusammenhang auch die Nutzung eines Diktiergeräts,
- Erstellung von Berichten, Reports und sonstigen Schriftstücken.

Seien Sie findig und optimieren Sie! Sie wären mit Sicherheit nicht der Erste, der eine wahre Freude an der neu erlangten Produktivität hätte.

Eine gute Arbeitsmethodik ist die Grundlage für Leistung und Erfolg. Wer das nicht ernst nimmt, verschenkt Potenzial und nicht selten eine erfolgreiche Karriere. *Wer das Thema meistert, hält einen wichtigen Schlüssel zum Erfolg in der Hand.*

Aufgaben und Denkanstöße:

- Perfektionieren Sie Ihre persönliche Arbeitsmethodik.
- Welches Themengebiet nehmen Sie sich diese Woche vor?
- Welches nächste Woche? Welches die Woche darauf?

VERTRAUEN SCHAFFEN

Eine Stunde mit Levi Strauss

Im Jahre 1847 wanderte *Levi Strauss* (1829–1902) von Deutschland in die USA aus, wo er sich zunächst in New York niederließ. Mit dem Goldrausch folgte er den Massen nach Kalifornien, betätigte sich dort allerdings nicht als Goldgräber, sondern gründete klugerweise einen Textilgroßhandel. Sehr erfolgreich weitete er seine Geschäftstätigkeit in den Jahren 1850 bis 1870 aus und vergrößerte das Unternehmen in San Francisco mehrfach. Zu jener Zeit hatten die Goldgräber das Problem, dass ihre Hosentaschen unter dem Gewicht der Nuggets ständig ausrissen, wofür der Schneider *Jacob Davis* eine clevere Lösung fand: Er nietete den Stoff der Hosen mit Kupferdraht zusammen. Davis, der sich seine Stoffe bei Levi Strauss in San Francisco besorgte, schlug ihm vor, sich die überaus beliebten Nietenhosen gemeinsam patentieren zu lassen, da er sich die Gebühr von 68 Dollar alleine nicht hätte leisten können. Am 20. Mai 1873 wurde Strauss und Davis schließlich das Patent für die genieteten Hosen aus Jeansstoff gewährt. Dieser Tag gilt als die Geburtsstunde von Levi Strauss & Company und es begann die Erfolgsgeschichte eines Produktes, das aus unserer heutigen Welt nicht mehr wegzudenken ist.

Levi Strauss und Jacob Davis bauten ein Unternehmen auf, in dem Vertrauen eine herausragende Rolle spielte. Als am 18. April 1906, wenige Jahre nach dem Tod von Levi Strauss, San Francisco von einem großen Erdbeben und die dadurch verursachten Brände zerstört wurde, brannten auch die Unternehmenszentrale und zwei Fabriken von Levi Strauss & Company komplett nieder. Wie reagierte das Unternehmen? Man erweiterte die Kreditlinien der Großkunden, damit diese sich von dem Rückschlag erholen konnten, und zahlte weiterhin die Löhne an die Mitarbeiter aus, während eine neue Zentrale und eine neue Fabrik gebaut wurden. Auch zur Zeit der Weltwirtschaftskrise um 1930 wurden Arbeiter nicht entlassen, sondern an einen anderen Standort versetzt, wo sie neue Böden verlegen sollten. *Welches Vertrauen genoss die Unternehmensführung wohl bei Mitarbeitern und Lieferanten nach diesen Entscheidungen?*

Es bedarf mitnichten solch bedeutsamer Ereignisse, damit Vertrauen geschaffen wird. Im Gegenteil: *Vertrauen muss integraler Bestandteil des Berufsalltags sein.* Wirksame und effiziente Führung ist ohne Vertrauen nicht möglich. Ganz im Gegensatz zur weitverbreiteten Annahme, dass Vertrauen nur sehr langsam wachse und sich von allein ergebe oder eben auch nicht, ist Vertrauen etwas, für das Sie sich *bewusst entscheiden* können. Dabei müssen keineswegs gleich moralische Beweggründe im Vordergrund stehen, allein aus ökonomischer Sicht würde es sich schon lohnen. Es gibt nur eine Bedingung: Um Vertrauen zu erfahren, müssen Sie immer zuerst Vertrauen schenken. Beherzigen Sie deshalb die beiden folgenden konkreten Schritte, die einen großen Beitrag zu Vertrauen in einer Organisation leisten:

1. Entscheidung für Vertrauen

Die meisten Menschen stehen auf dem Standpunkt, dass es dauert, bis Vertrauen entsteht. Dies ist auch teilweise richtig, wenn Sie nämlich Vertrauen vom Grad der Vertrautheit mit einem Menschen abhängig machen. Wenn eine Organisation jedoch funktionieren soll, können Sie nicht darauf warten, bis sich auf diesem Wege Vertrauen eingestellt hat, das Sie dann bei der Führung nutzen können. Stattdessen müssen Sie sich bewusst für Vertrauen entscheiden. Gehen Sie prinzipiell von der Erwartung aus, dass kooperatives Handeln nicht enttäuscht werden wird und dass der andere wohlwollend, kompetent und integer ist. Dies ist weder blindes oder naives Vertrauen noch bedeutet es die Gleichbehandlung aller Mitarbeiter. Und Vertrauen ist auch nicht unabhängig von der übertragenen Aufgabe. Selbstverständlich kann man jemandem mehr oder weniger Vertrauen schenken und auch werden Sie genau überlegen, wem Sie welche Aufgaben anvertrauen. Vielleicht nutzen Sie aber als Maxime: *Vertrauen Sie jedem, soweit Sie nur können, gehen Sie bis an die Grenzen dessen, was Sie vertreten können.*

2. Vertrauen umsetzen

Was können Sie konkret tun? Die gesamte Palette »vertrauensbildender Maßnahmen« ist Ihnen bekannt, die allesamt mehr mit gesundem Menschenverstand und Anstand zu tun haben als unmittelbar mit Management: *Ehrlichkeit, Verlässlichkeit, Glaubwürdigkeit, Fairness, Loyalität, Diskretion, Zuhören-Können, Berechenbarkeit und das Einhalten von Versprechen.*

Wenn Sie schnell zu Vertrauen in Ihrer Organisation kommen wollen, müssen Sie in Vorleistung gehen – gehen Sie an Ihre Grenzen. Das Risiko, das Sie dabei eingehen, ist der potenzielle Schaden; je größer der mögliche

Schaden ist, desto größer ist Ihr Vertrauensvorschuss, quasi Ihre »Investition« in die Vertrauensbeziehung.

Der erste Schritt zur Schaffung von Vertrauen besteht im Abbau und in der Reduzierung von Kontrollen. Was aber nicht heißt, dass Sie alle Kontrollen abschaffen. Es heißt vielmehr, Freiräume zu gewähren, vielleicht sogar sehr große. Wie Sie im konkreten Einzelfall vorgehen, lässt sich nicht verallgemeinern, die Richtung ist aber die folgende: Arbeiten Sie mit Zielvereinbarungen und lassen Sie den Weg zur Zielerreichung offen; reduzieren Sie Kontrollen; führen Sie weniger eng; begrenzen Sie das interne Reporting auf das notwendige Minimum, anstatt ein vielleicht interessantes Maximum anzustreben. Kurzum: *Gestalten Sie Freiheit.*

Gestalten heißt aber nicht blind und grenzenlos gewähren. Da Sie Ihrer *Führungsverantwortung* gerecht werden müssen, müssen Sie sicherstellen, dass Sie von *Vertrauensmissbrauch* erfahren. Dabei muss jeder auch wissen, welche harten und unausweichlichen Konsequenzen ein solches Fehlverhalten nach sich zieht. Die Menschen können sehr wohl unterscheiden, ob Sie notwendige Kontrollen im Dienste der Funktionssicherheit des Ganzen durchführen oder ob Angst und Misstrauen das Motiv Ihres Handelns ist. Gehen Sie davon aus, dass Menschen dafür Verständnis haben, dass Sie Ihrer Pflicht gerecht werden müssen, und dass, in einer auf Vertrauen basierenden Zusammenarbeit, Ihnen die Menschen helfen werden, dass Sie Ihre Verantwortung einlösen können. Das Gestalten von Freiheit benötigt Augenmaß, und keiner hat gesagt, dass Führung leicht sei. Der erste Schritt liegt immer bei Ihnen: *Leisten Sie einen Vertrauensvorschuss.* Wenn Sie mit Misstrauen beginnen, werden Sie genau das zurückerhalten. *Wenn Sie Vertrauen schenken, werden Sie Menschen treffen, die Ihnen vertrauen.* Ohne Vertrauen können Sie keine Organisation wirksam und effizient führen.

Aufgaben und Denkanstöße:

- Investieren Sie Vertrauen, gehen Sie dabei an die Grenze dessen, was Sie vertreten können.

- Was können Sie konkret tun, damit Vertrauen in Ihrer Organisation geschaffen wird? Diskutieren Sie das Thema mit Kollegen.

LEBENSPLAN: WAS WIRD IHR WICHTIGSTER BEITRAG SEIN?

Eine Stunde mit Peter F. Drucker

Was wird Ihr wichtigster Beitrag sein? Womit wollen Sie in Erinnerung bleiben? In diesem Kapitel geht es um zwei ganz zentrale Fragen, die Sie nur für sich selbst beantworten können. Es sind wertvolle Fragen, weil sie Sie dazu bringen, sich als die Person zu sehen, die Sie werden können. Für *Peter F. Drucker* (1909–2005) war die Frage »*Womit willst du in Erinnerung bleiben?*« die Frage, die Selbsterneuerung ins Leben bringt. Er stellte sich diese Fragen immer wieder über sein gesamtes Leben hinweg. Anstelle langer Ausführungen finden Sie in diesem Kapitel ein paar wenige Hintergründe zum größten Managementdenker unserer Zeit und ein Beispiel aus der Praxis, das mehr sagt als tausend Worte.

Von vielen wird Peter Drucker als der *Erfinder des Managements* gesehen, so auch zu lesen in den renommiertesten Medien, darunter *The Economist, Forbes, Business Week* und *The Wall Street Journal*. Eine Bezeichnung, die Drucker so nie akzeptiert hat, auch wenn er zum Ende seines Lebens hin weniger vehement widersprach. Er selbst sagte zu diesem Thema sinngemäß einmal, dass man, wenn man den Erfinder des Managements benennen wollte, den CEO von Pyramids Inc. auswählen müsste, also denjenigen, der 2600 v. Chr. den Bau der Cheopspyramide gemanagt hat. Von niemandem wurde Management erfunden, es ist eine Leistung der Menschheit. Drucker hat Management als Erster *formuliert*. Das allerdings tat er wie kein Zweiter.

Er selbst bezeichnete sich auch nur als »Schriftsteller«, ein doch bemerkenswertes Selbstverständnis in der charakteristischen Bescheidenheit des Mannes, den man guten Gewissens als den größten Managementdenker aller Zeiten bezeichnen darf. Drucker verfasste weit über 30 Hauptwerke als Autor und schrieb unzählige Beiträge für die renommiertesten Adressen wie *The Wall Street Journal, Harvard Business Review* und *The Economist*. Im Jahr 2002 wurde er mit der *Presidential Medal of Freedom* geehrt, die ihm Präsident *George W. Bush* überreichte.

Seine Leistung kann man gar nicht hoch genug einstufen. Vor Druckers Büchern gab es praktisch nichts zum Thema Management. Nach seinen zwei ersten Büchern, *The End of Economic Man* von 1939 und *The Future of Industrial Man* von 1942, die politische und gesellschaftliche Analysen mit der Frage nach einer gesunden, funktionierenden Gesellschaft in den Mittelpunkt rückten, folgte 1946 das Buch *Concept of the Corporation.* Dieses Werk fand vor allem deswegen weithin große Anerkennung, weil es erstmals Management als eigenständige Disziplin und als Untersuchungsgegenstand etablierte.

Druckers Werk umspannt rund 65 Jahre und deckt alle Facetten des komplexen Feldes *Management* ab: das *Individuum,* die *Organisation* und die *Gesellschaft.* Erst die Zusammenführung und Einbeziehung aller drei Aspekte führt zu einem Gesamtverständnis des *Managements.* Gleichzeitig kann eine *gesunde, funktionierende Gesellschaft* nur verstanden werden, wenn man Management in seiner Funktion, Bedeutung und Wirkungsweise versteht.

Er selbst wurde über alle Jahrzehnte immer wieder gefragt, welches denn sein bestes Buch sei, eine Frage, auf die er immer eine verblüffende Antwort gab, wie wir im Kapitel mit Giuseppe Verdi noch sehen werden. Zum Ende seines Lebens hin gab er auf die Frage, welches denn seiner Meinung nach seine sechs wichtigsten Bücher seien, doch einmal eine Antwort. Die meisten stehen außer Frage, für Kenner werden ein oder zwei vielleicht aber doch eine Überraschung sein, ganz zu schweigen von jenen, die man wohl auf der Liste erwartet hätte. Drucker nannte die folgenden Bücher:[127]

- *Concept of the Corporation (1946)*
- *The Practice of Management (1954)*
- *Managing for Results (1964)*
- *The Effective Executive (1966)*
- *The Age of Discontinuity (1969)*
- *Innovation and Entrepreneurship (1985)*

Wenn Sie sich ein profundes und seriöses Verständnis von Management erarbeiten wollen, kommen Sie an Drucker nicht vorbei. Sie müssen ihn nicht nur lesen, sondern gründlich studieren, verstehen und vor allem auch anwenden. Eine wertvollere Lektüre können Sie nicht finden. Wenn Sie einen Einstieg suchen, lesen Sie von ihm *Management, Revised Edition*; ein Buch, das entstand, weil sein langjähriger Kollege Joseph A. Maciariello in einer unendlich wertvollen Arbeit Druckers Standardwerk *Management: Tasks, Responsibilities, Practices* von 1973 überarbeitet hat. Alternativ ist in deutscher Sprache auch die Übersetzung des Werkes sowie sein Buch *Was ist Management? Das Beste aus 50 Jahren* ein guter Anfang. Wenn möglich, lesen Sie Drucker immer im Original, selbst wenn Sie dafür, wie Schopenhauer und er es mit Spanisch für das Werk von Baltasar Gracián taten, Ihr Englisch vertiefen müssten.

Wenn Sie etwas über den Menschen Peter Drucker erfahren möchten und Einblick in einige seiner persönlichen Gedanken erhalten möchten, lesen Sie das wundervolle Buch von Jeffrey Kramers, *Inside Drucker's Brain*, in dem nicht nur Druckers Genie und Weisheit zum Ausdruck kommt, sondern vor allem auch seine Menschlichkeit. Ein weiteres großartiges Buch über ihn ist *Die Welt des Peter Drucker* von Jack Beatty.

Abschließend finden Sie hier ein wunderbares Beispiel aus der Praxis von Peter Drucker selbst, in dem er seinen wichtigsten Beitrag festgehalten hat. Vergegenwärtigen Sie sich, wie er das eingelöst hat:[128]

18. Januar 1999

Was erachte ich als meinen wichtigsten Beitrag?

- Dass ich früh – vor fast 60 Jahren – erkannt habe, dass **Management** das grundlegende Organ und die grundlegende Funktion einer *Gesellschaft von Organisationen* ist;
- dass **Management** nicht nur »Unternehmens-Management« ist – obgleich es als Erstes Aufmerksamkeit in Unternehmen erhielt –, sondern das steuernde Organ *aller* Institutionen einer modernen Gesellschaft;
- dass ich das Lernen von **Management** als eigene Disziplin etabliert habe und
- dass ich diese Disziplin auf Menschen und Einfluss, auf Werte, Struktur und Zusammensetzung *und vor allem* auf Verantwortung konzentriert habe – das heißt, die Disziplin des Managements auf **Management** als eine wirkliche Geisteswissenschaft konzentriert habe.

Peter F. Drucker

Aufgaben und Denkanstöße:

- Was wird Ihr wichtigster Beitrag sein?
- Wofür wollen Sie in Erinnerung bleiben?

EINEN HOHEN ANSPRUCH AN SICH SELBST HABEN – NACH VOLLKOMMENHEIT STREBEN

Eine Stunde mit Giuseppe Verdi

Wie können Sie mit einiger Wahrscheinlichkeit wirklich Bemerkenswertes in Ihrem Leben leisten? Widmen Sie sich einer Sache mit voller Hingabe. Stellen Sie den höchstmöglichen Anspruch an sich und hören Sie nie auf, nach Vollkommenheit zu streben. Außergewöhnlich erfolgreiche Menschen zeichnen sich nämlich häufig durch einen hohen Anspruch an sich selbst aus. Sie werden nie müde, ihre Ziele immer höher zu stecken, und sie wollen auf den konstanten gesellschaftlichen, wirtschaftlichen und technologischen Wandel reagieren und sich ihr ganzes Leben lang weiterentwickeln.

Ein wunderbarer Lehrmeister für diese innere Haltung ist *Giuseppe Verdi* (1813–1901). Er stammte aus einfachen Verhältnissen, hatte aber das Glück, aufgrund seiner erkennbaren Fähigkeiten einen Gönner zu finden – Antonio Barezzi. Dieser ermöglichte ihm den Musikunterricht, zunächst in seiner Heimatstadt Roncole, ab 1832 dann in Mailand. Dort begann 1839 seine Karriere als Opernkomponist, nur drei Jahre später hatte er mit seiner Oper *Nabucco* einen großen Erfolg. Voller Energie schrieb er bis 1850 zwölf weitere Opern für unterschiedliche Bühnen. Das Meisterwerk *Rigoletto* markierte 1851 einen Höhepunkt seines ruhmvollen Schaffens, der triumphale Premierenerfolg in Italien wurde auch in anderen Ländern wiederholt. Seitdem gehört *Rigoletto* zu den meistgespielten Opern Verdis. Trotz des großen Erfolgs wollte er unbedingt mehr leisten, er hatte sich in den Kopf gesetzt, die vollendete Oper zu schreiben.

Es folgten seine berühmten Werke *Il Trovatore* (1853), *La Traviata* (1853), *Don Carlos* (1867) und *Aida* (1871). Im Alter von 74 Jahren veröffentlichte Verdi sein Meisterwerk *Otello* – und das in einer Zeit, in der selbst gesunde Männer nicht mit einer Lebenserwartung von 60 Jahren rechnen durften. Allen Zeitgenossen erschien sein Lebenswerk mehr als vollbracht. 1893 komponierte er im Alter von 80 Jahren seine letzte Oper: *Falstaff* – eine Oper voller Lebensfreude und Vitalität. Auf die Frage, warum er, ein berühmter Mann und einer der angesehensten Opernkomponisten des 19. Jahrhunderts, in seinem Alter noch einmal die schwere Arbeit auf sich genommen habe, eine weitere Oper zu schreiben, und noch dazu eine äußerst anspruchsvolle wie *Falstaff*, antwortete er: *»Mein ganzes Leben als Musiker habe ich nach Vollkommenheit gestrebt. Ich habe sie nie erreicht. Ich hatte einfach die Pflicht, es noch einmal zu versuchen.«*

Peter F. Drucker, der größte und einflussreichste Managementdenker unserer Zeit, kannte Verdis Worte und beschrieb, wie tief sie ihn als jungen Menschen bewegten: *»Ich habe diese Worte nie vergessen – sie machten einen unglaublichen Eindruck auf mich. (…) Ich hatte [damals mit 18 Jahren] keine Ahnung, was ich werden würde, (…) [und] so wusste ich auch erst 15 Jahre später, am Anfang meiner 30er, wirklich, worin ich gut bin und wohin ich gehöre. Aber ich beschloss damals, dass Verdis Worte mein Leitstern sein würden, was auch immer mein Lebenswerk wäre. Ich beschloss damals, dass ich, sollte ich je ein hohes Alter erreichen, nicht aufgeben, sondern weitermachen würde. In der Zwischenzeit werde ich nach Vollkommenheit streben, auch wenn, wie ich wohl wusste, sie sich mir immer entziehen würde.«*[129]

Das Interessante bei Verdi ist, dass er sich seiner Leistungen sehr wohl bewusst war und seine Erfolge ihm reichhaltig öffentliche Anerkennung zuteilwerden ließen, er aber dennoch weiter danach strebte, sein nächstes Werk besser zu machen. So antwortete auch Drucker gelegentlich auf die Frage, welches seiner Bücher er für das beste halte, kokett mit *»das nächste«*. Erkennen Sie, dass diese Menschen andere Maßstäbe anlegen als die ganz große Mehrheit? Verdi wollte nicht nur Opern schreiben, die dem Publikum gefielen, er wollte ein *vollkommenes* Werk schaffen, dessen Wert vielleicht auch außerhalb der Beurteilungsfähigkeit seiner Zeitgenossen lag. Menschen wie er und Drucker glauben, dass man selbst die großartigste Leistung noch besser machen kann.

Mag sein, dass Verdi sich an Phidias orientierte, dem größten Bildhauer des antiken Griechenland, der um 440 v. Chr. Statuen für die Giebel des Parthenon in Athen geschaffen hatte. Als Phidias dem Stadtbuchhalter seine Rechnung stellte, lehnte dieser ab, sie zu bezahlen: *»Diese Statuen stehen auf dem Dach des Tempels und auf dem höchsten Berg in Athen. Wir können nur ihre Vorderseiten sehen. Dennoch stellen Sie uns die Rechnung für die Gestaltung rundum, das heißt für die Gestaltung ihrer Rückseiten, die niemand sehen kann.«*

»Sie irren«, schlug Phidias zurück, *»die Götter können sie sehen.«* Ob den Göttern die Statuen des Phidias oder die Opern Verdis tatsächlich gefal-

len, müssen wir offenlassen. In jedem Fall aber stehen diese Statuen noch 2 500 Jahre später und haben die Bewunderung vieler nachfolgender Generationen hervorgerufen, genauso wie die Opern Verdis.

Wie oben gesagt: Was Verdi, Phidias und Peter F. Drucker auszeichnet, ist der *hohe Anspruch an sich selbst*. Sie hatten einen Leitstern und folgten diesem über viele Jahre. Dabei wurden sie als Persönlichkeiten reifer, aber nicht innerlich alt. Sie leisteten eine Arbeit, die mehr als nur Durchschnitt war. Sie hatten den Anspruch, ihre Leistung möge vollkommen sein.

Aufgaben und Denkanstöße:

- Streben Sie nach Vollkommenheit in Ihrer Arbeit – wissend, dass sie nie erreicht werden kann.
- Worin möchten Sie langfristig Vollkommenheit erlangen?

SINN FINDEN, SINN NUTZEN

Eine Stunde mit Viktor Frankl

Viktor Frankl (1905–1997) war Psychologe und Psychiater und erlangte als Begründer der *Logotherapie* weltweite Bekanntheit. Sie gilt nach der Psychoanalyse von Sigmund Freud und der Individualpsychologie von Alfred Adler als die dritte Wiener Richtung der Psychotherapie. Frankl stammte aus einer jüdischen Familie in Wien und studierte nach der Schulzeit Medizin, wobei sich Depressionen und Suizid zu seinen Schwerpunkten entwickelten. Mit Sigmund Freud stand er schon im Alter von 15 Jahren in persönlichem Kontakt, damals hatten sie begonnen, miteinander zu korrespondieren. Auf ausdrückliche Empfehlung Freuds erschien 1924 eine seiner ersten Publikationen in der *Internationalen Zeitschrift für Psychoanalyse*. Als Student hatte er zudem engen Kontakt mit Alfred Adler. Frankl rückte bei seinen Arbeiten zunehmend *die Frage des Menschen nach dem Sinn* in den Mittelpunkt, insbesondere auch bei seinem Engagement zur Suizidprävention. Bereits 1926 begann er, in Vorträgen den Begriff *Logotherapie* zu verwenden. Von 1933 bis 1937 arbeitete Frankl im psychiatrischen Krankenhaus in Wien, wo er als Arzt jährlich circa 3 000 selbstmordgefährdete Frauen betreute. Nach dem Einmarsch der Nationalsozialisten durfte Frankl nur noch eingeschränkt arbeiten. Unter Lebensgefahr sabotierte er mittels falscher Diagnosen die von den Nazis angeordnete Euthanasie von »Geisteskranken«. 1939 ließ er ein gültiges Visum zur Ausreise nach Amerika verfallen, um seine schon betagten Eltern nicht im Stich zu lassen. 1941 heiratete er Tilly Grosser, das Paar wurde ein Jahr später von den Nazis zur Abtreibung ihres gemeinsamen Kindes gezwungen. Sie wurden 1942 verhaftet und gemeinsam mit seinen Eltern in das Getto Theresienstadt gebracht, wo sein Vater nach einem halben Jahr an Erschöpfung starb. Frankl, seine Frau und kurz darauf auch seine Mutter wurden in das Vernichtungslager Auschwitz deportiert. Seine Mutter starb dort in der Gaskammer; von Tilly wurde er getrennt, als sie ins Konzentrationslager nach Bergen-Belsen verlegt wurde. Frankl selbst wurde 1944 von Auschwitz in das Konzentrationslager Türkheim, ein Nebenlager des KZ Dachau, umverlegt und blieb dort, bis das Lager am 27. April 1945 von US-Truppen befreit wurde. Bei der Beobachtung seiner Mithäftlinge unter den extremen Bedingungen der Konzentrationslager fand er seine Thesen bestätigt.

Als er nach der Befreiung nach Wien zurückkehrte, erfuhr er dort innerhalb weniger Tage vom Tod seiner Mutter, seiner Frau, seines Bruders und dessen Frau. Er überwand seine Verzweiflung und begann 1946 seine Arbeit an der Wiener Neurologischen Poliklinik. Noch im gleichen Jahr diktierte er innerhalb von neun Tagen das Buch *Ein Psychologe erlebt das Konzentrationslager* (in der englischen Fassung: *Man's Search for Meaning*). Das Buch wurde bis zu seinem Tod im Jahr 1997 mehr als neun Millionen Mal verkauft und von der Library of Congress in Washington in die Reihe der »zehn einflussreichsten Bücher in Amerika« aufgenommen.

Wie lassen sich seine Erkenntnisse auf das Management übertragen?

Fast 90 Prozent aller Führungskräfte nennen in Befragungen »Motivation« als eine ihrer wichtigsten Aufgaben im Bereich der Mitarbeiterführung. Dennoch bleiben die essenziellen Lehren Viktor Frankls in der Wirtschaft fast vollständig ungenutzt. Frankls Kernaussage ist, dass der Mensch motiviert wird durch *Sinn*. Die Sinnsuche ist für den Menschen die treibende Kraft überhaupt. Wenn der Mensch in etwas einen Sinn erblicken kann, ist er auch bereit, dafür größte Leistungen zu erbringen und sogar Opfer und Verzicht zu ertragen. Andererseits ist ein Mensch, der keinen Sinn mehr in seinem Leben sieht, nicht mehr gewillt oder in der Lage, Leistung zu erbringen, ja unter Umständen ist er sogar dazu bereit, sein Leben aufzugeben. Das Entscheidende ist nun, dass der Sinn nicht *gegeben* oder *gemacht* werden kann. Sinnsuche und Sinnfindung sind Aufgaben jedes einzelnen Menschen selbst. Bemerkenswert ist dabei das Wissen um die Tatsache, dass jeder in seinem Leben Sinn finden *kann*. Frankl nennt hierfür drei wesentliche Wege:[130]

1. *Dienst an einer Sache*: Im Management ist dies der wichtigste Weg. Es ist die Frage nach dem Beitrag des Einzelnen zur Organisation, wie sie Peter F. Drucker immer wieder in den Mittelpunkt stellte, das Erbringen von Leistung. Auch das Schaffen eines Werks, wie man es bei vielen Großen der Geschichte bewundern kann, gehört hierher. Frankl nennt in diesem Zusammenhang aber auch, dass man etwas erlebt.

2. *Liebe oder Hingabe zu einer Person*: Sinn findet der Mensch auf diesem Weg dadurch, dass er für Familie, Partner, Freunde oder Menschen, die auf Hilfe angewiesen sind, da ist. Dieser Weg findet sich vorrangig im privaten und persönlichen Bereich.

3. *Ein Leiden in eine Leistung verwandeln*: Wo der Mensch mit einem Schicksal konfrontiert ist, das sich nicht ändern lässt – einer unheilbaren Krankheit oder einer anderen hoffnungslosen Situation –, kann er die menschlichste aller Leistungen vollbringen, nämlich ein schweres Schicksal in Würde zu ertragen, ein Leiden in eine Leistung zu verwandeln. Frankl sah darin »*das Geheimnis der bedingungslosen Sinnträchtigkeit des Lebens: dass der Mensch gerade in Grenzsituationen seines Daseins aufgerufen ist, gleichsam Zeugnis abzulegen davon, wessen er und er allein fähig ist.*«[131]

Trotz umfassender wissenschaftlicher Belege für die Wirksamkeit seiner Auffassungen in unterschiedlichsten gesellschaftlichen Bereichen und gerade auch in Grenzsituationen menschlicher Leistungsfähigkeit fanden die Kerngedanken seiner Arbeit in der Wirtschaft, wie oben erwähnt, kaum Beachtung. Dass die Grundgedanken Frankls dort aber einen wesentlichen Beitrag zur Unternehmenskultur, zum Führungsverständnis und zur persönlichen Entwicklung der Führungskräfte leisten können, hat sich in vielen Organisationen und für viele Führungskräfte bewahrheitet.

Fredmund Malik hat schon früh auf den Nutzen von Frankls Arbeiten für das Management hingewiesen.[132] Übermenschliche Leistungen auf allen Gebieten bestätigen immer wieder, was Frankl mit Nietzsches Worten ausdrückte: »*Wer ein Warum zu leben hat, erträgt fast jedes Wie.*«[133]

Aufgaben und Denkanstöße:

·   Motivieren Sie sich durch den Sinn Ihrer Arbeit.

·   Die Beschäftigung mit den Gedanken Viktor Frankls ist sehr lohnend. Wenn Sie mögen, befassen Sie sich doch einmal intensiver mit seinem ergreifenden Buch … *trotzdem Ja zum Leben sagen – Ein Psychologe erlebt das Konzentrationslager* oder mit *Der Mensch vor der Frage nach dem Sinn*, wo er einen Überblick über sein Schaffen auf dem Gebiet der Psychotherapie gibt.

DIE KRAFT DER DISZIPLIN NUTZEN

Eine Stunde mit Thomas Mann

Von einem der bedeutendsten Schriftsteller und Träger des Literaturnobelpreises können Sie etwas über eine Tugend lernen, die viel zu wenig Beachtung beim Thema Leistung findet: *Disziplin.*

Thomas Mann (1875–1955) legte eine Arbeitsdisziplin an den Tag, deren Systematik und Ergebnisse eine Führungskraft doch stutzig machen müssen: *Jeden* Tag schrieb er von neun bis zwölf Uhr an seinem jeweiligen Roman; wenn es gut ging, brachte er dabei eine Seite, höchstens anderthalb zu Papier. Dies tat er *immer*, wo er auch war. Als England und Frankreich am 3. September 1939 dem Deutschen Reich den Krieg erklärten, war er auf einer Reise durch Schweden und notierte in sein Tagebuch: *»Ich schreib meine Seite wie gewohnt«*[134]; als er 1941 von Princeton nach Kalifornien umzog, räumten die Möbelpacker seine Wohnung, während er im Schlafzimmer »wie gewohnt« an seiner Seite schrieb. Über ein Jahr hinweg entstanden auf diese Weise 400 Seiten, in drei Jahren war daraus ein umfassender Roman geworden.

Bereits sein erster Roman *Buddenbrooks: Verfall einer Familie* von 1901 machte Thomas Mann weltberühmt. Die psychologischen Novellen *Tonio Kröger* von 1903 und *Der Tod in Venedig* von 1912 hatten ebenfalls großen Erfolg. Ganze elf Jahre arbeitete er an seinem Meisterwerk *Der Zauberberg*, der 1924 erschien. 1929 erhielt er schließlich mit einiger Verspätung den Literaturnobelpreis für seine *Buddenbrooks.*

Natürlich können Sie nicht lernen, so zu schreiben wie ein Nobelpreisträger, genauso wie Sie nicht lernen können, wie Michelangelo oder Adolph von Menzel zu malen oder wie Ludwig van Beethoven zu komponieren. Aber von deren Systematik können Sie viel lernen:

Michelangelo arbeitete sieben Jahre lang am *Jüngsten Gericht*, dem 19 Meter hohen Fresko an der Altarwand der Sixtinischen Kapelle, Menzel verbrachte für sein Meisterstück *Das Eisenwalzwerk* wochenlang von früh bis spät Zeit in einem solchen und fertigte Skizzen an, Beethoven hinterließ mehr als 5 000 Seiten in Skizzenbüchern, ein beeindruckendes Zeugnis der Akribie, mit der er bis ins letzte Detail an seinen Werken schliff.

Doch Thomas Mann zeigte nicht nur eine perfektionistische Zeitdisziplin, sondern auch eine *ganz präzise inhaltliche und konzeptionelle Disziplin*: Keine Idee ging verloren! Die Idee zu seinem Künstlerroman *Doktor Faustus. Das Leben des deutschen Tonsetzers Adrian Leverkühn, erzählt von einem Freunde* kam ihm bereits 1901, mit dem Grundgedanken, den Stoff der Faust-Sage auf moderne Verhältnisse zu übertragen. Mehr als 40 Jahre später griff er diese Idee wieder auf und veröffentlichte seinen Roman 1947.

Der heiter-ironische Schelmenroman *Bekenntnisse des Hochstaplers Felix Krull* hat ebenfalls eine bemerkenswerte Entstehungsgeschichte: Thomas Mann begann das Werk 1910, unterbrach es aber zugunsten der Novelle *Der Tod in Venedig*. Den ersten Teil veröffentlichte er 1922, den zweiten 1937, und erst von 1951 bis 1954 vollendete er das Buch. Auf eine Fortsetzung des abrupt endenden Romans deuten der Untertitel *Der Memoiren erster Teil* sowie ein in seinen Unterlagen gefundenes Notizblatt mit dem Kurzinhalt der noch zu verfassenden vier Teile hin. Ein Jahr später verstarb Thomas Mann im Alter von 80 Jahren.

Seine Disziplin war ihm selbst sehr wohl bewusst, so nannte er sein mit 2 000 Seiten umfangreichstes Werk *Joseph und seine Brüder* am Tag der Fertigstellung *»ein Monument der Beharrlichkeit«*[135]. Er schrieb die Tetralogie über den Zeitraum von 1926 bis 1942. Selbst für ein Genie ist es eben nur scheinbar leicht, Großes zu vollbringen. Und so schrieb auch Schiller an Goethe: *»Wüssten es nur die allzeit fertigen Urteiler und die leichtfertigen Dilettanten, was es kostet, ein ordentliches Werk zu erzeugen.«*[136]

Erlauben Sie mir abschließend eine persönliche Anekdote: Nach einem meiner Vorträge zum Thema Management kam einmal ein älterer Herr auf mich zu: *»Sie sprachen über Disziplin, das hat mir sehr gut gefallen. Es ist vielleicht das am meisten unterschätzte Element für Erfolg.«* Später fand ich heraus, dass der Herr vor rund 50 Jahren als Unternehmer mit rund einem Dutzend Mitarbeiter startete – heute beschäftigt der weltweit tätige Konzern viele, viele Tausend Menschen …

Aufgaben und Denkanstöße:

- Welchen Stellenwert hat die Disziplin bei Ihnen?
- Was können Sie die nächsten sechs Monate täglich konkret tun, um Erfahrungen mit dem Thema zu sammeln?

SICH STETS SELBST MOTIVIEREN

Eine Stunde mit Roger Federer

Allmählich gehen einem die Superlative zu *Roger Federer* (*1981) aus. Er hat bereits alles von Bedeutung in seinem Sport gewonnen und die Besten der Tenniswelt sind sich inzwischen darüber einig, wer der beste Tennisspieler aller Zeiten ist. Gibt es jemanden, von dem Sie besser etwas über Motivation lernen könnten? Lassen Sie uns zu Beginn auf eine kleine Bilanz schauen, die vielleicht mehr sagt als viele Worte:

	2003	2004	2005	2006	2007	2008	2009	2010
Australian Open	Achtelfinale	POKAL	Halbfinale	POKAL	POKAL	Halbfinale	Finale	POKAL
French Open	1. Runde	3. Runde	Halbfinale	Finale	Finale	Finale	POKAL	Viertelfinale
Wimbledon	POKAL	POKAL	POKAL	POKAL	POKAL	Finale	POKAL	Viertelfinale
US Open	Achtelfinale	POKAL	POKAL	POKAL	POKAL	POKAL	Finale	Halbfinale

	2011	2012	2013	2014	2015	2016	2017	2018
Australian Open	Halbfinale	Halbfinale	Halbfinale	Halbfinale	Dritte Runde	Halbfinale	POKAL	POKAL
French Open	Finale	Halbfinale	Viertelfinale	Achtelfinale	Viertelfinale	Absage	Absage	Absage
Wimbledon	Viertelfinale	POKAL	Zweite Runde	Finale	Finale	Halbfinale	POKAL	Viertelfinale
US Open	Halbfinale	Viertelfinale	Achtelfinale	Halbfinale	Finale	Absage	Viertelfinale	

Daneben stand Federer rekordlange 310 Wochen auf Platz eins der Weltrangliste, hat sämtliche Grand-Slam-Turniere gewonnen, darunter achtmal Wimbledon, war 2005 bis 2008 Weltsportler des Jahres, erhielt 2018 den Laureus Sports Award und wurde für das Comeback des Jahres ausgezeichnet. Überlegen Sie mal, welche Kraft der Motivation hinter dieser Leistungsbilanz steht.

Auf wenigen Gebieten im Management gibt es derart viele Missverständnisse wie im Bereich der Motivation. Die Erwartungen, die an Chefs gestellt werden, sind meist genauso überzogen, wie die »Motivationsprogramme« in Organisationen falsch und wirkungslos sind. Das Wichtigste gleich vorab: *Motivieren müssen Sie sich immer selbst, wenn Sie es zu etwas bringen wollen.* Bemerkenswerte Leistungen entstehen nicht dadurch, dass Sie sich von der Motivation durch andere abhängig machen. Sie müssen sich also zunächst bewusst dafür entscheiden, sich selbst motivieren zu wollen, dann können Sie auf ein paar sehr nützliche Ansätze zurückgreifen, wie Sie sich selbst motivieren können beziehungsweise wie Sie als Vorgesetzter Rahmenbedingungen schaffen, die Motivation mit sich bringen können.

1. Motivation aus Ergebnissen und aus dem Bewusstsein, einen Beitrag zum Ganzen zu leisten

Es ist eine Einstellungssache, ob Sie sich vorrangig auf Ihren Input und Ihre *Anstrengungen* oder auf Ihre *Ergebnisse* konzentrieren. Selbst die größte Anstrengung wird leichter, wenn Sie wissen, auf welches Ergebnis alles hinauslaufen soll. »*The thrill of achievement*«, der »*Kick aus erbrachter Leistung*« ist einer der stärksten Motivatoren. Wenn Sie darüber hinaus Ihre Ergebnisse als Beitrag zu einer übergeordneten Sache sehen, als Beitrag zu einem Ganzen, dann haben Sie sehr große Chancen, *dauerhaft* motiviert zu bleiben.

Insbesondere im Beitrag zum Ganzen liegt im Kontext von Management eine der größten Quellen von Motivation verborgen. Die kompetente Erfüllung einer Aufgabe, die einen Beitrag zum Ganzen leistet, ist für viele Führungskräfte eine Quelle von *Sinn* – und in Sinn liegt die mit Abstand größte Motivationskraft. Da Sinn ein so wertvolles Element für wirksame Selbstführung und Führung von Menschen ist, geht das Kapitel mit Viktor Frankl darauf ausführlicher ein.

2. Konzentration auf Stärken und Fokussierung der Kräfte

Damit Ihnen Ihre Leistungen leichtfallen oder um vielmehr überhaupt zu nennenswerten Leistungen zu kommen, müssen Sie sich *auf Ihre Stärken konzentrieren*. Weniges wird Sie so sehr motivieren, wie Leistung dort zu erbringen, wo Sie Ihre Stärken haben.

Fokussieren Sie Ihre Kräfte darüber hinaus nur auf ganz weniges. So erreichen Sie bemerkenswerte Leistungen. Kein Normalsterblicher kann auf vielen Gebieten erfolgreich sein, oder, um es mit den Worten von Tennislegende Jimmy Connors zu sagen: *»Im modernen Tennis bist du ein Sandplatz-Spezialist oder ein Rasen-Spezialist oder ein Hardcourt-Spezialist – oder du bist Roger Federer.«*[137] Und vom nicht gerade für übertriebene Bescheidenheit bekannten John McEnroe vernehmen wir: *»Danke, Roger, dass du uns alle zu durchschnittlichen Spielern degradiert hast. Ich habe in meinem Leben noch nie einen so begabten Spieler gesehen.«*[138] Außer für den Fall, dass sich Ihre Chefs und Kollegen ähnlich über Ihre Fähigkeiten als Manager äußern, sollten Sie sich auf ganz wenige Dinge konzentrieren, so gelangen Sie nämlich zu Ergebnissen und dort entsteht Motivation.

3.   Hohe Erwartungen an die zu erbringende Leistung
Große Aufgaben und hoher Anspruch an die Qualität ihrer Erfüllung können ein erstklassiger Antrieb sein. Je *besser* Sie eine Aufgabe erfüllen wollen, desto *mehr* müssen Sie sich mit ihr beschäftigen. Die intensivere Beschäftigung mit einer Sache führt wiederum dazu, dass sie als Ganzes *interessanter* wird, ihre Erfüllung fällt dann mit der Zeit immer leichter, die Ergebnisse werden besser. Sie setzen einen sich verstärkenden Kreislauf in Gang. Die Freude am eigenen Leistungsvermögen, das Erlebnis eigener Wirksamkeit und der Stolz darauf sind angenehme Folgen, durch die Sie sich auch als Person weiterentwickeln werden, woraus Sie im Anschluss wieder eine enorme Motivation schöpfen können.

4.   Konstruktives Denken
Halten Sie sich selbst dazu an, eine positive, konstruktive Sicht auf die Dinge einzunehmen. Nicht naiv blind sein für reale Probleme, sondern konstruktiv und aktiv gestaltend an die Aufgabe herangehen. Suchen Sie gezielt nach *Chancen*, selbst wenn es scheinbar nur Probleme gibt, und handeln Sie dann vor allem, anstatt untätig auf Lösungen zu warten. Konstruktives Denken ist aber auch die Fähigkeit, aus wenigen Erfolgen jene Kraft zu schöpfen, die einen über Tiefen hinwegträgt. Kein Sportler würde auf diese Herangehensweise verzichten. Nicht zu unterschätzen ist dabei, dass man sich auch in gewisser Weise *einreden* kann, motiviert zu sein. Gerade im Sport können Sie beobachten, welchen Einfluss die Kraft des positiven Denkens hat. Dass Roger Federer diese mentale Stärke perfektioniert hat wie kein Zweiter, können Sie in fast jedem seiner Endspiele sehen.

5. Richtige Personalentscheidungen und sinnvolles Job-Design

Motivation aus diesem Bereich heraus beginnt mit sorgfältiger *Personalauswahl* und gewissenhaftem Personaleinsatz. Beides wird in den Kapiteln mit Jack Welch und George Patton vertieft. Als Führungskraft haben Sie die Möglichkeit, mit guten Personalentscheidungen Rahmenbedingungen zu schaffen, die die Motivation fördern: Wenn Sie Menschen so einsetzen, dass *ihre Stärken mit der zu bewältigenden Aufgabe zur Deckung gebracht werden*, haben Sie gute Chancen, dass nicht nur die Aufgabe kompetent erledigt wird, sondern dass es den Mitarbeitern auch leichtfällt, sich zu motivieren. Eine Garantie gibt es dafür selbstverständlich nicht, es ist aber dennoch ein Werkzeug, dessen Sie sich als Manager bedienen können und sollten.

Auch die Stellengestaltung, das *Job-Design*, hat einen erheblichen Einfluss auf die Motivation von Menschen. Stellen können zu umfangreich, zu unbedeutend oder gänzlich ohne Verantwortlichkeiten sein. Auf manchen Stellen ist die Wahrscheinlichkeit höher, dass die Mitarbeiter sich verzetteln, mit anderen Stellen wiederum sind Anforderungen verbunden, die niemand erfüllen kann, weil sie zu hoch oder zu verschiedenartig sind. Welch zentralen Einfluss das Job-Design auch auf die Motivation hat, wird oft übersehen.

6. Gute Kommunikation und Informationsweitergabe

Unter diesem Gesichtspunkt ist insbesondere herauszufinden, welche Informationen Sie Ihren Mitarbeitern, Kollegen und Ihrem Chef zukommen lassen müssen, damit diese ihre Aufgaben wirksam und effizient erfüllen können, und Sie müssen durchdenken, welche Information Sie Ihrerseits von Ihren Mitarbeitern, Kollegen und Ihrem Chef benötigen, damit Sie Ihre Aufgaben professionell erfüllen können. Gute Kommunikation alleine lässt noch keine Motivation entstehen, fehlt sie aber, ist Demotivation so gut wie sicher.

7. Durchdachtes Belohnungs- und Beförderungssystem

Hier verhält es sich ähnlich wie bei der guten Kommunikation. Alleine vermögen sie es nicht, Motivation zu bewirken, aber schlechte oder als unfair empfundene Systeme sind nahezu ein Garant für Demotivation. Entscheidungen über Entlohnungssysteme und Beförderungen sind immer mit größter Sorgfalt und Gewissenhaftigkeit zu treffen.

Fazit: Motivation ist die Folge des eigenen Verhaltens und von kompetenter Führung. Die Verantwortung für die Motivation liegt also zu einem sehr großen Teil bei Ihnen selbst. Für viele ist es dabei überraschend zu erleben, *wie viel* Einfluss auf die eigene Motivation besteht, wenn man sich bewusst dafür entscheidet und sich dazu selbst anhält. Wo immer Sie bei sich persönlich ansetzen können, haben Sie es somit selbst in der Hand. Es ist aber auch deutlich geworden, dass Sie als Führungskraft erheblichen Einfluss auf die Motivation in Ihrer Organisation nehmen können, indem Sie *Rahmenbedingungen schaffen*, die das Entstehen von Motivation erleichtern. Motivation ist dann die Folge kompetenter Führung.

Aufgaben und Denkanstöße:

- Was können Sie tun, um Ihre persönliche Motivation zu steigern?

- Wo werden Sie ansetzen, um einen Beitrag zur Motivation in Ihrer Organisation zu leisten?

EIN LEBEN LANG ÜBEN

Eine Stunde mit Vladimir Horowitz

Vladimir Horowitz (1903–1989) ist einer der bedeutendsten Musiker des 20. Jahrhunderts und einer der berühmtesten Pianisten der Geschichte. Er studierte am Konservatorium in Kiew, wo er von Felix Blumenfeld unterrichtet wurde, einem Schüler des weltbekannten Pianisten Arthur Rubinstein. In der ersten Hälfte der 1920er-Jahre ging Horowitz mit einem ungewöhnlich vielfältigen Repertoire auf Konzertreise. Sensationelle Aufführungen unter anderem von Tschaikowskis erstem Klavierkonzert in Hamburg, welches eines seiner Paradestücke bleiben sollte, machten ihn im Westen schlagartig berühmt. Horowitz entlockte dem Klavier durch seine Interpretationen eine bis dahin ungeahnte Klangfülle, wobei seine extrem schnellen Tempi und sein bis zum Äußersten gesteigertes Fortissimo seine Darbietungen zu fesselnden Hörerlebnissen machten. In den 1930er-Jahren galt Horowitz bereits als die Inkarnation der Virtuosität, und dieses Prädikat wird ihm bis heute zuerkannt. Trotz der fast kultischen Bewunderung durch sein Publikum war er in Fachkreisen zunächst nicht unumstritten. Manche Kritiker warfen ihm vor, seine technische Meisterhaftigkeit für äußerliche Effekte einzusetzen und Werke auf ihre technische Seite zu reduzieren, ohne auf den tieferen musikalischen Gehalt zu achten. Seine extremen Interpretationen von Tempo und Dynamik wurden dabei als gewaltsam, den guten Geschmack überschreitend und die Musik verzerrend empfunden. Nach einer Konzertpause von zwölf Jahren verblüffte er die Fachwelt 1965 mit seinem legendären Comeback in der Carnegie Hall. Sein Stil hatte sich zu einer nahezu konkurrenzlosen klanglichen Differenziertheit und Nuanciertheit weiterentwickelt. Ohne an Virtuosität einzubüßen, brachte er in Stücken nun eine Sensibilität zu Gehör, die ihm endgültig den Status des »*Jahrhundertpianisten*« sicherte.

Dass hinter diesem beeindruckenden Erfolg allem voran das beharrliche Üben steht, geht auch aus einem wundervollen Spruch hervor, den man unter Pianisten hören kann: »*Ich übe, bis ich Leben in meinen Fingern habe.*« Und so wäre auch die Virtuosität von Horowitz ohne unendliches Üben undenkbar, es war gerade die Voraussetzung seiner verblüffenden technischen

Bravour, Brillanz und Energie, die von keinem Vorgänger und nur wenigen Nachfolgern erreicht wurde. Der Volksmund hält eine wahre Fülle von Weisheiten bereit, die die Bedeutung der regelmäßigen Übung in gleicher Weise wertschätzen, so etwa *»Übung macht den Meister«* oder *»durch Schmieden wird man Schmied«.* Auch Johann Wolfgang von Goethe war der Ansicht, nur durch geregelte Übung könnte man vorwärtskommen, und der römische Geschichtsschreiber Cornelius Tacitus meinte, *Übung führe zur Kunst.* Die Reihe ließe sich beliebig fortsetzen.

Erstaunlich ist, dass, obwohl diesen Grundsatz jeder kennt und versteht, dennoch systematische Übung im Management eher eine geringe Beachtung erfährt, so als ob just in dieser Disziplin alles ganz anders wäre. Doch gerade durch das Üben und wiederholte Anwenden von neu angeeignetem Managementwissen und Sach- und Fachkenntnissen oder von allen nur denkbaren operativen Tätigkeiten kann man sich im Management fortgesetzt weiterentwickeln. In allen Bereichen kann und muss man sehr viele Dinge trainieren, mit dem Ziel, wirksamer und effizienter zu werden. Einige Tätigkeiten mögen auf den ersten Blick trivial wirken, aber Tonleitern zu üben ist ja auch keine intellektuell anspruchsvolle Aufgabe.

Gerade bei den besonders herausragenden Managern können Sie immer wieder beobachten, welchen Wert sie auf die ständige Verbesserung ihrer *Produktivität* legen. So wie bei Horowitz ist dies auch bei Managern nicht an eine Altersgrenze gebunden, das ist alles eine Frage der Einstellung und der persönlichen Verpflichtung zu absoluter Professionalität. Egal ob Sportler, Chirurgen, Flugkapitäne oder Soldaten, alle müssen die zur Ausübung ihres Berufs notwendigen Abläufe einüben. Ein Pianist wie Horowitz hat eben bis ins hohe Alter täglich seine Tonleitern geübt. Der polnische Pianist *Mieczysław Horszowski* spielte mit 98 Jahren im Plattenstudio noch Aufnahmen von Bach, Schumann und Chopin ein, was natürlich nur dank täglicher Übung möglich war. Nutzen Sie dieses Vorgehen für sich im Management.

Wissen ohne Fähigkeiten ist immer unproduktiv. Wissen ist die Basis, auf der Fähigkeiten *aufbauen* müssen, aber Wissen kann Fähigkeiten nicht *ersetzen.* Geschwindigkeit bei der Durchführung, Präzision und Konstanz bei der Leistungserbringung werden nur durch ständiges Üben erlangt. Was man bei einem Routinier bewundern kann, ist die scheinbare Leichtigkeit, mit der er seine Aufgabe ausführt. Diese muss man sich aber erarbeiten. *Qualitätsarbeit* ist es, was zählt. Nicht nur weil die Arbeit dann besser erledigt wird, sondern weil sich damit auch der Arbeitende verändert. Streben Sie nach höchster

Professionalität, der Weg dorthin eignet sich wunderbar, um Ihre Arbeit interessant und anregend zu halten, weil Sie sich auf diese Weise selbst stets neue Herausforderungen setzen. Entwickeln Sie sich selbst! Den Großteil der Verantwortung für Ihre Entwicklung tragen Sie *selbst*, nicht Ihr Chef. Da es in der heutigen Zeit keinen lebenslang sicheren Arbeitsplatz mehr gibt und vermutlich auch nie wieder geben wird, müssen Sie selbst dafür sorgen, dass Sie auf dem Arbeitsmarkt attraktiv bleiben. Entwickeln Sie deshalb Ihren eigenen Masterplan, wie Sie sich weiterbilden und Ihr Wissensgebiet souverän im Griff behalten wollen.

Zwar werden Sie niemals *Rachmaninow* und *Tschaikowski* spielen wie *Vladimir Horowitz*, aber es gibt keinen Grund, warum Sie Ihre Tonleitern nicht trotzdem üben sollten, und vielleicht gehören Sie dann ja doch eines Tages zu den ganz Großen.

Aufgaben und Denkanstöße:

- Erstellen Sie Ihren persönlichen Plan, wie Sie sich weiterentwickeln werden.

- Definieren Sie die Fähigkeiten, die Sie zur virtuosen Erfüllung Ihrer Aufgaben benötigen, und arbeiten Sie dann an der Qualität der Ausführung und Ihrer Produktivität. Üben Sie!

FREUDE AM BERUF FINDEN

Eine Stunde mit
Leonard Bernstein

Diejenigen, die Leistungen erbringen, lieben, was Sie tun. Das heißt nicht, dass Sie *alles* lieben würden, was Sie tun, und auch nicht, dass Sie die Tätigkeit lieben müssten, um Leistung zu erbringen. Wenn Sie sich wirkliche Top-Performer anschauen, werden Sie *häufig* Liebe zu ihrer Tätigkeit und Freude an der Erfüllung ihrer Aufgabe sehen; aber *oft* werden Sie auch auf Pflichtgefühl, Pflichtbewusstsein und Pflichterfüllung stoßen.

Der Beruf des Orchesterdirigenten scheint zunächst prädestiniert für den Inbegriff eines Berufs, den man lieben muss und der Freude macht. Lassen Sie uns auf dieses Thema etwas näher eingehen, um herauszufinden, ob *Liebe zum* und *Freude am Beruf* Voraussetzungen für herausragende Leistungen sind und wie wir vielleicht einen Einfluss auf beides ausüben können.

Leonard Bernstein (1918–1990) hatte keineswegs einen leichten Einstieg in die Musik. Sein Vater, der reiche Geschäftsmann *Samuel Bernstein*, versuchte erbittert, die künstlerische Karriere seines Sohnes aufzuhalten, und wünschte sich nichts sehnlicher, als dass sein Ältester mit der brotlosen Kunst aufhöre und sich endlich auf das lukrative Geschäft der Kosmetikfirma des Vaters besinne. Nach dem Studium am Curtis Institute of Music bekam Leonard Bernstein im Jahr 1943 seine große Chance, als der damalige Musikdirektor Artur Rodziński ihn zum Assistant Conductor des New York Philharmonic Orchestra ernannte. Sein großer Durchbruch kam noch im gleichen Jahr, als er für den erkrankten Stardirigenten Bruno Walter am 14. November ein Konzert in letzter Minute übernehmen musste. Es wurde ein sensationeller Erfolg. Die Kritik des über Rundfunk in alle US-Bundesstaaten übertragenen Konzerts fand sich auf der Titelseite der *New York Times* und Bernsteins steile Dirigentenkarriere begann. Sein Vater erklärte sein feindseliges Verhalten nach dem Erfolg des Sohnes entschuldigend mit den Worten: »*Schließlich erwartet man nicht, dass das eigene Kind ein Moses oder ein Leonard Bernstein ist.*«[139]

Als Dirigent und Komponist erlangte Bernstein Weltruhm und trug wesentlich zum musikalischen Selbstbewusstsein Amerikas bei. Er war im Jahr 1958 der erste im Land geborene und ausgebildete Musiker, der die Leitung des New York Philharmonic Orchestra übernahm. Mit seinem publikumswirksamen Dirigierstil begeisterte er breite Bevölkerungsschichten und setzte sich erfolgreich gegen die traditionelle Trennung zwischen ernsthafter und unterhaltender Musik ein. Sein Musical *West Side Story*, das 1957 in New York uraufgeführt wurde, hat bis heute einen Stammplatz auf Bühnen in aller Welt. Zu der weltweiten Gustav-Mahler-Renaissance hat er entscheidend beigetragen, zudem erwarb er sich große Verdienste als Musikpädagoge durch kommentierte Musiksendungen im Fernsehen sowie populäre Musikbücher, mit denen er ein breites Publikum erreichte.

Dass Leonard Bernstein seine Arbeit liebte und Freude daran hatte, können wir sicher annehmen. So sagte er beispielsweise: »*Es gibt keinen Aspekt von Musik, der mich nicht 100-prozentig fasziniert und vereinnahmt, ob ich nun Musik mache oder darüber spreche oder komponiere.*«[140] Trotz der in dieser Aussage liegenden Begeisterung sollte man nicht übersehen, dass Leonard Bernstein hier eher einseitig auf sein Schaffen blickt. Was dies bezogen auf Ihren Beruf als Führungskraft heißt, wollen wir uns jetzt genauer anschauen:

1. Machen Sie Freude am Beruf wahrscheinlicher durch Freude an Ergebnissen

Es ist zu beobachten, dass Menschen, die Herausragendes leisten, oft auch Freude an ihrem Schaffen haben. Das ist aber *keineswegs immer* so, auch ist es *nicht Voraussetzung*. Jeder Beruf bringt eine Vielzahl von Routineaufgaben mit sich. Niemand wird ehrlich sagen können, dass er diese Aufgaben immer gerne täte – auch nicht Leonard Bernstein. Denken Sie an die endlosen Proben, immer wieder die gleiche Passage, wieder und wieder; die vielen Nächte in Hotels und das nie endende Reisen. Selbst die Aufführungen verlieren ihren Reiz, denn wer hundertmal dieselbe Sinfonie aufgeführt hat, müsste schon ein sehr außergewöhnliches Naturell haben, dies noch als reine Freude zu empfinden, selbst wenn es sich, wie bei Bernsteins *Jeremiah*, *Age of Anxiety* oder *Kaddish*, um eigene Kompositionen handelt.

Gehen Sie davon aus, dass eine gezeigte Spitzenleistung eher *wahrer Professionalismus* ist als pure Freude. Wenn Sie Simon Rattle mit den Berliner Philharmonikern hören, dann können Sie eine Top-Performance *erwarten* – unabhängig davon, ob er an diesem speziellen Abend besondere Freude daran hatte oder nicht. Sie werden es noch nicht einmal merken, gerade das zeichnet den Profi aus. In dieser Konstanz der Höchstleistung liegt ja eines der Geheimnisse, die man zu Recht bewundert.

Bedenken Sie auch, dass es Aufgaben gibt, die als Ganzes keine Freude machen, wie etwa monotone, harte, langweilige oder menschlich sehr belastende Arbeit. Dennoch wird diese Arbeit getan, teils mit übermenschlichen Leistungen. *Freude an der Arbeit* ist etwas Großartiges, sofern sie Ihnen vergönnt ist. Aber ein Anspruch darauf wird oft enttäuscht werden. *Sie können allerdings lernen, für sich Freude aus den Ergebnissen (!) Ihrer Arbeit zu ziehen – das ist nämlich etwas ganz anderes.* Aus Ergebnissen können Sie immer Freude, oder zumindest Befriedigung, ziehen, selbst wenn Sie der Arbeit nichts Positives abgewinnen können.

2. Machen Sie Freude am Beruf wahrscheinlicher, indem Sie sich auf Ihren Beitrag konzentrieren

Die meisten Führungskräfte beschäftigen sich mit ihrem *Input*, das heißt, sie beschäftigen sich mit ihrem Tun und ihren Anstrengungen, anstatt ihren Blick auf die Ergebnisse und ihren *Beitrag* zu richten. Sie können Freude an Ihrem Beruf viel wahrscheinlicher machen, indem Sie sich die Frage stellen: »*Was kann ich dazu bei tragen, dass diese Organisation erfolgreich wird?*« Übernehmen Sie Verantwortung. Um es in einem Gleichnis zu veranschaulichen: Es macht eben einen großen Unterschied, ob Sie das Gefühl haben, Steine zu klopfen, oder ob Sie diese Steine klopfen, um eine Kathedrale zu bauen. Richten Sie Ihren Blick auf das Ganze, es ist nicht nur ein Schlüssel zum Erfolg, sondern auch zu viel Freude.

3. Machen Sie Freude am Beruf wahrscheinlicher, indem Sie einen hohen Anspruch an sich selbst stellen

Auch *wie* Sie die Arbeit ausführen, kann Ihnen Freude bereiten. Wenn Sie sich selbst Herausforderungen setzen und einen hohen Anspruch an sich selbst stellen, werden Sie feststellen, dass Tätigkeiten an Qualität gewinnen. Jeder gute Musiker hat schon cinmal erlebt, dass scheinbar monotone Tonleitern eine fast unbeschreibliche Freude in der Ausführung machen können, wenn man sich beim Tun ganz auf ihre Vollkommenheit konzentriert. Und dies geht über das Ergebnis (der erlangten Virtuosität) hinaus. Die Aufgabe selbst wird interessanter durch die intensive Befassung mit ihr und den höheren Anspruch, den Sie an sich stellen.

4. Auch Pflichterfüllung kann Freude bereiten

Dieser Punkt ist im Grunde bereits in den oben genannten enthalten, insbesondere im Kontext von Freude an Ergebnissen. Nichtsdestoweniger lohnt es sich, die Pflichterfüllung selbst auch als *Quelle von Kraft und Sinn* zu erkennen, auch wenn der Begriff *Pflichterfüllung* immer weniger Beachtung findet. Nicht nur für Sie selbst ist Pflichterfüllung nützlich, für funktionierende Organisationen und Gesellschaften ist sie sogar eine unerlässliche Voraussetzung. Gerade bei den bereits angesprochenen Tätigkeiten, die an sich sehr belastend sind, kann der Einzelne durch die geleistete Pflichterfüllung Respekt vor sich selbst und Stolz auf seine Leistung erfahren und dadurch mit seiner Arbeit trotz aller Belastung auch Befriedigung erlangen.

Wenn Sie am Ende nun zu dem Schluss kommen, dass Ihnen Ihr Beruf Freude bereitet oder dass Sie Ihren Beruf gar lieben, genießen Sie ein großes Privileg.

Aufgaben und Denkanstöße:

- Bei welchem der vier genannten Bereiche – Freude an Ergebnissen, Konzentration auf den Beitrag, hoher Anspruch an sich selbst, Befriedigung und Stolz aus Pflichterfüllung – können Sie ansetzen, um Ihre Freude am Beruf zu steigern?

- Was werden Sie konsequent in den nächsten sechs Monaten tun, damit Sie häufiger Freude am Beruf erleben?

KONSTRUKTIV DENKEN
Eine Stunde mit Niki Lauda

Der Österreicher *Niki Lauda* (*1949) hat durch spektakuläre Wendepunkte in seinem Leben immer wieder auf sich aufmerksam gemacht. Nicht nur in der Formel 1, auch als Unternehmer hat er immer wieder bewiesen, dass scheinbar Unmögliches funktionieren kann. Seine Mischung aus Individualismus, Kompromisslosigkeit, Pragmatismus und Willenskraft hat ihm viele Erfolge und Bewunderer beschert. Ebenso bemerkenswert ist aber auch seine nicht zu übersehende Fähigkeit zu *konstruktivem Denken*, bei dem es im Kern um die folgenden beiden Punkte geht:

1. Konzentrieren Sie sich auf *Chancen statt auf Probleme*.
2. Pflegen Sie eine *konstruktive und positive Grundhaltung*, auch wenn die Rückschläge noch so groß und die Probleme noch so unüberwindlich scheinen.

Im Jahr 1975 wurde Niki Lauda Weltmeister in der Formel 1. In der darauffolgenden Saison verunglückte er bei einem Unfall auf dem Nürburgring schwer: Mit rund 220 Kilometern pro Stunde kam er von der Strecke ab, sein Ferrari fing Feuer. Seine Kollegen retteten ihn aus dem brennenden Wrack, fünf Tage lang rang er mit dem Tod. Nur sechs Wochen nach dem Inferno fuhr er sein nächstes Rennen und wurde in Monza Vierter. Spätestens jetzt war Niki Lauda weltberühmt. Zu einer wahren Legende wurde er dann, als er 1977 erneut Weltmeister wurde. Die Begründung, mit der er im September 1979 überraschend zurücktrat, hat fast schon Kultstatus: »*Ich habe genug vom Im-Kreis-Fahren.*«[141]

Im gleichen Jahr gründete er seine erste Fluglinie *Lauda Air*. Mit der festen Absicht, das staatliche Monopol der Austrian Airlines mit der eigenen Fluglinie zu brechen, begann er ein scheinbar aussichtsloses Unterfangen. Trotz Unterstützung des damaligen österreichischen Kanzlers Bruno Kreisky gelang es nicht, die erforderlichen Konzessionen zu erlangen. Ohne seinen Traum von der eigenen Airline zu begraben, pausierte er mit dem Vorhaben und wandte sich wieder der Formel 1 zu: 1984 wurde er zum dritten Mal

Formel-1-Weltmeister. Noch immer hatte er die ersehnte Linienkonzession für Langstreckenflüge von der österreichischen Bundesregierung nicht erhalten, aber mit unendlicher Beharrlichkeit erlangte er sie schließlich doch. Später beteiligte er sich zudem an den Austrian Airlines, was er nachträglich allerdings als den größten Fehler seines Lebens bezeichnete und was ihm über die Jahre zunehmend Schwierigkeiten bereitete. Nicht zuletzt aufgrund großer kultureller Unterschiede zwischen den Unternehmen zog er sich Ende 2000 aus der Unternehmensleitung zurück und trennte sich zwei Jahre später von seinen letzten Anteilen. Viele sahen seinen Traum als Luftfahrtunternehmer als erledigt an.

Richard Branson, Milliardär und Gründer der Virgin-Gruppe, soll sinngemäß einmal auf die Frage *»Wie wird man Millionär, Herr Branson?«* geantwortet haben, dass dies ganz einfach sei: Man solle als Milliardär beginnen und eine Airline gründen. Ganz im Gegensatz dazu bewies Niki Lauda mit der Gründung seiner Fluglinie NIKI erneut, dass er es versteht, Chancen zu nutzen. Seit der Gründung im Jahr 2003 konnte das Unternehmen 2008 das fünfte Jahr in Folge einen Gewinn erwirtschaften. Die Airbus-Flotte sowie die Anzahl der angesteuerten Ziele wachsen kontinuierlich, in einer Umfrage wurde NIKI zur *besten Low-Cost-Airline 2009* gekürt.[142] Später allerdings wurde NIKI von der deutschen Fluggesellschaft Air Berlin übernommen, die Insolvenz anmelden musste. Experten sind überzeugt, dass NIKI allein überlebensfähig gewesen wäre. Die Firma wurde aber in den Air-Berlin-Strudel gezogen und musste selbst ebenfalls einen Antrag auf Eröffnung eines Insolvenzverfahrens stellen. Weil zudem die Europäische Kommission eine Übernahme durch die Deutsche Lufthansa aus kartellrechtlichen Gründen untersagte, stellte NIKI 2017 den Flugbetrieb ein. Doch Lauda wäre nicht Lauda, wenn er sich damit zufriedengäbe. Nach mehreren Prozessen gelang es ihm, NIKI über seine Firma Laudamotion zurückzukaufen.

Die Laudamotion – ein weiteres Beispiel für Laudas Gründergeist – ist ein Mobilitätsunternehmen, das unter anderem Kultautos wie Smart und Mini zu spektakulären Preisen vermietet: *»1 Smart, 1 Tag, 1 Euro.«* Die clevere Idee: Nicht am Mietwagenkunden wird das Geld verdient, sondern am Werbekunden, der die Autos mit seinen Botschaften beklebt. Obwohl er die offizielle Zielflagge der Formel 1 vor vielen Jahren zum letzten Mal sah, ist er heute in der Öffentlichkeit stärker präsent als viele aktive Formel-1-Fahrer. Nur wenige ehemalige Profisportler konnten eine ähnliche Aufmerksamkeit aufrechterhalten.

Falls Sie noch weitere Beispiele für die clevere Nutzung von *Chancen und konstruktivem Denken* suchen, sehen Sie sich Niki Laudas Markenzeichen an, die rote Kappe: Als Folge seines Unfalls auf dem Nürburgring war seine Kopfhaut schwer verbrannt, weswegen er begann, diese Kappe zum Schutz vor Blicken zu tragen. Warum daraus nicht gleichzeitig eine lukrative Werbefläche machen? Kürzlich sagte er in einem Interview mit der Wochenzeitung *Die Zeit*: »*Als es anfing, bekam ich 100 000 im Jahr. Heute sind es 1,2 Millionen Euro im Jahr.*«[143]

Wie kaum ein Zweiter hat Niki Lauda mehrmals bewiesen, dass man sich auch von größten Rückschlägen erholen kann: der schwere Unfall, das jahrelange Ringen um die Linienkonzession für Langstreckenflüge und die Überwindung des schweren Imageschadens der Lauda Air durch den Absturz einer Linienmaschine 1991, für den sein Unternehmen selbst nichts konnte. Mit der Gründung seiner Low-Cost-Airline NIKI und seiner Autovermietung Laudamotion hat er überdies bewiesen, dass man selbst unter härtesten Wettbewerbsbedingungen erfolgreich sein kann. Insbesondere die jungen Menschen in einer Gesellschaft brauchen solche Vorbilder erfolgreichen Unternehmertums.

Wie kommt man nun zu konstruktivem Denken und dem systematischen Nutzen von Chancen? Die meisten erfolgreichen Menschen haben sich konstruktives Denken schlichtweg angewöhnt. Es mag Naturtalente geben, die sich auch über Jahre durch nichts von ihrer positiven Grundhaltung abbringen lassen, aber die Mehrheit wird sich nach einigen Rückschlägen bewusst für konstruktives und positives Denken entscheiden und versuchen, sich diese Einstellung zu bewahren. Für einen wirklich langfristigen Erfolg wäre es auch etwas gewagt, sich nur auf sein »Naturell« zu verlassen, da man ja nicht wissen kann, unter welchen Druck man eines Tages geraten und welchen Grenzsituationen man ausgesetzt sein kann. Selbst die optimistischsten Sportler würden nicht auf eine Methodik und das Training ihrer mentalen Einstellung verzichten. Einige nutzen autogenes Training oder sonstige Formen von Entspannung, andere nutzen mentales Training, wieder andere nutzen Notizzettel, die sie an die richtige Einstellung erinnern. Wie man sich diese konstruktive und positive Grundhaltung angewöhnt, ist unwichtig. Was zählt, ist, *dass* man sich diese Einstellung angewöhnt und sich so diszipliniert, dass man ihr stets treu bleibt.

Ähnlich verhält es sich mit dem *systematischen Nutzen von Chancen.* Führungskräfte müssen sich zwingen, ihren Blick und den der Mitglieder der Organisation auf die Chancen zu lenken, da hier die Ergebnisse zu holen sind. Selbstverständlich können wichtige Probleme nicht ignoriert werden, aber Organisationen, die vorrangig auf Probleme fokussiert sind, statt Chancen zu suchen, sind immer in der Defensive.

Wenn man auf das Handeln von Niki Lauda schaut, so liegt nahe, dass er sich selbst bei schwierigsten Problemen sinngemäß gefragt haben muss, welche Chance selbst in diesem Problem liegen kann. Wenn Sie sich oder Ihre Organisation auf Chancen ausrichten wollen, muss das Nutzen von Chancen einen hohen Stellenwert haben und Sie müssen die entsprechende Grundeinstellung von Ihren Mitarbeitern verlangen. Die Fragen müssen in etwa lauten: »*Wo liegen aktuell besondere Chancen? Und welche Chancen in meinem Verantwortungsbereich hätten die größte Wirkung auf unsere Leistung und unsere Ergebnisse, wenn wir sie nutzen würden?*« Im Laufe der Zeit wird es für Sie und Ihre Mitarbeiter zur reflexartigen Handlung, nach Chancen zu suchen. Verinnerlichen Sie dazu die folgende Grundregel: *Denken Sie konstruktiv und seien Sie chancen- statt problemorientiert.*

Aufgaben und Denkanstöße:

- Was können Sie tun, um eine konstruktive und positive Grundhaltung zu gewinnen beziehungsweise zu stärken?

- Wo liegen aktuell besondere Chancen? Und welche Chancen in Ihrem Verantwortungsbereich würden den größten Beitrag zum Erfolg der Organisation leisten, wenn Sie diese nutzen würden?

VERANTWORTUNGSVOLL HANDELN

Eine Stunde mit Hippokrates

Der nach *Hippokrates von Kos* (460–370 v. Chr.) benannte *hippokratische Eid*, der bereits vor 2 400 Jahren formuliert worden war, war die grundlegende Selbstverpflichtung der Ärzte, ihren Beruf verantwortungsvoll und nach bestem Gewissen auszuüben. Sein zentraler Satz *»primum non nocere«* (*vor allem nicht schaden*) gilt dem Wesen nach für alle, die ihren Beruf verantwortungsvoll ausüben, so auch im Management. Kein Mediziner, Manager oder Jurist kann tatsächlich versprechen, dass er nur Gutes tun wird, er kann aber versprechen, *nicht wissentlich zu schaden*. Hierin sah Peter F. Drucker auch die grundlegende Regel beruflicher Ethik und öffentlicher Verantwortung.

Die Forderung nach seiner Einhaltung scheint sehr wenig in Anbetracht der hehren Postulate zur Corporate Social Responsibility und der Diskussionen über Unternehmensethik und Verantwortung im Management. Aber als Ausgangspunkt benötigt man etwas ganz Einfaches, aber ganz Grundlegendes: *eine persönliche Entscheidung*. Es ist die persönliche Entscheidung, seinen Beruf verantwortungsvoll wahrzunehmen.

Um diese mit dem Beruf verbundene Verantwortung einzulösen, bedarf es vor allem, *»für das, was man tut – und gelegentlich auch für das, was man zu tun versäumt hat –, einzustehen«*[144], wie es Fredmund Malik betont. Peter F. Drucker sah in vielen Diskussionen zur Unternehmensethik nichts, was mit Unternehmen, und wenig, was mit Ethik zu tun hatte. Es ging schlicht um alltägliche Ehrlichkeit, wie er fand. Die feierlichen Erklärungen, dass Manager nicht stehlen, lügen, betrügen, bestechen oder bestechlich sein sollten, kommentierte Drucker damit, dass dies keine spezielle Unternehmensethik sei und dass man hierfür auch keine brauche, denn es handle sich dabei um moralische Werte, um die grundlegende Ehrlichkeit, die selbstverständlich für jeden gelte, nicht nur für Manager.

Insbesondere höheren Führungskräften kommt diesbezüglich dennoch eine besondere Verantwortung zu. Als einzelne Person ist der Manager einerseits Angestellter eines Unternehmens mit Vorbildfunktion innerhalb der eigenen Organisation, andererseits repräsentieren gerade höhere Führungskräfte in der Öffentlichkeit aber auch einen *Berufsstand* – den des Managers. Das Problem ist, dass unmoralisches Verhalten insbesondere in den oberen Führungsetagen das Bild der Öffentlichkeit über »*die Wirtschaft*« prägt. Aufgrund der Medienpräsenz und Autorität dieser Spitzenkräfte glauben die Menschen bei Fehlverhalten dieser Personen dann, »*die Wirtschaft*« sei nun einmal so – unmoralisch, korrupt, unehrlich. Der Schaden, der durch Fehlverhalten von Spitzenkräften eines Unternehmens ausgelöst wird, reicht also weit über diese Organisation hinaus. Dass die allermeisten Spitzenkräfte ihre Arbeit redlich, verantwortungsvoll und anständig tun, gerät in der öffentlichen Diskussion vollkommen in den Hintergrund. Unverantwortliches Verhalten von Führungskräften spaltet die Gesellschaft. Es projiziert ein falsches Bild in die Öffentlichkeit und führt zur Feindseligkeit gegenüber der Wirtschaft. Und genau das kann eine moderne Gesellschaft am wenigsten brauchen. Manager haben eine Vorbildfunktion, ob sie wollen oder nicht. Sie beeinflussen durch ihr Verhalten das Bild in den Köpfen der Menschen und damit auch den Zusammenhalt in der Gesellschaft.

Im Management kann man viel lehren, aber die Bereitschaft, Verantwortung für das, was man getan hat oder versäumt hat zu tun, einzugestehen, gehört nicht dazu. Man kann Verantwortung gelegentlich erzwingen, man kann sie fordern, man kann an sie appellieren, aber letztlich bleibt es eine persönliche Entscheidung.

Mit dem einfachen Grundsatz zu beginnen, »*vor allem nicht wissentlich zu schaden*«, ist vielleicht nicht viel und nur der Anfang, aber wie die Ärzte in der Tradition des Hippokrates seit jeher wissen, ist es nicht leicht, nach dieser Maxime zu handeln.

Aufgaben und Denkanstöße:

- Setzen Sie sich mit dem Thema verantwortungsvolle Führung auseinander. Diskutieren Sie mit anderen darüber, mischen Sie sich ein.
- Stehen Sie ein für das, was Sie tun, und auch für das, was Sie versäumt haben zu tun.
- Vor allem nicht schaden.

SCHAFFENSKRAFT IM ALTER NUTZEN

Eine Stunde mit Pablo Picasso

Als *Pablo Picasso* (1881–1973) sein monumentales Meisterwerk *Guernica* schuf, war er 56 Jahre alt, und in vielen Industrienationen wäre er als Arbeitnehmer nur wenige Jahre später in den Ruhestand geschickt worden. Lassen Sie auf sich wirken, wie *grundlegend falsch* das eigentlich ist.

Picasso gilt für viele Kunstliebhaber mit seinem überaus umfangreichen Werk, das Gemälde, Plastiken, Zeichnungen, Radierungen, Keramiken und andere künstlerische Werke umfasst, als das Genie des 20. Jahrhunderts. Noch im Alter von 66 Jahren begann Pablo Picasso, sich mit Keramik zu beschäftigen; mit 70 Jahren schaffte er das ausdrucksstarke Gemälde *Massaker in Korea*; im Alter von 76 Jahren zeigte Picasso in der Serie *Las Meninas* mit 58 Gemälden, davon 44 Interpretationen des von Diego Velázquez angefertigten Meisterwerks *Las Meninas*, erneut, wie virtuos und spielerisch zugleich er mit Stilen, Themen und Techniken umgehen konnte und dabei immer seine charakteristische Handschrift behielt. Im Alter von 87 Jahren erstellte er seine Serie von Radierungen *Maler und Modell* mit 347 Blättern. Großer Erfindungsreichtum und eine ungebrochene Schaffenskraft bis zu seinem Tod im Alter von 91 Jahren machten Picasso zu einem der bedeutendsten Künstler der Moderne.

Wir leben in einer Zeit und in einer Gesellschaft, in der die Menschen gesund alt werden. In Anbetracht der Bedeutung, welche die Bevölkerungsentwicklung für die Wirtschaft hat, müssen auch Sie als Führungskraft sich mit diesem Thema beschäftigen. Für sich persönlich möchten Sie vielleicht darüber nachdenken, welchen Beitrag Sie selbst im Alter einmal leisten wollen; als Manager müssen Sie sich darüber Gedanken machen, wie Sie die Chancen aus einem Generationenmix für Ihre Organisation nutzen können. Was spricht gegen eine Altersspanne von 25 bis 75 Jahren in Ihrer Organisation? Einige von Picassos herausragendsten Werken sind schließlich in einem weit höheren Alter als mit 50 Jahren entstanden, aber schon in diesem Alter haben viele Arbeitnehmer heute Schwierigkeiten, eine neue Stelle zu finden. Obwohl sie noch vor geistiger Schaffenskraft strotzen und über einen wahren Schatz an Erfahrungen verfügen, werden sie darum gebracht, einen sinnvollen Beitrag für die Organisation zu erbringen. Dabei verschenken Organisationen in einem, zum Glück etwas nachlassenden, naiven Jugendwahn einige ihrer wertvollsten Ressourcen: *Fachwissen, Führungswissen, Allgemeinwissen, Beziehungen und Erfahrung.* Als Führungskraft müssen Sie darüber nachdenken, wie Sie Möglichkeiten schaffen können, diesen Schatz zu nutzen. Bedenken Sie zusätzlich, dass Sie in der Regel gerade bei Älteren auf Tugenden wie Disziplin, Fleiß, Bescheidenheit, Pflichtbewusstsein und Verantwortungsgefühl bauen können. Das gerät heute leider zunehmend in den Hintergrund.

Vorurteile gegenüber der 50-plus-Generation sind nachgerade schädlich für die Wirksamkeit einer Organisation. Institutionen müssen zu neuen Konzepten der Beschäftigung gelangen, in der sowohl Jung als auch Alt gemeinsam arbeiten. Praxisbezogen gesprochen heißt das Folgendes: Suchen Sie nach Chancen, wie das Potenzial von älteren Mitarbeitern möglichst lange erhalten bleibt und für die Organisation genutzt werden kann. Warum denken Sie nicht über eine kontinuierliche Verringerung der Arbeitszeit nach bei gleichzeitigem Einsatz in angepassten Aufgaben? Gestalten Sie es so, dass ältere Mitarbeiter bleiben *wollen*, weil sie leistungsgerecht eingesetzt werden und dadurch leistungsfähig bleiben. Denken Sie über Konzepte nach, die Arbeiten in altersgemischten Gruppen ermöglichen, sodass Jung und Alt gemeinsam Beiträge erbringen und auch Stärken der unterschiedlichen Altersgruppen wirkungsvoller genutzt werden.

Es ist ein großer Fehler, dass ältere Mitarbeiter meistens nicht umfassend in die Weiterbildungsprogramme integriert werden, nicht nur sind es häufig teure Mitarbeiter, auch hat die Intelligenzforschung herausgefunden, dass der Mensch erst mit 50 Jahren seine geistigen Kräfte voll ausschöpft und die Lernfähigkeit bis ins hohe Alter erhalten bleibt. Dass man differenziert und mit Augenmaß entscheiden muss, wer wann welche Ausbildung macht, ist selbstverständlich. Wenn Sie aber damit rechnen können, dass ein Mitarbeiter noch einige Jahre im Betrieb verbleiben wird, rechnet sich Weiterbildung immer, auch im Hinblick auf die dadurch vermittelte Wertschätzung. Bedenken Sie, dass Sie ein wichtiges Signal bezüglich Ihrer Unternehmenskultur senden, wenn Sie hier Chancen schaffen, und unterschätzen Sie nicht das geschaffene Vertrauen.

Wenn Sie das nächste Mal über die Gestaltung von Weiterbildungsprogrammen nachdenken oder Mitarbeiter auf Fortbildung schicken sollen, denken Sie daran, dass Konrad Adenauer im Alter von 85 Jahren zum vierten Mal zum Bundeskanzler gewählt wurde und erst mit 90 Jahren den CDU-Vorsitz niederlegte, dass Alexander von Humboldt mit 88 Jahren die Arbeit an seinem fünfbändigen Kosmos beendete und dass Michelangelo im gleichen Alter noch an der *Pietà Rondanini* arbeitete. Wenn Sie jetzt einwenden, dass in Ihrer Organisation nicht nur Genies arbeiten, so haben Sie sicherlich recht. Aber Sie werden ja auch keine Weiterbildungsprogramme für Leute konzipieren, die schon über 85 Jahre alt sind.

Vielleicht wollen Sie ja persönlich dem Rat des deutschen Schriftstellers Paul Heyse folgen, Träger des Literaturnobelpreises von 1910: *»Soll das kurze Menschenleben immer reife Frucht dir geben, musst du jung dich zu den Alten, alternd dich zur Jugend halten!«*[145]

Aufgaben und Denkanstöße:

- Was müssen Sie in Ihrer Organisation tun, um einen wirksamen Generationenmix zu etablieren, und wie können Sie ihn konkret nutzen?

- Prüfen Sie Ihre Aus- und Weiterbildungsprogramme daraufhin, ob alle Altersklassen angemessen integriert sind. Überlegen Sie, wo Sie selbst an diesen Programmen teilnehmen wollen.

- Beschäftigen Sie sich mit dem Thema Demografie und den Auswirkungen der zu erwartenden Veränderungen – in wohl kaum einem anderen Bereich lässt sich die Zukunft so klar prognostizieren. Versuchen Sie »die Zukunft zu erkennen, die bereits geschehen ist«, und die Auswirkungen auf Ihre Organisation, wie es im Kapitel mit Ray Kroc besprochen wurde.[146]

VERANTWORTUNG ÜBERNEHMEN

Eine Stunde mit Harry S. Truman

Harry Truman (1884–1972) wurde von Präsident Franklin D. Roosevelt im Jahr 1944 zum Vizepräsidenten der USA berufen; nach Roosevelts plötzlichem Tod am 12. April 1945 wurde er verfassungsgemäß Präsident der Vereinigten Staaten. Zum Vizepräsidenten wurde er unter anderem deshalb ernannt, weil er herausragende innenpolitische Kompetenzen hatte und weil mit dem sich abzeichnenden Kriegsende angenommen wurde, dass die Vereinigten Staaten sich nach dem Krieg vermehrt auf innere Angelegenheiten konzentrieren würden, wodurch seine geringe außenpolitische Erfahrung nicht weiter ins Gewicht fallen würde. Es kam aber anders: Er erkannte bald, dass die Außenpolitik weiterhin das dominierende Thema bleiben würde, somit musste sein zentraler Beitrag als Präsident auch auf diesem Gebiet liegen. Gleichzeitig war ihm bewusst, dass er sich in der Vergangenheit wenig für das Thema interessiert hatte und praktisch nichts darüber wusste. Die Verantwortung, sein Land außenpolitisch zu vertreten und damit auch die weltpolitischen Verhältnisse der Nachkriegszeit zentral mitzugestalten, musste er aber dennoch übernehmen. Truman stellte sich nicht die Frage, *womit er sich gerne beschäftigen möchte* – das wäre seine Leidenschaft, die Innenpolitik, gewesen –, sondern er fragte: »*Was muss ich in dieser Situation beitragen?*«

Was dann folgte, ist eines der bemerkenswertesten Beispiele des Aufbaus von Kompetenz und der völligen Umorientierung eines Politikers. Truman ließ sich nach der Übernahme des Präsidentenamts monatelang umfassend von General George Marshall und Dean Acheson, dem späteren amerikanischen Außenminister, einweisen. Im Ergebnis war es Truman, weniger Churchill oder Stalin, der den entscheidenden Einfluss auf die Neugestaltung der Weltordnung in den Nachkriegsjahren ausübte. Beispiele hierfür sind seine ablehnende Haltung gegenüber den Machtansprüchen der Sowjetunion in Ost-, Südost- und Mitteleuropa sowie die Begrenzung des Kommunismus durch die Containment-Politik. Dazu gehören auch die Gründung der NATO, der Marshallplan zum Wiederaufbau Westeuropas, die Unterstützung des Wiederaufbaus von Japan sowie seine Bemühungen zur Stabilisierung der »freien Welt« mittels einer global ausgerichteten Militär- und Wirtschaftspolitik. Begonnen hat diese Entwicklung mit der *Übernahme der Verantwortung* für das zentrale Thema jener Zeit. Oder um es mit Trumans eigenen Worten etwas salopp auszudrücken: »*The buck stops here*« – »*Der Schwarze Peter bleibt bei mir hängen.*« Führung bedeutet Verantwortung, nicht Rang, Status oder Privilegien. Jede wirksame Führungskraft weiß, dass letztlich sie selbst und niemand sonst verantwortlich ist. Die Übernahme von Verantwortung ist Voraussetzung für wirksame und glaubwürdige Führung.

Für die Umsetzung in der Praxis sollten Sie die folgenden zentralen Punkte beachten, wenn Sie Verantwortung in der Führung einer Organisation kompetent erfüllen wollen:

1. Führung ist Verantwortung
Diese Grundprämisse müssen Sie akzeptieren und leben. Ihre Führungsposition haben Sie, damit Sie eine Verantwortung einlösen; Rang, Status, Geld und Privilegien sind nicht die Punkte, um die es geht.

2. Die Aufgabe ist wichtig, nicht Sie
Ordnen Sie sich der Aufgabe unter. Nicht Ihre Wünsche, Bedürfnisse und Neigungen sind entscheidend, sondern die Erfordernisse der Aufgabe, der Sie gerecht werden müssen. Die wirklich Großen der Geschichte waren immer ihrem Werk verpflichtet.

3. Es geht um Ihre Ergebnisse, nicht um Ihre Beliebtheit
Führung ist kein Beliebtheitswettbewerb. Sie sind für Ergebnisse verantwortlich und nicht dafür, jedem zu gefallen.

4. Stehen Sie zu Ihrer Verantwortung
Geben Sie Fehler zu. Wenn die Dinge nicht so laufen wie beabsichtigt, stehen Sie dafür gerade. Wenn Mitarbeiter Fehler machen, sind dies *nach außen* und nach *oben* immer auch Fehler des Chefs. Nach *innen* muss ein Mitarbeiter seinen Fehler in Ordnung bringen, aber er muss sich auf den Rückhalt bei seinem Chef verlassen können.

5. Hören Sie zu und lernen Sie, die Verantwortung kompetent einzulösen
Wenn Sie nicht zuhören, werden Sie nie zu einer herausragenden Führungskraft. Zuhören zu *können* ist eine willentliche Entscheidung. Es erfordert Selbstdisziplin und Offenheit. Wenn Sie ein Thema, das Sie verantworten, noch nicht im Griff haben, dann erweitern Sie Ihr Wissen. Truman ist hierfür ein Maßstäbe setzendes Vorbild. Die Verfügung über Kompetenz ist Grundvoraussetzung für glaubwürdige Führung.

6. Machen Sie sich durch gute Kommunikation verständlich
Wenn Sie wirksam führen wollen, müssen Sie sich verständlich machen. Sie brauchen die Unterstützung von vielen Mitarbeitern, Vorgesetzten und Kollegen. Bringen Sie viel Geduld mit, es kann dauern.

7. Erkennen Sie, dass Sie sich durch die Übernahme von Verantwortung selbst weiterentwickeln
Die größte Verantwortung für Ihre eigene Entwicklung tragen Sie selbst. Wenn *Sie* nicht danach streben, Ihre Aufgabe exzellent zu erfüllen, wird es nicht geschehen. Ziehen Sie sich selbst für Ihre Leistung zur Verantwortung, dies ist ein ganz wesentlicher Faktor für Ihren Erfolg.

8. Seien Sie Vorbild
Als Führungskraft haben Sie eine große Sichtbarkeit. Ihr Vorbild setzt den Standard für Ihren Verantwortungsbereich, und wenn Sie hoch in der Hierarchie stehen, geht dies weit darüber hinaus. Seien Sie sich dieser Verantwortung und Wirkung bewusst.

Aufgaben und Denkanstöße:

- Was müssen Sie tun, um die acht Punkte umzusetzen? Vereinbaren Sie mit sich selbst Maßnahmen zu deren Umsetzung.

- Welchen Beitrag können Sie in Ihrer Organisation leisten, damit eine durch Leistung und Verantwortungsbereitschaft gekennzeichnete Kultur gelebt wird?

SICH ÜBER DAUERHAFTE LEISTUNGSFÄHIGKEIT GEDANKEN MACHEN

Eine Stunde mit Jamie Oliver

Lassen Sie sich nicht weismachen, Sie müssten sportlich sein wie Haile Gebrselassie, eine Kraft in der Führung haben wie Larry Ellison oder ein Entertainer sein wie Robbie Williams, um ein erfolgreicher Manager zu sein, am besten noch mit einer Intelligenz wie Einstein und einem Aussehen wie George Clooney. Die ganzen Vorstellungen, wie Manager zu sein hätten, und alle Behauptungen, wie sie angeblich tatsächlich seien, können Sie samt und sonders vergessen. Es geht im Management um *Resultate*, und die Manager, die sie erbringen, sind so unterschiedlich, wie Menschen nur sein können. Es gibt alles. Dieses Kapitel hat *nichts* mit Management im engeren Sinne zu tun, es geht hier mehr um eine persönliche Entscheidung. Eine Entscheidung, die Sie für sich selbst treffen und vielleicht auch für Ihre Familie. Diese Entscheidung wird Sie aber nicht zu einem besseren Manager machen. Wenn man das Thema dennoch unbedingt auf das Management beziehen wollte, so könnte man behaupten, es habe etwas mit dauerhafter Leistungsfähigkeit zu tun.

Der Starkoch *Jamie Oliver* (*1975) hat es sich zur Aufgabe gemacht, Menschen für gesundes Essen zu interessieren. Dazu hatte er zum Beispiel mit der amerikanischen Sendeanstalt ABC eine Reality-TV-Show konzipiert und moderiert, bei der die Bewohner einer US-Kleinstadt in die *Kunst des gesunden Essens* eingeweiht werden. Der Kultstatus, den sich Jamie Oliver über die Jahre erarbeitet hat, bewirkt, dass er mit seinem Vorhaben auch wirklich einen wichtigen Beitrag zum Thema Gesundheit leisten kann. Diese Leistung bleibt unbestritten, auch wenn 2017 einige seiner Restaurants in finanzielle Schieflage und in die Kritik geraten sind – unter anderem wegen Hygieneproblemen und der Verwendung mangelhaften Fleischs (von dessen Lieferanten sich Oliver sofort getrennt hat). Immerhin hat er nicht nur bei vielen Endverbrauchern ein Umdenken in Richtung gesündere Ernährung und allgemeines Gesundheitsbewusstsein gefördert. Der Brite hat auch

Kochkollegen weltweit dazu bewegt, ihm nachzueifern und ihrerseits eine bewusste, leichte und oftmals regionale Küche zu promoten.

Die Erfahrung, wie schwierig, zäh und teils unmöglich die Reform von Essgewohnheiten ist, hat Oliver in England dabei bereits bei seinen Bemühungen zur Verbesserung der britischen Schulnahrung machen müssen. Und dies, obwohl seine frühere Kampagne *Feed me better* mit der Unterstützung der Regierung durchgeführt wurde, die die Umstellung der Speisepläne in Musterschulen förderte. Die Politik hatte sich bereit erklärt, zusätzliche 280 Millionen Pfund für gesünderes Essen an Schulen auszugeben. Dank Millionen verkaufter Bücher und Millionen Zuschauer seiner Kochshows (die die erfolgreichsten ihrer Art sind) und wegen seiner sonstigen Medienpräsenz ist Jamie Oliver ein Popstar in mehr als 50 Ländern geworden. Für seine ausgefallenen Kochkünste sowie für sein Engagement für mehr Gesundheitsbewusstsein erhielt er zahlreiche Preise und Auszeichnungen. Darüber hinaus gewann er den *GQ Man of The Year Award* und wurde 2003 zum *Member of the Order of the British Empire* ernannt.

Die westlichen Gesellschaften und Japan werden geprägt sein durch eine alternde Belegschaft in den Organisationen. Dies wird diese Gesellschaften dazu zwingen, das Konzept eines fixierten Rentenalters aufzugeben. Besonders die Wissensarbeiter werden körperlich in der Lage sein, noch bis ins hohe Alter zu arbeiten, weit über das traditionelle Rentenalter hinaus. Es wird zunehmend die Norm werden, dass wir von einem 50 Jahre dauernden Arbeitsleben sprechen. Vor diesem Hintergrund lohnt es sich, kritisch darüber nachzudenken, wie man mit dem Thema Gesundheit umgehen will. Es lohnt sich für jeden persönlich, für alle Organisationen und für die Gesellschaft als Ganzes.

Aufgaben und Denkanstöße:

- Treffen Sie eine persönliche Entscheidung im Hinblick auf das Altern in Gesundheit und setzen Sie diese um.
- Was werden Sie konkret bis wann tun?

SICH FÜR MEHR ALS SICH SELBST ENGAGIEREN

Eine Stunde mit Muhammad Yunus

»Den Armen werden alle Menschenrechte vorenthalten. Bittere Armut weckt Enttäuschung, Feindseligkeit und Wut, die den gesellschaftlichen Frieden unmöglich machen. Um einen stabilen Frieden zu erreichen, müssen wir den Menschen die Möglichkeit geben, ein Leben in Würde zu führen.«[147]

Der Gründer einer Bank erhält den Friedensnobelpreis – wer hätte das geglaubt? Die Verleihung im Jahr 2006 zu gleichen Teilen an *Muhammad Yunus* (*1940) und die *Grameen Bank* kam jedoch nicht völlig überraschend, ist die von ihm gegründete Grameen Bank doch Vorbild der gesamten globalen Mikrofinanzbranche geworden. Yunus war ein Pionier bei der Vergabe von Krediten, zumeist über geringe Summen, an Arme, er rückte dieses Thema erstmals in das Zentrum der öffentlichen Aufmerksamkeit. In der Begründung des Nobel-Komitees heißt es: *»Dauerhafter Frieden kann nicht erreicht werden, wenn nicht große Bevölkerungsgruppen Wege finden, um der Armut zu entkommen. Kleinstkredite sind ein solcher Weg. Entwicklung von unten dient auch der Förderung von Demokratie und Menschenrechten.«*[148]

Inzwischen sind Mikrokredite ein weitverbreitetes Instrument zur Armutsbekämpfung in Entwicklungsländern. Armen Menschen ist der Zugang zu Krediten in der Regel unmöglich, da sie keine Sicherheiten vorweisen können. Häufig reichen aber bereits kleinste Summen aus, um eine Geschäftsidee zu verwirklichen. So können schon so geringe Beträge wie fünf oder 50 Dollar viel Geld sein, wenn damit durch den Kauf einer Töpferdrehscheibe, eines Mühlsteins, eines Pflugs oder einer Rikscha eine Existenzgrundlage geschaffen werden kann. Ohne diesen Kredit können die Armen ihr Potenzial nicht heben, wie Yunus immer wieder betont. *»Die Menschen brauchen keine Geschenke, sie brauchen Chancen.«*[149] Durch die Gewährung von Kleinstkrediten bekommen sie eine solche Chance, können sich schrittweise aus ihrem Elend befreien und letztlich den Kredit an die Grameen Bank zurückzahlen.

Die Höhe der Kredite ist an die Zahlungsfähigkeit der Armen angepasst, damit sie nicht in die Falle der Überschuldung gelangen; typischerweise liegt die Summe bei der Grameen Bank bei etwa 20 Euro. Selbstverständlich werden die ausgeliehenen Summen verzinst, schließlich ist das Darlehen nicht als Almosen konzipiert, sondern es soll sich selbst tragen. Insbesondere durch den Verzicht auf jegliche Sicherheit unterscheiden sich die Kleinstkredite von den herkömmlichen kommerziellen Krediten.

Die Kredite sind an eine Reihe von ziemlich ungewöhnlichen Prinzipien geknüpft: So vergibt die Grameen Bank Geld inzwischen fast ausschließlich an Frauen, weil »*diese einfach sorgsamer mit dem Kapital umgehen*«[150], wie Yunus sagt. Dadurch aber, dass die Frauen die Verantwortung für die Finanzen erhalten, werden sie für den Familienbetrieb unersetzlich, was den Frauen praktisch immer hilft, die gegebenen Benachteiligungen in ihrer familiären Stellung zu kompensieren. In der vom Islam geprägten Gesellschaft Bangladeschs kommt das einer Revolution gleich. Dennoch wurde Yunus 2011 ausgerechnet von einer Frau, der damaligen Ministerpräsidentin Bangladeschs, aufgrund von Anschuldigungen der Misswirtschaft und Unterschlagung abgesetzt, die sich später als haltlos herausstellten. Als ein weiteres Prinzip müssen sich immer jeweils fünf einzelne Kreditnehmerinnen in einer Gruppe zusammenschließen. Innerhalb dieser Gruppe beraten sie sich regelmäßig und kontrollieren sich gegenseitig bei der Rückzahlung der einzelnen Darlehen. Die Auszahlung erfolgt hierbei nicht an alle fünf Frauen gleichzeitig, vielmehr erhält zunächst nur ein Gruppenmitglied die gewünschte Geldsumme; den restlichen Frauen wird ihr Kredit erst dann gewährt, wenn das Rückzahlungsverhalten des ersten Mitglieds über einen gewissen Zeitraum beobachtet und als zuverlässig eingestuft wurde. Wird ein Mitglied nachlässig, ist automatisch die ganze Gruppe davon betroffen – aus Sicht des Managements also ein eindrückliches Beispiel für wirksame Selbststeuerung.

Es gibt noch viele weitere Regeln, die, wie Yunus betont, aus der täglichen Erfahrung im Kampf gegen die Armut entstanden sind.

So verpflichten sich die Frauen, die Kinderzahl zu begrenzen, Wasser nur abgekocht zu trinken und möglichst viel Gemüse anzubauen. An diesen und einer Vielzahl weiterer Beispiele lässt sich zeigen, wie pragmatisch eine Organisation durch umgesetzte Lernerfahrungen wirksamer gemacht werden kann. Bei seinen ersten Krediten war Yunus jedenfalls überrascht, wie schnell er das Geld zurückbekam. Heute verweist er stolz darauf, dass die Ausfallquote der Kredite seiner Bank gerade mal bei zwei Prozent liegt.

»*Als ich anfing, hatte ich keine Ahnung*«, sagte Yunus. »*Wir Professoren waren alle so klug. Doch über die Armut um uns herum wussten wir nichts.*«[151] In der Tat wurde ihm sein Engagement für Armut keineswegs in die Wiege gelegt. Er stammt aus einer angesehenen Familie in Bangladesch und wurde von seinem Vater, einem Juwelier, auf die besten Schulen geschickt. So begann sein Werdegang mit dem Studium der Volkswirtschaften auch recht typisch für einen Sohn aus gutem Hause. Ausgestattet mit einem Fulbright-Stipendium, promovierte er anschließend in Tennessee an der Vanderbilt University. Im Jahr 1972 wurde er Professor an der Universität seiner Heimatstadt Chittagong und hatte sich seiner Ansicht nach perfekt von der Armut isoliert. Nach der Unabhängigkeit von Pakistan raffte im Jahr 1974 eine Hungersnot Hunderttausende Menschen in Bangladesch dahin – dies war der Wendepunkt in seinem Leben: »*Ich fing an, mich selbst zu hassen, die Arroganz, in der ich tat, als wüsste ich mit meinen eleganten Wirtschaftstheorien die Antwort.*«[152]

Yunus begann, mit seinen Studenten in die Dörfer zu gehen, und rief im Jahr 1976 das *Grameen Bank Project* ins Leben, aus dem 1983 die *Grameen Bank* hervorging, der er bis März 2011 als Managing Director vorstand. Er selbst hat neben dem *Friedensnobelpreis* die *Presidential Medal of Freedom* (die höchste amerikanische Ehrung für Zivilisten) erhalten und darüber hinaus weltweit unzählige weitere Ehrungen. Yunus hat aber auch Kritiker. Es gibt Menschen, die ihm vorwerfen, seine Zinsen seien zu hoch und er kümmere sich nicht genug um die Ärmsten der Armen, jene Menschen nämlich, die nicht mehr arbeiten können, weil sie beispielsweise zu krank sind. Er lässt sich davon glücklicherweise nicht irritieren, denn vermutlich weiß er, dass jeder erfolgreiche Mensch in der Geschichte immer Kritiker und Neider hatte. Es wäre interessant zu wissen, wie viele seiner Kritiker ihre Äußerungen aus der Gemütlichkeit der wohligen Studierstube heraus hervorbringen und auf welche echten Ergebnisse sie im Vergleich zu Yunus verweisen könnten ...

In der Arbeit von Muhammad Yunus zeigt sich eindrucksvoll die weitreichende Macht von wirksamem Management bezogen auf das *Individuum*, die *Organisation* und die *Gesellschaft*.

Er schafft *gesellschaftlichen Nutzen* durch die Schaffung von *Nutzen für Kunden*. Wohlgemerkt: Indem Yunus seinen Kunden überragenden Nutzen bietet, entwickelt er eine starke und gesunde *Organisation*, die somit auch in der Lage ist, einen Beitrag zu einer stabilen und gesunden *Gesellschaft* zu leisten. Die Reihenfolge ist hierbei wichtig und kann nicht beliebig geändert werden, an erster Stelle *muss* der Nutzen für Kunden stehen. Die gesellschaftliche Pflicht der Organisation wird *nicht* durch die besonderen gesellschaftlichen Verantwortungen, Social Responsibilities, erfüllt, sondern durch die Schaffung zufriedener Kunden.

Jede Organisation muss selbstverständlich für den Einfluss und die Auswirkungen, die sie auf direkt oder indirekt beteiligte Menschen und die Umwelt ausübt, die Verantwortung übernehmen. Aber sie kann weiter reichende Verantwortung für gesellschaftliche Aufgaben nur insoweit übernehmen, als die Organisation dadurch nicht die Erfüllung ihres eigentlichen Zwecks, ihre Business Mission, gefährdet und als sie auf dem Gebiet, auf dem sie Verantwortung übernehmen soll, überhaupt kompetent ist. Andernfalls geriete die Organisation selbst in Schwierigkeiten oder würde Schaden anrichten. Man muss folglich der Versuchung widerstehen, großen und starken Organisationen der Wirtschaft und des Non-Profit-Sektors Aufgaben zu übertragen, für die sie keine Verantwortung übernehmen können, weil sie sie schlicht nicht einzulösen imstande sind. Gute Absichten sind eben nicht immer gesellschaftlich verantwortungsvoll.

Auch bei dem großen Ziel der Grameen Bank, dem Kampf gegen die Armut, gilt: Nur wenn das Unternehmen Kunden hat, kann es andere gesellschaftliche Aufgaben übernehmen. Der große Gleichklang zwischen *zufriedenen Kunden* und der *Schaffung von gesellschaftlichem Nutzen*, der hier einen Beitrag bis hin zum Weltfrieden leistet, ist bei der Grameen Bank aufgrund des spezifischen Unternehmenszwecks und des besonderen Geschäftsmodells ausgesprochen deutlich. Das Wundervolle an diesem Beispiel ist, dass es zeigt, welche früher für unmöglich gehaltenen Geschäftsmodelle durch gutes Management realisiert werden können. Niemand hätte zuvor geglaubt, dass Arme derart wirkungsvoll und nachhaltig in den Wirtschaftskreislauf integriert werden können.

Bei Yunus kann man unzählige Beispiele wirksamer Führung aufzeigen: Sei es bei Innovation, wo er in einer Vielzahl von Fällen Neuland betreten hat, sei es im Umgang mit Risiko, das er bewusst, aber nie unkalkuliert eingeht, sei es in der Nutzung von Selbstorganisation oder bei seiner klugen Einbindung von mächtigen Partnern für die Erreichung gemeinsamer Ziele. Ein Aspekt ist aber ganz besonders herauszustellen: Er beweist *echte Führerschaft*, also das, was über richtig verstandenes, professionelles Management hinaus möglich ist.

Lesen wir, was Peter F. Drucker über Leadership schreibt: »*Die letzte grundlegende Fähigkeit [von vier Fähigkeiten, die ein echter Führer braucht] ist die Bereitschaft zu erkennen, wie unwichtig er im Vergleich zur Aufgabe ist.*«[153]

[…] »*Das Wichtigste, was es zu tun gilt, ist, ich sage es immer wieder: Richte deinen Blick auf die Aufgabe, nicht auf dich selbst. Die Aufgabe ist von Bedeutung, du bist ihr Diener.*«[154]

Wie könnte Yunus diese Geisteshaltung echter Führerschaft besser zum Ausdruck bringen als mit seinem oben zitierten Worten zum erhaltenen Nobelpreis?

Aufgaben und Denkanstöße:

· Engagieren Sie sich für mehr als sich selbst.

· Richten Sie Ihren Blick auf die Aufgabe, nicht auf sich selbst. Die Aufgabe ist von Bedeutung, Sie sind ihr Diener.

Epilog

Sie haben sehr viel über das Thema wirksames Management erfahren. Die wichtigste Frage an dieser Stelle des Buches ist jetzt:

Was werden Sie ab morgen anders machen?

Das wirklich Interessante ist die Umsetzung von wirksamem Management. Wenn Sie jetzt den wirklichen Nutzen aus dem Buch ziehen wollen, dann konzentrieren Sie sich auf die Umsetzung.

Die Fragen in diesem Buch sind allesamt bewährte Fragen aus der *Praxis des wirksamen Managements*. Beginnen Sie mit jenen, die für Sie den größten Nutzen beinhalten, und gehen Sie von dort aus weiter. Es ist nicht so wichtig, wo Sie beginnen, wichtig ist, dass Sie letztlich den gesamten Kreis aller Fragen durchlaufen. Die drei Teile des Buches sind die wesentlichen, die Sie beim Thema Führung beachten müssen. Jedes Kapitel bietet hierbei ein wichtiges Modul für wirksames Management und gleichzeitig sind alle Module miteinander kompatibel.

Bis auf die Ausnahme einzelner Spitzenorganisationen können alle *effektiver* und *effizienter* werden; bis auf die Ausnahme der wenigen allerbesten Führungskräfte können alle *effektiver* und *effizienter* werden – und oft arbeiten gerade die allerbesten Organisationen und Führungskräfte am konsequentesten weiter daran, ihre Leistungsfähigkeit zu steigern.

Worauf sollten Sie jetzt bei der Umsetzung achten?

1.   Den Sinn klar vor Augen haben

Verschaffen Sie sich Klarheit, *warum* Sie dieses Wissen beherrschen wollen. Es muss Ihr Grund sein, er muss für Sie sinnvoll sein und nur Sie selbst können ihn definieren. Seien Sie also ehrlich zu sich, was Ihr Motiv ist, *wirksames, effizientes* und *verantwortungsvolles Management* zu erlernen. Wenn Sie einen wichtigen Grund haben, wird er Ihnen jene Kraft geben, dann durchzuhalten, wenn es mühsam wird. Wirksames Management *kompetent* auszuführen ist anspruchsvoll, genauso wie es jedes Sachwissen in den unterschiedlichen Disziplinen auch ist. Aber Management ist lernbar und es ist sehr lohnend – wenn

Sie die Beispiele und Leistungen in diesem Buch interessiert haben, dann wissen Sie, warum: *Managementwissen ist Erfolgswissen.*
Es gibt im Management keine Geheimnisse. Wie im Vorwort bereits gesagt: Wenn Sie dieses Wissen anwenden, werden Sie sehr *wirksam*, sehr *effizient* und wahrscheinlich auch sehr *erfolgreich*.

2. Konzentrieren Sie sich auf eine (!) Sache
Falls es doch ein Geheimnis im Management gäbe, so wäre es die *Konzentration auf eine (!) Sache.* Seien Sie in Ihrer Umsetzung wirksamen Managements hierbei *kompromisslos* und nehmen Sie sich immer nur *ein* Thema vor, das Sie dann aber auch wirklich realisieren. Je mehr Sie sich auf ein Thema konzentrieren, umso schneller wird es Ihnen zur Gewohnheit werden; mit dem nächsten Thema bauen Sie dann darauf weiter auf. Es gibt keinen schnelleren Weg, wie man dauerhaft wirksam und effizient wird. Wenn Sie es anders machen, gehen Sie ein großes Risiko ein, alles ein bisschen zu beherrschen, aber nichts wirklich kompetent – und das größte Risiko ist, dass Sie die Umsetzung abbrechen, weil sich eben keine Ergebnisse und somit auch keine Erfolge einstellen. Konzentrieren Sie sich auf eine Sache, hierin liegt der Schlüssel zum Erfolg.

3. In den eigenen Terminkalender eintragen
Tragen Sie sich die Themen, mit denen Sie sich befassen wollen, in Ihren Terminkalender ein. Alles benötigt Zeit, und nur wenn Sie diese Zeit konsequent frei halten, um am Thema zu arbeiten, werden Sie Ergebnisse erlangen, anderenfalls bleibt es bei guten Absichten. Da Sie bei vielen der angesprochenen Themen in Diskussionen mit Ihren Kollegen, Mitarbeitern oder Ihrem Chef gehen müssen, vielleicht sogar mit Kunden oder anderen Externen, benötigen Sie dafür ebenfalls einen Termin. Was im Terminplan einer Führungskraft steht, hat gute Chancen, erledigt zu werden, was nicht drinsteht, wird eben auch nicht getan. Nehmen Sie sich genügend Zeit, die Themen bis zum Ende zu durchdenken, auch das ist nicht schwierig, aber man muss darauf bestehen und sich die entsprechende Mühe machen, sonst holt Sie dies in der Umsetzung ein.

4. Maßnahmen definieren
Eine Schlüsselfrage umsetzungsstarker Organisationen lautet: *Wer macht was bis wann?*

Wenn von einer Führungskraft oder einem Gremium entschieden wurde, *was* zu tun ist, muss immer eine *konkrete Person* benannt werden, die für die Realisierung der Entscheidung die Umsetzungsverantwortung übernimmt. Diese Person sorgt dafür, dass realisiert wird, die Verantwortung für die Entscheidung selbst bleibt beim Entscheider respektive dem entsprechenden Gremium. Alle Erfahrung zeigt, dass Umsetzungsstärke aus individueller Verantwortung resultiert, benennen Sie deshalb nicht ein Team, eine Gruppe oder ein Gremium.

Achten Sie abschließend darauf, dass jede Maßnahme mit einem konkreten Termin versehen ist, bis *wann* sie realisiert ist. Setzen Sie diesen lieber zu eng als zu weit, da Sie meist leicht etwas mehr Zeit geben, hingegen nur schwierig einen Termin vorziehen können.

Seien Sie sich bei Entscheidungen in Organisationen im Klaren darüber, dass Sie nie *alle* gewinnen können. Wenn Sie an Umsetzungsstärke interessiert sind, konzentrieren Sie sich darauf, die *Schlüsselpersonen* davon zu überzeugen, eine Entscheidung mitzutragen. Diese Gruppe wird oft gar nicht mal so groß sein, aber ihr Wort hat Gewicht. Es sind die besten Köpfe Ihrer Organisation. Erfahrene hochrangige Führungskräfte tun sehr viel dafür, unter diesen Topleuten *Konsens* und *Commitment* herzustellen, da sie wissen, dass Umsetzung *gegen* den Willen dieser starken Leute fast immer zum Scheitern verurteilt ist. Das ist auch logisch: Es sind Ihre besten und am meisten respektierten Führungskräfte. Wenn diese sich untereinander schon nicht einig sind, was zu tun ist, wie kann man dann erwarten, dass die anderen Mitglieder der Organisation wüssten, was zu tun ist?

5. Umsetzung kontrollieren

Realisierungsstarke Organisationen lassen eine getroffene Entscheidung nicht mehr aus den Augen, bis sie entweder realisiert ist oder aus guten Gründen zurückgestellt wurde. Keine beschlossene Maßnahme geht aber vergessen! Alles kommt auf *Wiedervorlage*. Sorgen Sie deshalb dafür, dass Sie über eine absolut lückenlose Umsetzungskontrolle verfügen. Halten Sie die Dinge, die Sie selbst erledigen wollen oder die Sie an andere delegiert haben, *schriftlich* fest und vergeben Sie *immer* einen Termin, wann das Thema bei Ihnen auf Wiedervorlage kommt. Schwierig ist das nicht, es erfordert aber *Disziplin*. Schauen Sie sich die Ergebnisse vor allem auch persönlich an und verlassen Sie sich nicht nur auf die Berichte. Umsetzungsstärke resultiert daraus, dass Sie konsequent nachfassen, bis das Ergebnis vorliegt. Das macht Sie nicht immer bequem, aber es macht Sie wirksam und respektiert. Führungskräfte überzeugen durch erreichte, für das Unternehmen wichtige Ergebnisse. Hierin zeigt sich ihre Kompetenz, hierin zeigt sich ihre Wirksamkeit.

Management ist eines der faszinierendsten Themen, die es gibt. Sie können unendlich viel gestalten, wenn Sie dieses Wissen anwenden:

Was werden Sie also ab morgen tun?

»Managementwissen ist der Schlüssel zum Erfolg von Individuen, Organisationen und Gesellschaften«, lautete der erste Satz der Einführung. Nutzen Sie die Chancen, die Sie mit diesem Wissen in Ihren Händen halten.

Stimmen zum Buch

»Management ist lernbar. Allerdings helfen Binsenweisheiten heutzutage wenig. (…) Die Managementidee muss viel mehr demokratisiert werden. Managementwissen ist Erfolgswissen für alle Lebenslagen, und Erfolg zu haben kann jeder lernen. Das ist der simple Ausgangspunkt dieses Buches.« **FAZ/ Frankfurter Allgemeine Zeitung**

»Profund, praxisrelevant, unterhaltsam (...) Geistreich und fundiert (…) Arnold meistert die Aufgabe, seinen Stoff menschennah und doch seriös zu vermitteln, mit Leichtigkeit. Dabei ist die Lektüre auch für Laien unterhaltsam, die Sprache schnörkellos, präzise (...) das originelle Buch ist eine kluge und unaufdringliche Anleitung zum Erfolg. Für Topmanager genauso empfehlenswert wie für Nachwuchskräfte – ein Buch für Praktiker.« **NZZ am Sonntag**

»Den kompaktesten Ansatz bei der Suche nach den wesentlichen Grundsätzen von Führung und Management liefert (…) Frank Arnold. In seinem lesenswerten Kompendium *Management – Von den Besten lernen* verführt er den Leser dazu, eine Stunde mit Madonna, Steve Jobs, Jack Welch oder Thomas Mann zu verbringen. 62* kurze Biografien von Persönlichkeiten (…) verknüpft er mit zentralen Managementlehren. (…) die Vielfalt der Biografien [macht] auch den Reiz des Buches aus. Und ganz nebenbei bringt Arnold das Kunststück fertig, ein Managerbuch zu schreiben, das viele Leser ohne Fachinteresse finden kann.« **Handelsblatt**

»Lesen! Managementwissen, so der Gedanke, ist nicht nur in der Wirtschaft vorhanden. Und so wählt Frank Arnold Personen aus Sport, Unterhaltung, Politik oder Kultur aus und analysiert, welche Entscheidungen ihnen zum Erfolg verhalfen. Das ergibt eine illustre Mischung, die über Warren Buffett, Bill Gates und Barack Obama bis zu König Salomo, Hippokrates oder Herbert von Karajan reicht.« **Welt am Sonntag**

* Dieses Zitat bezieht sich auf die erste Ausgabe, in dieser Neuausgabe sind 63 Beispiele enthalten.

Literaturverzeichnis

Allen, David: *Getting Things Done – The Art of Stress – Free Productivity*, überarbeitete Auflage, New York: Penguin Books 2015.

Beer, Stafford: *The Heart of Enterprise*, 4th Edition, Chichester: John Wiley & Sons 2000.

Bennis, Warren: *On Becoming a Leader*, 4., überarbeitete und erweiterte Aufl. Reading: Perseus Books 2009.

Brandt, Richard L.: *One Click: Jeff Bezos and the Rise of Amazon.com*, New York: Portfolio/Penguin Group 2012.

Branson, Richard: *Losing My Virginity: How I Survived, Had Fun, and Made a Fortune Doing Business My Way*, Updated Edition, New York: Crown Business 2007.

Buffett, Warren: *Essays von Warren Buffett – Ein Buch für Investoren und Unternehmer*, 2., unveränderte Aufl., München: FinanzBuch Verlag 2012.

Clausewitz, Carl von: *Vom Kriege,* Erstdruck: Berlin 1832/1834, vollständige Ausg., Hamburg: Nikol Verlag 2018.

Collins, Jim: *Good to Great – Why Some Companies Make the Leap And Others Don't*, New York: Random House Business, New York 2001.

Collins, Jim: *How the Mighty Fall – Why Some Companies Never Give In*, New York: HarperCollins Publishers 2009.

Collins, Jim/Porras, Jerry I.: *Built to Last – Successful Habits of Visionary Companies*, 3rd Edition, New York: 2004.

Crainer, Stuart: *Die 75 besten Managemententscheidungen aller Zeiten*, München: Redline Verlag 2002.

Dell, Michael: *Direkt von Dell – Die Erfolgsstrategie eines Branchenrevolutionärs*, Frankfurt am Main/New York: Campus Verlag 1999.

Drucker, Peter F.: *Adventures of a Bystander,* 5th Edition (Harper & Row Publishers 1978), New Brunswick, London: Transaction Publishers 2005.

Drucker, Peter F.: *Innovation and Entrepreneurship – Practice and Principles*, Reprinted Edition.

Drucker, Peter F.: *Management – Tasks, Responsibilities, Practices,* 2., überarbeitcte Aufl. Amsterdam. Butterworth-Heinemann 2007.

Drucker, Peter F.: *The Effective Executive – The Definitive Guide to Getting the Right Things Done*, Reprinted Edition (Harper & Row Publishers 1967), New York: HarperCollins Publishers 2006.

Drucker, Peter F./Maciariello, Joseph A.: *Management* – Revised Edition, New York: HarperCollins Publisher 2008; Revised Edition of: *Management – Tasks, Responsibilities, Practices*, Harper & Row 1973.

Frankl, Viktor E.: ... *trotzdem Ja zum Leben sagen – Ein Psychologe erlebt das Konzentrationslager*, Neuauflage, München: Penguin Verlag 2018.

Franklin, Benjamin: *Autobiographie*, München: C.H. Beck Verlag 2003.

Gerstner jr., Louis V.: *Who Says Elephants Can't Dance? – Inside IBM's Historic Turnaround*, London: HarperCollins Publishers 2002.

Gigerenzer, Gerd: *Das Einmaleins der Skepsis – Über den richtigen Umgang mit Zahlen und Risiken*, 2. Aufl., München: Piper Verlag 2016.

Gladwell, Malcolm: *The Tipping Point – How Little Things Can Make a Big Difference*, Reprinted Edition, London: Abacus 2015.

Gladwell, Malcolm: *Überflieger – Warum manche Menschen erfolgreich sind – und andere nicht*, Frankfurt am Main/New York: Campus Verlag 2009.

Gracián, Baltasar: *Handorakel und Kunst der Weltklugheit*, Frankfurt am Main: Insel Verlag 2009.

Isaacson, Walter: *Steve Jobs*, New York: Simon & Schuster 2011.

Jenkins, Roy: *Churchill*, 2nd Edition, London, Oxford: Pan Books 2002.

Klein, Stefan: *Alles Zufall – Die Kraft, die unser Leben bestimmt*, Frankfurt am Main: Fischer Taschenbuch 2014.

Krämer, Walter: *So lügt man mit Statistik*, überarbeitete und erweiterte Aufl., Frankfurt am Main: Campus Verlag 2015.

Krämer, Walter: *Statistik verstehen – Eine Gebrauchsanweisung*, 11., ungekürzte Ausgabe München: Piper Verlag 2014.

Krames, Jeffrey: *What the Best CEOs Know – 7 Exceptional Leaders and Their Lessons for Transforming any Business*, New York: McGraw-Hill 2003.

Machiavelli, Niccolo: *Der Fürst*, Frankfurt am Main/Leipzig: Insel Verlag 2001.

Malik, Fredmund: *Führen Leisten Leben – Wirksames Management für eine neue Zeit*, aktualisierte Aufl., Frankfurt am Main/New York: Campus Verlag 2014.

Malik, Fredmund: *Management – Das A und O des Handwerks*, 2., überarbeitete und erweiterte Aufl., Frankfurt am Main/New York: Campus Verlag 2013.

Malik, Fredmund: *Unternehmenspolitik und Corporate Governance – Wie Organisationen sich selbst organisieren*, 2., überarbeitete und erweiterte Aufl., Frankfurt am Main/New York: Campus Verlag 2008.

Maucher, Helmut: *ManagementBrevier – Ein Leitfaden für unternehmerischen Erfolg*, Frankfurt am Main/New York: Campus Verlag 2007.

Ogger, Günter: *Kauf dir einen Kaiser – Die Geschichte der Fugger*, München: Knaur Verlag 1979.

Peters, Thomas J./Waterman, Robert H.: *In Search of Excellence – Lessons from America's BestRun Companies*, New York: HarperBusiness Essentials 2004.

Peters, Thomas J: *The Little Big Things – 163 Ways to Pursue Excellence*, New York: HarperBusiness 2010.

Porter, Michael E.: *On Competition*, Updated and Expanded Edition, Boston: Harvard Business Press 2008.

Schneider, Wolf: *Die Sieger – Wodurch Genies, Phantasten und Verbrecher berühmt geworden sind*, 3. Aufl., Zürich/München: Piper Verlag 2001.

Schroeder, Alice: *Warren Buffett – Das Leben ist wie ein Schneeball*, 4., unveränderte Aufl., München: FinanzBuch Verlag 2014.

Schultz, Howard/Gordon, Joanne: *Onward: How Starbucks Fought for Its Life without Losing Its Soul*, New York: Rodale Books 2011.

Senge, Peter M.: *The Fifth Discipline – The Art & Practice of the Learning Organization*, 6th Edition, New York: Doubleday 2006.

Simon, Hermann: *Hidden Champions des 21. Jahrhunderts – Die Erfolgsstrategien unbekannter Weltmarktführer*, Frankfurt am Main/New York: Campus Verlag 2007.

Sloan jr., Alfred P.: *My Years with General Motors*, McDonald, John/Stevens, Catherine (eds.), New York/London/Toronto/Sydney/Auckland: Currency Doubleday 1990.

Sprenger, Reinhard K.: *Das Prinzip Selbstverantwortung – Wege zur Motivation*, 13., aktualisierte Aufl., Frankfurt am Main: Campus Verlag 2015.

Sprenger, Reinhard K.: *Die Entscheidung liegt bei dir! – Wege aus der alltäglichen Unzufriedenheit*, 15. Aufl., Frankfurt am Main: Campus Verlag 2016.

Stanley, Thomas, J.: *The Millionaire Next Door – The Surprising Secrets of America's Wealthy*, New York: Pocket Books of Simon & Schuster, 1996.

Tzu, Sun: *The Art of War, Boston*, London: Shambhala Verlag 1991.

Welch, Jack/Welch, Suzy: *Winning – Das ist Management*, 2. Aufl., Frankfurt am Main/New York: Campus Verlag 2014.

Die umfassende Literaturliste zu diesem Buch finden Sie unter www.arnoldmanagement.com.

Anmerkungen und Quellenangaben

1 https://www.microsoft.com/de-de/about/default.aspx, 24.06.2018

2 Siehe zum Thema auch: Drucker, Peter F./Maciariello, Joseph A.: *Management – Revised Edition*, New York: HarperCollins Publishers 2008 (Revised Edition of: *Management – Tasks, Responsibilities, Practices*, Harper & Row 1973), S. 85 ff., Kap. 8 »The Theory of the Business« sowie: Malik, Fredmund: *Management – Das A und O des Handwerks*, aktualisierte Aufl., Frankfurt am Main/New York: Campus Verlag 2007, S. 170 ff.

3 https://www.gatesfoundation.org/de/, 24.06.2018

4 Krames, Jeffrey: *What the Best CEOs Know – 7 Exceptional Leaders and Their Lessons for Transforming any Business*, New York: McGraw-Hill 2003, S. 110.

5 Ebd. S. 115, Übersetzung: Frank Arnold.

6 Drucker, Peter F.: *The Practice of Management*, Reprinted Edition (Harper & Row Publishers 1954), New York: HarperCollins 2006, S. 37.

7 Vernohr, Bernd: *Wachsen wie Würth – Das Geheimnis des Welterfolgs*, Frankfurt am Main: Campus Verlag, 2006, S. 55.

8 Krames, Jeffrey: *What the Best CEOs Know – 7 Exceptional Leaders and Their Lessons for Transforming any Business*, New York: McGraw-Hill 2003, S. 120; Übersetzung: Frank Arnold.

9 Ebd., S. 107; Übersetzung: Frank Arnold.

10 Drucker, Peter F.: *Management – Tasks, Responsibilities, Practices*, Reprinted Edition (Harper & Row Publishers 1973), New York: HarperCollins Publishers 1993, S. 472; ähnlich auch nachzulesen in Drucker, Peter F.: *Adventures of a Bystander*, 5th Edition (Harper & Row Publishers 1978), New Brunswick, London: Transaction Publishers 2005, S. 287.

11 In Anlehnung an Drucker, Peter F.: *The Effective Executive – The Definitive Guide to Getting the Right Things Done*, Reprinted Edition (Harper & Row Publishers 1967), New York: HarperCollins Publishers 2006, S. 122–140. Ergänzt in Anlehnung an Malik, der sich ebenfalls am Muster von Drucker orientiert, siehe: Malik, Fredmund: *Führen Leisten Leben – Wirksames Management für eine neue Zeit*, aktualisierte Aufl., Frankfurt am Main/New York: Campus Verlag 2006, S. 211–223.

12 Sloan jr., Alfred P.: *My Years with General Motors*, McDonald, John/Stevens, Catherine (eds.), New York/London/Toronto, Sydney/Auckland: Currency Doubleday 1990, Cover; Übersetzung: Frank Arnold.

13 Deissler, Alfons/Vögtle, Anton/Nützel, Johannes (Hrsg.): *Neue Jerusalemer Bibel* – Einheitsübersetzung mit dem Kommentar der Jerusalemer Bibel, neu bearbeitete und erweiterte Ausgabe, 7. Aufl., Freiburg/Basel/Wien: Herder, Freiburg 1985, 1 Kön 3, S. 16–28.

14 Drucker, Peter F.: *The Effective Executive – The Definitive Guide to Getting the Right Things Done*, (Harper & Row Publishers 1967), New York: HarperCollins Publishers, S. 135; Übersetzung: Frank Arnold, Hervorhebung im Original durch Kursivstellung, hier durch Unterstreichung.

15 Drucker, Peter F.: *Managing the NonProfit Organization – Principles and Practices*, New York: HarperCollins Publishers 1990, S. 59.

16 Dell, Michael: *Direkt von Dell – Die Erfolgsstrategie eines Branchenrevolutionärs*, Frankfurt am Main/New York: Campus Verlag 1999, S. 34.

17 Siehe: Malik, Fredmund: *Management – Das A und O des Handwerks*, aktualisierte Aufl., Frankfurt am Main/New York: Campus Verlag 2007, S. 218.

18 Dell, Michael: *Direkt von Dell – Die Erfolgsstrategie eines Branchenrevolutionärs*, Frankfurt am Main/New York: Campus Verlag 1999, S. 51.

19 Siehe: Malik, Fredmund: *Die richtige Corporate Governance – Mit wirksamer Unternehmensaufsicht Komplexität meistern*, Frankfurt am Main/New York: Campus Verlag 2008, S. 221, ausgehend von Drucker, Peter F.: *Management – Tasks, Responsibilities, Practices*, Reprinted Edition (Harper & Row Publishers 1973), New York: HarperCollins Publishers 1993, S. 611 ff. Diese Seitenangabe bezieht sich auf Kapitel 50 der Originalausgabe, nicht auf die gemeinsam mit Joseph A. Marciariello überarbeitete Neuauflage des Standardwerks.

20 Krames, Jeffrey: *What the Best CEOs Know – 7 Exceptional Leaders and Their Lessons for Transforming any Business*, New York: McGraw-Hill 2003, S. 153.

21 Ebd., S. 162.

22 In Anlehnung an Drucker, Peter F.: *Was ist Management? – Das Beste aus 50 Jahren*, München: Econ Verlag 2002, S. 27 ff. und Drucker, Peter F.: *The New Realities*, Reprinted Edition (Heinemann Professional Publishing 1989), New Brunswick: Transaction Publishers 2003, S. 220 ff.

23 Berkeshire Hathaway Inc.: *Annual Report 2017*, S. 24.

24 *Fortune Magazine*, Onlineausgabe: »A Conversation with Warren Buffett«, June 25th 2006; Übersetzung: Frank Arnold.

25 Vgl. Michael Machatschke in *Manager Magazin*, »Klaus Schwab – Der Netzkünstler«, http://www.manager-magazin.de/magazin/artikel/0,2828,492892,00.html, 30.07.2007.

26 Ebd.

27 O. V.: »Coco Chanel«, in: *Die Großen der Moderne – Menschen, die unsere Welt prägten und veränderten*, genehmigte Sonderausgabe, Köln: Serges Verlag 2001, S. 92.

28 Sichtermann, Barbara: *50 Klassiker Frauen – Die berühmtesten Frauengestalten der Geschichte*, 2. Aufl., Hildesheim: Gerstenberg-Verlag 2001, S. 202.

29 Branson, Richard: *Losing My Virginity: How I Survived, Had Fun, and Made a Fortune Doing Business My Way*, Updated Edition, New York: Crown Business 2007, S. 35; Übersetzung: Frank Arnold.

30 *Frankfurter Allgemeine Zeitung*, »Richard Branson. Der Hippie-Milliardär«, 20.01.2007.

31 Ogilvy, David: *Confessions of an Advertising Man*, London: Southbank Publishing 2004, S. 86.

32 *Frankfurter Allgemeine Zeitung*, »Richard Branson. Der Hippie-Milliardär«, 20.01.2007.

33 Vgl. *The Economist*, publiziert in jeder aktuellen *Economist*-Ausgabe, Contents, S. 3, Übersetzung: Frank Arnold.

34 *The Economist*, Onlineausgabe, »About us«, 23.08.2009; Übersetzung: Frank Arnold.

35 Peter F. Drucker in einem Vortrag zum Thema Innovation; Übersetzung: Frank Arnold.

36 Krames, Jeffrey: *What the Best CEOs Know – 7 Exceptional Leaders and Their Lessons for Transforming any Business*, New York: McGraw-Hill 2003, S. 136; Übersetzung: Frank Arnold.

37 Grove, Andrew S.: *Only the Paranoid Survive – How to Exploit the Crisis Points that Challenge every Company*, New York: Currency NS Doubleday 1999, S. 89; Übersetzung: Frank Arnold.

38 Ebd., S. 118.

39 Ebd., S. 20.

40 Ebd., Umschlagrückseite.

[41] Zur Vertiefung siehe: Drucker, Peter F.: *The Practice of Management*, Reprinted Edition (Harper & Row Publishers 1954), New York: HarperCollins 2006, S. 62 ff. Die ersten fünf Größen der Unternehmensleistung beschrieb er unter anderem auch in *Managing for the Future*, wobei er Punkt 4 mit »Liquidität und Cashflow« präzisierte, vgl. Drucker, Peter F.: *Managing for the Future – The 1990s and Beyond*, Oxford: BCA by arrangement with Butterworth-Heinemann 1992, S. 210–214.

[42] Cray, Ed: *General of the Army – George C. Marshall, Soldier and Statesman*, New York: Cooper Square Press 2000, S. 530.

[43] *The Economist*, 08.10.2011, Cover.

[44] *Der Spiegel*, »Der Philosoph des 21. Jahrhunderts«, 26.04.2010, S. 78.

[45] *The Economist*, »The Magician. The revolution that Steve Jobs led is only just beginning«, 08.10.2011, S. 15.

[46] *Der Spiegel*, »Jobs und Ive«, 10.10.2011, S. 79.

[47] Beier, Brigitte/Herkt, Matthias/Pollmann, Bernhard: *Harenberg Lexikon der Sprichwörter & Zitate*, 3. Aufl., Dortmund: Harenberg Verlag 2002, S. 329.

[48] O. V.: *Michelin – Paris*, Clermont-Ferrand: Michelin et. Cie. 1990, S. 60.

[49] Vgl. Amazon.com Press Info, Company Facts, http://phx.corporate-ir.net/phoenix. zhtml?c=176060&p=irol-factSheet, 20.10.2011.

[50] *Harvard Businessmanager*, CEO-Gespräch: »Optimistisch aus Prinzip«, 30.10.2007, S. 23.

[51] Ebd., S. 22

[52] Ebd., S. 22

[53] Ebd., S. 26

[54] https://www.zeit.de/wirtschaft/2015-05/tesla-elon-musk-spacex/seite-2, abgerufen am 24.06.2018

[55] Maucher, Helmut: *Management-Brevier – Ein Leitfaden für unternehmerischen Erfolg*, Frankfurt am Main/New York: Campus Verlag 2007, S. 46 u. 82.

[56] Ebd., S. 82.

[57] Pacher, Maurus: *Harenberg Anekdotenlexikon – 3 868 pointierte Kurzgeschichten über mehr als 1 150 Persönlichkeiten aus Politik, Kultur und Gesellschaft*, Dortmund: Harenberg Lexikon Verlag 2000, S. 304.

[58] Schneider, Wolf: *Die Sieger – Wodurch Genies, Phantasten und Verbrecher berühmt geworden sind*, 3. Aufl., Zürich/München: Piper Verlag 2001, S. 170.

[59] Ebd., S. 170.

[60] In Anlehnung an Drucker, Peter F.: *Innovation and Entrepreneurship – Practice and Principles*, Reprinted Edition (Perennial Library 1986), New York: HarperCollins Publishers 1993, S. 35.

[61] Pacher, Maurus: *Harenberg Anekdotenlexikon*, Dortmund: Harenberg Lexikon Verlag 2000, S. 304.

[62] *Frankfurter Allgemeine Sonntagszeitung*, »Der Milliardär mit der Dose«, 07.04.2002.

[63] *Forbes Special Issue Billionaires*, »The world's richest people, The Soda With Buzz«, March, 28th 2005.

[64] *Frankfurter Allgemeine Sonntagszeitung*, »Der Milliardär mit der Dose«, 07.04.2002.

[65] Drucker, Peter F.: *Managing for Results*, Reprinted Edition (Harper & Row Publishers 1964), Oxford: Butterworth-Heinemann 1999, S. 134 ff.,, 204–207; Drucker, Peter F.: *The Effective Executive – The Definitive Guide to Getting the Right Things Done*, Reprinted Edition (Harper & Row Publishers 1967), New York: HarperCollins Publishers 2006, S. 104–108.

[66] Vasari, Giorgio: *Lebensläufe der berühmtesten Maler, Bildhauer und Architekten*, Zürich: Manesse Verlag, 1974, 2005, (italienische Originalausgabe aus dem Jahre 1550/1568), S. 317.

[67] Welch, Jack: *Was zählt – Die Autobiografie des besten Managers der Welt*, 3. Aufl., Berlin: Ullstein Verlag 2006, S. 122.

[68] Schumpeter, Joseph A.: *Capitalism, socialism, and democracy*, 6th Edition (first published in 1942), London: Routledge Chapman & Hall 1994, S. 83; Übersetzung: Frank Arnold.

[69] *Frankfurter Allgemeine Zeitung*, Onlineausgabe, »Walkman des 21. Jahrhunderts – 100 Millionen iPods verkauft«, 09.04.2007, *Spiegel*, Onlineausgabe, »iTunes wird immer dominanter«, 19.08.2009.

[70] Braun, Richard: *Harenberg Komponistenlexikon – 760 Komponisten und 1060 Meilensteine der Musik*, Mannheim: Meyers Lexikonverlag 2004, S. 826.

[71] *Frankfurter Allgemeine Sonntagszeitung*, »Der Kaffee-Revoluzzer«, 02.10.2011, S. 42.

[72] *The New York Times*, »The Guts of a New Machine«, 30.11.2003.

[73] *Fortune*, »The best advice I ever got« http://money.cnn.com/galleries/2008/ fortune/0804/gallery.bestadvice.fortune/2.html, 04.09.2009; Übersetzung: Frank Arnold.

[74] Bill Gates, Sept. 11th 2000, Sidney, Australia, in: Krames, Jeffrey: *What the Best CEOs Know – 7 Exceptional Leaders and Their Lessons for Transforming any Business*, New York: McGraw-Hill 2003, S. 154; Übersetzung: Frank Arnold.

[75] Vgl. http://investor.google.com/conduct.html, 05.09.2009.

[76] O. V.: *Management*, Bd. 2, Frankfurt am Main/New York: Campus Verlag 2003, S. 1336.

[77] Rüdiger, Wilhelm: »Michelangelo«, S. 722, Übersetzung durch Rilke, Rainer Maria, in: Fassmann, Kurt (Hrsg.): *Die Großen – Leben und Leistung der 600 bedeutendsten Persönlichkeiten unserer Welt*, 24 Bände, Zürich: Haus Coron, Kindler Verlag 1976, Band IV/2, S. 716–743.

[78] Ebd., S. 720

[79] Ebd., S. 724

[80] Drucker, Peter F.: *Adventures of a Bystander*, 5th Edition (Harper & Row Publishers 1978), New Brunswick, London: Transaction Publishers 2005, S. 255; Übersetzung: Frank Arnold

[81] Vasari, Giorgio: *Lebensläufe der berühmtesten Maler, Bildhauer und Architekten*, Zürich: Manesse Verlag, 1974, 2005, (italienische Originalausgabe aus dem Jahre 1550/1568), S. 334.

[82] Ebd., S. 527 f.

[83] Welch, Jack/Welch, Suzy: *Winning – Das ist Management*, Frankfurt am Main/New York: Campus Verlag 2005, S. 73.

[84] Ebd., S. 79.

[85] Bernius, Volker/Seidel, Sebastian: »Wissenswert: ›Die meiste Lebensfreude kommt aus der Geige‹, Albert Einstein und die Musik«, Hessischer Rundfunk, Sendung, hr2, 15.04.2005.

[86] Beier, Brigitte/Herkt, Matthias/Pollmann, Bernhard: *Harenberg Lexikon der Sprichwörter & Zitate*, 3. Aufl., Dortmund: Harenberg Verlag 2002, S. 884.

[87] Knopp, Guido/Arens, Peter: *Unsere Besten – Die 100 größten Deutschen*, München: Econ Verlag 2003, S. 84.

[88] Drucker, Peter F.: *The Practice of Management*, Reprinted Edition (Harper & Row Publishers 1954), New York: HarperCollins 2006, S. 144.

[89] Drucker, Peter F.: *Managing the NonProfit Organization – Principles and Practices*, New York: HarperCollins Publishers 1990, S. 148; Hervorhebung im Original durch Kursivstellung, hier Unterstreichung.

[90] Pacher, Maurus: *Harenberg Anekdotenlexikon – 3868 pointierte Kurzgeschichten über mehr als 1150 Persönlichkeiten aus Politik, Kultur und Gesellschaft*, Dortmund: Harenberg Lexikon Verlag 2000, S. 311.

[91] Persché, Gerhard: »Gustav Mahler«, in: *Harenberg Konzertführer – Der Schlüssel zu 600 Werken von 200 Komponisten*, 6. Aufl., Dortmund: Harenberg Verlag 2001, S. 498.

[92] Von Clausewitz, Carl: *Vom Kriege*, Erstdruck: Berlin 1832/1834, Frankfurt am Main: Deutscher Klassiker Verlag 1993, Sonderausgabe Insel Verlag, S. 207 f.

[93] Ebd., S. 100.

[94] Jenkins, Roy: *Churchill*, 2nd Edition, London, Oxford: Pan Books 2002, S. 591 (Passagen von Roy Jenkins übersetzt durch Frank Arnold); Amoneit, Frank/Baumgart, Gisela et al.: *Harenberg Lexikon der Nobelpreisträger – Alle Preisträger seit 1901 ihre Leistungen, ihr Leben, ihre Wirkung*, Dortmund: Harenberg Verlag 1998, S. 273.

[95] Mendelssohn, Peter de: »Winston Churchill«, in: Fassmann, Kurt (Hrsg.): *Die Großen – Leben und Leistung der 600 bedeutendsten Persönlichkeiten unserer Welt*, Bd. IX/2 Zürich: Haus Coron, Kindler Verlag, S. 882.

[96] Drucker, Peter F.: *Adventures of a Bystander*, 5th Edition (Harper & Row Publishers 1978), New Brunswick, London: Transaction Publishers 2005, S. 280–281; Übersetzung: Frank Arnold, Hervorhebung im Original durch Kursivstellung, hier durch Unterstreichung.

[97] Welch, Jack/Welch, Suzy: *Winning – Das ist Management*, Frankfurt am Main/New York: Campus Verlag 2005, S. 102 f.

[98] Braun, Richard: *Harenberg Komponistenlexikon – 760 Komponisten und 1060 Meilensteine der Musik*, Mannheim: Meyers Lexikonverlag 2004, S. 743.

[99] Donlan, J. P.: »Air Herb's Secret Weapon, Chief Executive«, Jul.-Aug. 1999, S. 32 in: Krames, Jeffrey: *What the Best CEOs Know – 7 Exceptional Leaders and Their Lessons for Transforming any Business*, New York: McGraw-Hill 2003, S. 181; Übersetzung: Frank Arnold.

[100] Maucher, Helmut: *ManagementBrevier – Ein Leitfaden für unternehmerischen Erfolg*, Frankfurt am Main/New York: Campus Verlag 2007, S. 53.

[101] O. V.: Management, Bd. 2, Frankfurt am Main/New York Campus Verlag 2003, S. 1383.

[102] Drucker, Peter F.: *Managing the NonProfit Organization – Principles and Practices*, New York: HarperCollins Publishers 1990, S. 151; Übersetzung: Frank Arnold.

[103] Knopp, Guido/Arens, Peter: *Unsere Besten – Die 100 größten Deutschen*, München: Econ Verlag 2003, S. 162.

[104] Meyer-Abich, Adolf: »Alexander von Humboldt«, S. 201, in: Fassmann, Kurt (Hrsg.): *Die Großen – Leben und Leistung der 600 bedeutendsten Persönlichkeiten unserer Welt*, 24 Bände, Zürich: Haus Coron, Kindler Verlag 1976, Band, VII/1, S. 194–219.

[105] Deutsch: *Reise in die AequinoctialGegenden des neuen Continents*; *Équinoxial* beziehungsweise *aequinoctial* lautete der damals geläufige Terminus für äquatornahe Gebiete.

[106] Knopp, Guido/Arens, Peter: *Unsere Besten – Die 100 größten Deutschen*, München: Econ Verlag 2003, S. 161.

[107] Zimmermann, Martin (Hrsg.): *Allgemeinbildung – Große Persönlichkeiten*, Würzburg: Arena Verlag, 2004, S. 208.

[108] Maucher, Helmut: *ManagementBrevier – Ein Leitfaden für unternehmerischen Erfolg*, Frankfurt am Main/New York: Campus Verlag 2007, S. 184.

[109] The Rolex Mentor and Protégé Arts Initiative, www.rolexmentorprotege.com, About the Initiative, »The Heritage of Mentoring«, 10.10.2009; Übersetzung: Frank Arnold.

[110] Welch, Jack/Welch, Suzy: *Winning – Das ist Management*, Frankfurt am Main/New York: Campus Verlag 2005, S. 313.

[111] Fortune, »The Best Advice I Ever Got«, Interviews geführt von Julia Boorstin, 21.03.2005. Zu diesem Themengebiet ist auch erschienen: Arnold; Frank: *Der beste Rat, den ich je bekam – Lernen von Denkern und Machern*, München: Hanser Verlag 2016.

[112] Tagesschau, Onlineausgabe: »Obamas ›Running Mate‹ Joe Biden im Porträt«, 23.09.2008.

[113] *Financial Times Deutschland*, Onlineausgabe: »Joe Biden – Der heimliche Außenminister«, 11.11.2008.

[114] Welch, Jack/Welch, Suzy: *Winning – Das ist Management*, Frankfurt am Main/New York: Campus Verlag 2005, S. 325.

[115] Cray, Ed: *General of the Army – George C. Marshall, Soldier and Statesman*, New York: Cooper Square Press 2000, S. xi.

[116] Ebd., S. xiii.

[117] Schmidt, Jochen: »Die Fugger«, S. 556, in: Fassmann, Kurt (Hrsg.): *Die Großen – Leben und Leistung der 600 bedeutendsten Persönlichkeiten unserer Welt*, 24 Bände, Zürich: Haus Coron, Kindler Verlag 1976, Band IV/2, S. 550–577.

[118] Drucker, Peter F./Paschek, Peter (Hrsg.): *Kardinaltugenden effektiver Führung* – Mit Beiträgen von Fredmund Malik, Hermann Simon, Bill Emmott, Mathias Döpfner und weiteren namhaften Autoren, Kapitel: »Anstelle eines Nachworts: Peter F. Drucker im Gespräch mit Peter Paschek«, Frankfurt am Main: Redline Wirtschaft 2004, S. 229.

[119] Ebd. S. 229.

[120] Siehe Pelzmann, Linda: »Das Schwarze Buch – Informationsquelle für verborgene Risiken«, in: Bollmann, Stefan (Hrsg.): *Kursbuch Management – Die 30 wichtigsten Spielregeln für kompetentes Management*, Stuttgart/München: Deutsche VerlagsAnstalt, 2001, S. 323 ff.

[121] Maucher, Helmut: *ManagementBrevier – Ein Leitfaden für unternehmerischen Erfolg*, Frankfurt am Main/New York: Campus Verlag 2007, S. 77.

[122] Vgl. http://www.hawking.org, Disability, 22.06.2009; Übersetzung: Frank Arnold.

[123] Jenkins, Roy: *Churchill*, 2nd Edition, London, Oxford: Pan Books 2002, S. 647.

[124] Auf der Internetseite www.arnoldmanagement.com finden Sie ein Formular, das Ihnen bei diesem Schritt helfen kann.

[125] Siehe zum Thema auch: Drucker, Peter F./Maciariello, Joseph A.: *Management – Revised Edition*, New York: HarperCollins Publishers 2008; Revised Edition of: *Management – Tasks, Responsibilities, Practices*, Harper & Row 1973, S. 484–488 sowie, Malik, Fredmund: *Führen Leisten Leben – Wirksames Management für eine neue Zeit*, aktualisierte Aufl., Frankfurt am Main/New York: Campus Verlag 2006, S. 315–333.

[126] Drucker, Peter F./Maciariello, Joseph A.: *Management – Revised Edition*, New York: HarperCollins Publishers 2008; Revised Edition of: *Management – Tasks, Responsibilities, Practices*, Harper & Row 1973, S. 487, Übersetzung: Frank Arnold.

[127] Krames, Jeffrey A.: *Inside Drucker's Brain*, London: Portfolio 2008, S. 73.

[128] Drucker, Peter F./Maciariello, Joseph A.: *Management – Revised Edition*, New York: HarperCollins Publishers 2008; Revised Edition of: *Management – Tasks, Responsibilities, Practices*, Harper & Row 1973, S. v; Übersetzung: Frank Arnold.

[129] Drucker, Peter F./Nakauchi, Isao: *Drucker on Asia – A Dialogue Between Peter Drucker and Isao Nakauchi*, Reprinted Edition (Diamond Inc. Tokio 1995), Oxford: Butterworth-Heinemann 1997, S. 103; Übersetzung: Frank Arnold.

[130] Zur Vertiefung siehe: Frankl, Victor: *Der Mensch vor der Frage nach dem Sinn*, 16. Aufl., München/Zürich: Piper Verlag 2003, S. 47.

[131] Ebd., S. 47.

[132] Malik vermittelt dieses Thema bereits seit den 1980er-Jahren in seinen Seminaren. Vgl. Malik, Fredmund: *Management – Das A und O des Handwerks*, aktualisierte Aufl., Frankfurt am Main/ New York: Campus Verlag 2007, S. 252 und Malik, Fredmund: »Motivation durch Sinn«, in: M.o.M., Heft 3 1997, St. Gallen 1997, S. 37–50.

[133] Frankl, Viktor E.: *... trotzdem Ja zum Leben sagen – Ein Psychologe erlebt das Konzentrationslager*, 26. Aufl., München: Deutscher Taschenbuch Verlag 2006, S. 124.

[134] Schneider, Wolf: *Die Sieger – Wodurch Genies, Phantasten und Verbrecher berühmt geworden sind*, 3. Aufl., Zürich/München: Piper Verlag 2001, S. 168.

[135] Ebd., S. 169.

[136] Ebd., S. 175.

[137] *Frankfurter Allgemeine Zeitung*, Onlineausgabe, Hahn, Jörg: »Erfrischung ersehnt«, 06.07.2009.

[138] Ebd.

[139] Schneider, Wolf: *Die Sieger – Wodurch Genies, Phantasten und Verbrecher berühmt geworden sind*, 3. Aufl., Zürich/München: Piper Verlag 2001, S. 334.

[140] O. V.: »Leonard Bernstein«, in: *Die Großen der Moderne – Menschen, die unsere Welt prägten und veränderten*, genehmigte Sonderausgabe, Köln: Serges Verlag 2001, S. 52.

[141] *Frankfurter Allgemeine Zeitung*: »Einzelkämpfer am Limit«, 4./5. April 2009.

[142] FlyNiki Unternehmensinformation, 14.07.2009, Umfrage v. Reise & Preise.

[143] *Die Zeit*, Onlineausgabe: »Es ist ein Glück, dass ich schon so viel Unglück erlebt habe«, 09.06.2009.

[144] Malik, Fredmund: *Führen Leisten Leben – Wirksames Management für eine neue Zeit*, aktualisierte Aufl., Frankfurt am Main/New York: Campus Verlag 2006, S. 72.

[145] Siegert, Werner: »Alte Fahrensmänner dringend gesucht«, in: *M.o.M.*, Heft 2, 2005, St. Gallen 2005, S. 33.

[146] Empfohlen sei zum Thema: Schirrmacher, Frank: *Das Methusalem-Komplott*, 5. Aufl., München: Karl Blessing Verlag 2004.

[147] Yunus, Muhammad: »Die Armut bedroht den Frieden«, Die Nobelpreisrede, gehalten in Oslo am 10. Dezember 2006, S. 283–297; Zitat: S. 285, in: Yunus, Muhammad: *Die Armut besiegen*, München: Carl Hanser Verlag 2008.

[148] *Handelsblatt*, Onlineausgabe, »Die Begründung der Jury im Wortlaut«, 13.10.2006.

[149] *Frankfurter Allgemeine Zeitung*, Onlineausgabe, »Muhammad Yunus, Bangladeschs bekanntester Bürger«, 13.10.2006.

[150] *Der Spiegel*, Onlineausgabe, »Business statt Almosen«, 13.10.2006.

[151] *Frankfurter Allgemeine Zeitung*, Onlineausgabe, »Muhammad Yunus, Bangladeschs bekanntester Bürger«, 13.10.2006.

[152] *Der Spiegel*, Onlineausgabe, »Business statt Almosen«, 13.10.2006.

[153] Drucker, Peter F.: *Managing the NonProfit Organization – Principles and Practices*, New York: HarperCollins Publishers 1990, S. 20; Übersetzung: Frank Arnold.

[154] Ebd., S. 27; Übersetzung: Frank Arnold.

Stichwortverzeichnis

Über den Autor

Dr. Frank Arnold gilt als einer der anerkanntesten Unternehmensberater Deutschlands und der Schweiz. Er berät Vorstände zu den Themen Strategie und Kultur. Zu den Kunden seiner Unternehmensberatung ARNOLD Management gehören zahlreiche internationale Unternehmen des Mittelstands sowie börsennotierte Konzerne. Frank Arnold ist außerdem als Verwaltungsrat tätig.

Seine Bücher erscheinen weltweit in vielen Sprachen. Der internationale Bestseller *Management – Von den Besten lernen* (*What Makes Great Leader Great*) wurde mit dem Buchpreis »Beste Bücher des Jahres« ausgezeichnet. *Der beste Rat, den ich je bekam* wurde zum *Spiegel*-Bestseller. Mit seinen Büchern und über 150 Publikationen in führenden Medien wie *Neue Zürcher Zeitung, Manager Magazin, Spiegel Online, Capital* und *Bilanz* hat er das Führungsverständnis vieler Manager beeinflusst.

Der promovierte Wirtschaftswissenschaftler leitet Führungsseminare und ist international als Redner gefragt. Seine Vorträge zeichnen sich durch rhetorische Brillanz und die Fähigkeit aus, mit profundem Führungswissen seinen Zuhörern nachhaltige Impulse zu geben. Weiterführende Informationen finden Sie unter www.arnoldmanagement.com und unter www.frankarnold.com.

Frank Arnold, geboren 1973, ist Vater von zwei Kindern und lebt mit seiner Familie in Zürich. Er ist leidenschaftlicher Triathlet und Ausdauersportler.

Exzellenz in Strategie und Kultur

ARNOLD Management GmbH
Wehntalerstr. 3, CH-8057 Zürich

Tel. +41 44 350 41 21
Fax +41 44 350 41 22

info@arnoldmanagement.com
www.arnoldmanagement.com